Refinding the Object and Reclaiming the Self

重寻客体与重建自体
——在精神分析中找到自己

［美］David E. Scharff 著

张荣华 武春艳 许桦 梁凌燕 译

中国轻工业出版社

图书在版编目（CIP）数据

重寻客体与重建自体：在精神分析中找到自己／
（美）沙夫（Scharff, D. E.）著；张荣华等译. —北京：
中国轻工业出版社，2011.9（2023.8重印）

ISBN 978-7-5019-8310-0

Ⅰ. ①重… Ⅱ. ①沙… ②张… Ⅲ. ①精神疗法－研究 Ⅳ. ①R749.055

中国版本图书馆CIP数据核字（2011）第121780号

版权声明

Copyright © 1992 by David E. Scharff.
All rights reserved.
Published by agreement with the Rowman & Littlefield Publishing Group through the Chinese Connection Agency, a division of The Yao Enterprises, LLC.

责任编辑：孙蔚雯
策划编辑：孙蔚雯　　　　责任终审：杜文勇
责任校对：刘志颖　　　　责任监印：吴维斌

出版发行：中国轻工业出版社（北京东长安街6号，邮编：100740）
印　　刷：三河市鑫金马印装有限公司
经　　销：各地新华书店
版　　次：2023年8月第1版第4次印刷
开　　本：720×1000　1/16　印张：21
字　　数：198千字
书　　号：ISBN 978-7-5019-8310-0　定价：38.00元
著作权合同登记　图字：01-2010-2394
读者热线：010-65181109，65262933
发行电话：010-85119832　传真：010-85113293
网　　址：http://www.chlip.com.cn　http://www.wqedu.com
电子信箱：1012305542@qq.com
如发现图书残缺请拨打读者热线联系调换
100393J6X101ZYW

献给我的病人
是你们的信任和慷慨成就了此书。

译者序
在关系中成为自己

在本书中，作者大卫·沙夫与我们分享了他和来访者在互动中产生的真情实感，呈现了他如何在治疗关系中构建治疗空间，使其与来访者互为自体和客体，并逐渐经历共同寻找客体及再建自体的交互作用过程。他让我们看到，心理治疗师在帮助来访者重寻自体和再建客体的同时，自身也在经历着同样的过程；来访者的成长见证了治疗师自身的成长，反之亦然。

翻译这本书的时候，我们总是被来访者与心理治疗师间发生共鸣的片刻所打动。正是这些真实互动的片刻和共鸣，不断潜移默化地感染着心理治疗师，促使心理治疗师获得新生，也使来访者以其特有的方式内化这种新生而获得重生。

来访者和心理治疗师彼此间丰富的互动、在治疗关系中产生的共鸣以及完全卷入的相互影响是本书的主题。循着这些主题，作者带领我们深入探讨了心理治疗的几个核心问题：心理治疗的目标是什么？在心理治疗中，心理治疗师和来访者是什么样的人？心理治疗是如何发挥作用的？心理治疗师和来访者是如何互动的？

因此，本书不仅可以作为心理治疗师的专业参考书，也能帮助来访者及其家属了解心理治疗，使他们认识到：心理治疗提供了一种启动来访者自体康复的治疗关系，在此关系中，来访者可以逐渐找到自体，成为自己，实现自我价值。

翻译本书也让我们不由自主地深入思考这些问题：作为心理治疗师，我是谁？我需要成为什么？

每个人天生具有其独一无二的基因，每一种基因都具有其独特的表达方式，因此，我们每个人都具有自我实现和做自己的基本需求。温尼科特认为，我们每一个人都有一个内在核心——"真实自体"。在健康状态下,"假性自体"是自体的照顾者部分,它保护着"真实自体",真实自体和假性自体整合在一起,使我们在与其他人妥协的同时保持住了我们的自我。可是,很多人在成长过程中逐渐形成为了迎合他人的需要而牺牲自体的方式,假性自体变得虚假,无法保护真实自体,使人处于病理状态。在病理状态下,真实自体被牺牲之后,自体将丧失其固有的适应性、协调性、整合性、完整性,使自体各部分的交流受损,导致自体无法按照其本来的方式发展,其自我发展受到限制,无法成为自己。每个人总是处于健康状态和病理状态的动态平衡状态之中,所谓相对健康的人则具有一定的自体功能,可以使自体各部分处于相对协调、稳定的状态下。

因此,心理治疗师需要给来访者提供一种治疗关系,可以在此关系中允许自己与来访者有足够深的卷入,使其在与来访者共鸣的过程中投射性认同来访者在关系中牺牲真实自体的体验,真正理解阻碍来访者自体表达和发展的因素,重新找到适合来访者自体成长的足够好的客体,并将其自体重建为此客体,以帮助来访者重启自体发展之路,使来访者成为自己。

心理治疗师需要在与来访者的互动过程中建立一部分自体以满足来访者自体成长的需求,同时还需要保持他作为心理治疗师的自己。心理治疗师需要向来访者呈现在关系中重寻客体和再建自体最终成为自己的过程,这样才能帮助来访者以其特有的方式内化治疗师的自体协调功能,使其重建健康自体,找回真实自体,回到他本来的自体发展轨迹上。来访者的自体逐渐从与治疗师的依赖关系中独立成长起来,才能成为自己的样子。

只有这样,来访者才可以在与他人的关系中获得自体协调和平衡能力:既满足他人的需要,又能维持自体的发展;既能拥有和他人的关系,又能以自己的方式维持自体的发展,成为自己。换而言之,心理治疗师和来访者都是需要在关系中成为自己的人。

为此,不少心理专家认为,当来访者结束心理治疗的时候,正是他再次走在自己人生路上的开始,也是他开始再次成为自己、做自己的时候。

我们每个人的自体都有可能失去平衡,处于病理状态。当人的自体面临丧失平衡的危险时,有的人的自体具有较强的康复能力,有的人可以在现实生活中找到让其自体康复的关系,而有的人没有办法找到这种让其自体平衡的关系。寻找心理治疗的人正是那些想要发展自体、实现自我价值、渴望成为自己并做自己的人,他们需要寻找一种关系以帮助他们走在自我发展的道路上。目前,中国很多人对接受心理治疗的人不够尊重,很多来访者带着对心理治疗的困惑仍然努力尝试心理治疗,很多来访者带着家属的阻扰而坚持其自我探索之旅,很多心理治疗师带着社会的不理解执著地投身于心理治疗的临床实践中,在此,我向这些致力于心理治疗的来访者和心理治疗师的勇敢表示敬意。

化蛹而出的蝴蝶总是在历经种种折磨和挣扎后才能展翅蓝天。但愿更多的人能有勇气、有机会、有能力在关系中重建自体,成为自己,做自己。但愿更多的人像蝴蝶一样破除旧我之茧迎来新我的重生,不断走在自我发展的道路上,成为自己,实现自我价值。

张荣华医师、武春艳医师、许桦医师和我一起翻译了此书。具体分工是:前言和第一章(武春艳);第二章(许桦、张荣华);第三章(张荣华);第四章到第七章(武春艳、梁凌燕);第八章到第十章(张荣华);第十一章到第十二章(许桦);第十三章(武春艳、张荣华、梁凌燕);第十四章到第十六章(张荣华、梁凌燕)。在翻译过程中,我们也经历了如何共同把它翻译好的心路历程,也在彼此的关系里重建了部分自体,成为了新的自己。

译着这本书,感激之情油然而生,感谢那些帮助我找回自体的人,没有他们,我无法发展成为现在的自己。感谢我的家人总是鼓励和帮助我成为自己。感谢我的来访者允许我走进他们的生活,使我有幸在治疗关系中和他们一起找回自体。尤其要感谢我的导师唐登华教授和好友王瑛医师多年来对我的支持和鼓励。感谢中美精神分析联盟的心理专家 Melvin Bornstein 医师、Priscilla F. Kauff 医师、Sheila Hafter Gray 医师、Jerome.S Blackman 医师及 Elise Snyder 医师,和他们在专业学术层面上的关系帮助我不断发展自体,成为更成熟的自己。在此要特别感谢李孟潮医师将此书推荐给我们翻译,同时非常感谢中国轻工业出版社"万千心理"的孙蔚雯编辑对我们的大力支持。

梁凌燕
知心者心理中心
2011 年 2 月

理论还没有恰当地把布伯（Buber）的"我-你"关系概念化，两人同时是对方的自我和客体，而且以这种方式，随着关系的发展他们作为现实中的个人，也均不会离开这种关系。这就是在良好的婚姻和友谊中所发生的。温尼科特（Winnicott）描述它始于好的母—婴关系的演变模式中。这就提出了基本的问题：我们能在多大程度上了解他人以及被他人所了解？心理治疗就是为那些不能在正常生活中实现这种了解的患者寻求解决的可能性。这提出了一个温尼科特……说精神分析还没有承认的问题："没有了疾病，生活是什么？"

——Harry Guntrip

《分裂样现象、客体关系与自体》(Schizoid Phenomena, Object Relations and the Self, 1969)

前　言

　　本书研究了我们每一个人一生中依赖于他人的方式以及从他人那里获得自我形象的方式——这永远依赖于我们与他人的关系，同时也依赖于我们自己独特的创造。在研究中，费尔贝恩、克莱因和温尼科特的理论是我的理论观点的基础，我的理论基础是从他们那里学到的，一些来自于他们的著述，一些来自于他们授给我的知识和对我的督导，一些来自于同道和对彼此的帮助。这里，我列出一些最令我感激的人的名字。

　　起初，我在马萨诸塞州精神卫生中心、波士顿的贝丝以色列医院以及华盛顿特区儿童医院的国立医学中心长期接受精神病学培训的指导。对我早期职业最有影响的学习岁月是在伦敦的塔维斯托克中心（Tavistock Centre）度过的。在随后的岁月里，那里的许多老师和同道给予我持续的影响和支持。我也很感激华盛顿精神分析研究所的老师和同道，在我接受儿童和成人精神分析的培训中，他们给予我支持和教导。在过去的15年中，华盛顿精神病学学院的同道和学生对我的工作做出了巨大的贡献，特别是Mauricio Cortina、Justin Frank、Macario Giraldo、Joseph Lichtenberg、Gerald Perman、Charles、Privitera、Kent Ravenscroft、Charles多年来一直都与我分享着他们的理论和临床兴趣的各个方面。

　　在探索自体与他人关系的各个方面，我吸收了许多作者和临床医生的观点，他们对我的想法和工作的深远影响，远非参考特定的口头或书面评论所能及。他们中有A. H. Williams，从我在塔维斯托克学习时起，他就是我的导师；稍后是John Sutherland，他对精神分析的热爱、对其应用的奉献及他个人对费尔贝恩理念的知识的了解，永远是我学习的榜样。还有许多人，他们对我的影响来自于和他们个人的接触及阅读他们的著作：塔维斯托克诊所的Henry Dicks、John Bowlby、Harold Searles、Joyce McDougall、

Thomas Ogden、Vamik Volkan 和 Christopher Bollas。他们的写作不仅扩展了理论的各个方面，同时也丰富了治疗师的个人经验。Robert Stolorow 及其同事从自体心理学的角度探索了主体间性。斯蒂芬·米切尔（Stephen Mitchell，1988）对理论的提升和探索对我试图探索的内容有特殊的影响。毫无疑问，源自约翰·鲍尔比（John Bowlby）传统的丰富的婴儿研究，包括 T. B. Brazelton、Robert Emde 和 Daniel Sern 等人的研究，也对我的研究有影响。近期，我从担任华盛顿精神病学学院客体关系理论与治疗客座主席的项目中也获得了特别的鼓舞。通过这个项目，我的同事和我一起教授、学习了许多英国治疗师的观点，这些英国治疗师的影响遍及这项工作，他们是 Christopher Bollas、Nina Coltart、Dennis Duncan Earl Hopper、Isabel Menzies Lyth、Anton Obholzer、Adam Philips、Hanna Segal、Elizabeth Spillius、John Steiner、John Sutherland Arthur 和 Hyatt Williams。他们向我们的全体教员和学生给了同辈的激励，并形成当前重要的影响力。最后，也是最最重要的，我感谢我的妻子——吉尔·沙夫（Jill Savege Scharff）——的帮助，她是我重要的同事，有时也是我的合著者，她的支持、有判断力的阅读和编辑以及耐心，不仅使本书的完成成为可能，而且对它的最后定稿做出了难以估量的贡献。没有她，就没有此书。

我感谢华盛顿精神病学学院信托委员会的支持，特别感谢 Joe Oppenheimer，一位老朋友，他过去是委员会主席。感谢副主席 Christpher Bever 医生，他们对我写作此书给予了温馨的支持。感谢学院的行政人员，他们的才能使我在写作本书时，日常事务运作如常。感谢我的助手 Debyy Ziff、Jo Parker 对本书的支持，Gloria Parloff 帮助编辑了第十一章。Pearl Green 使我们的家庭生活继续进行下去，Zoe Xanthe 和 Daniel 容忍了我的神不守舍以及父亲对他们的忽略。Fran Langley 出色地完成了用图画来描述理论的工作。

Jason Aronson 再次成为了我的努力的热情支持者，没有他一贯的支持，我将难以完成此书。我感谢 Adelle Krauser 和 Judith D. Cohen 给予的编辑指导和协助。

最后，我感谢我的患者，他们对本书和我的生活的贡献在本书的每一页上都有体现。我竭尽所能隐去他们的身份，同时向读者传递出我从他们那里所学到的东西。如果有些人读到并认出他们——尽管出于匿名保护，需要把他们的经历小说化和合并——我希望他们会感到我们经历的精华部分已被如实地传递出。出于学术的和教育性的职责，我希望他们能够忍受此时我泄露自己的经历，而没有在治疗期间向他们显露。

我希望增加一些内容来丰富有关客体关系的思考和这方面的写作的传统，它们源自我的儿童和家庭治疗、团体关系咨询、婚姻和性治疗的经历，所有这些在生活中及在治疗中与人的持续互动都给了我关于我们自己的观点。这种世界相互作用的观点不仅给家庭治疗、婚姻治疗和团体治疗带来了生机，而且要把它们整合到个别心理治疗和精神分析中去。与他人的相互作用形成了我们人格的基石。自体与客体内化的动态关系构成了我们自己。我们依次把自己的内在世界外化到外部关系中，它反过来又影响我们的内在结构，贯穿我们成长的过程。这种相互塑造和更新的循环永无止境，如同构成梦的原材料一样，它们创造了丰富的日常生活，也使咨询工作充满了艰辛。

目 录

第一部分　心理治疗中的自体和客体 ... 1

第一章　亚 当 ... 3
作为移情的梦 ... 4
关于分析师的梦的交流 ... 5

第二章　自体和客体相互作用 ... 7
纠缠的自体和客体 ... 11
客体中的自体 ... 12
自体和客体 ... 19
自体内的客体 ... 20
自体和客体互相抱持 ... 22

第三章　情境和焦点移情及反移情 ... 23
费尔贝恩对人格客体关系理论的贡献 ... 24
梅兰妮—克莱因的贡献 ... 30
温尼科特的母亲和婴儿 ... 35
温尼科特的真假自体 ... 37
调和温尼科特的过渡现象和比昂的容器与被容纳之物 ... 37
治疗过程 ... 39
移情和反移情 ... 40
当前关于移情和反移情的一种观点 ... 43
情境和焦点移情 ... 43

　　　　　　患者和治疗师的关系 46
　　　　　　联合治疗中的移情和反移情 47
　　　　　　亚当的治疗进展 47

第二部分　在与客体的关系中治疗自体 53

第四章　运用移情与反移情理解夫妻间的
　　　　　　投射性和内射性认同 55
　　　　　　初始的反移情 57
　　　　　　再现共同治疗的反移情 60
　　　　　　修通反移情 63
　　　　　　澄清这对伴侣的嫉妒和性关系 68
　　　　　　共同治疗与反移情 76

第五章　青少年心理治疗中内部客体关系的改变 79
　　　　　　塔米幼年的治疗 80
　　　　　　青春期治疗的经过 84
　　　　　　塔米重新"找到了"她父亲 90
　　　　　　新的自体和与母亲的新的关系 93
　　　　　　结束治疗 96

第六章　屏蔽记忆的治疗性转变 99
　　　　　　最早的记忆 100
　　　　　　童年后期的记忆 103
　　　　　　青春期记忆 105
　　　　　　成人记忆的歪曲 106

第七章　治疗中自体的出现 109
　　　　　　表达自体：费尔南多·冈萨雷斯的例子 110
　　　　　　建立可恢复的自体 121
　　　　　　重新找到治疗师的自体 123

第三部分 梦的客体关系 ... 125

第八章 作为自体和客体间交流的梦 ... 127
费尔贝恩发现梦描绘了自体和客体的结构 ... 130
梦作为人际交流的方式 ... 132
家庭的客体关系 ... 133
投射性认同和潜意识交流 ... 134
梦的移情含义 ... 134
梦作为个体治疗中的人际交流方式 ... 135
夫妻评估中的梦 ... 139
团体和机构环境下的梦 ... 143
社会和文化交流中的梦 ... 146

第九章 婚姻治疗中的梦 ... 149
克莱夫和莉拉：拉近距离 ... 149
雪莉和山姆：分析关联的梦 ... 161
唐和玛姬：一对准备结束治疗的夫妻所做的关联之梦 ... 167

第十章 青少年家庭治疗中的梦 ... 171
不情愿的带入 ... 172
"我成长时父母没有注意到" ... 179
萨莉个体治疗中的梦 ... 185

第四部分 自体和客体 ... 191

第十一章 俄狄浦斯重返家庭 ... 193
婴儿在家庭中的发现 ... 194
内在父母客体 ... 197
俄狄浦斯家庭 ... 198
维勒一家 ... 204

第十二章 孩子和成人在家庭中的角色关系 ... 217
此刻的情感拍档 ... 220

孩子是个还不完善的主体 222
父母是引导者 222
孩子和成人：相同点和不同点 223
孩子成为容器 225
辛普森一家 228
赎罪引导着成长和分化 236
分化的要素 238
孩子和成人的内部家庭是不同的 239
治疗师的角色和情感的位置 240

第十三章　生命发展中自体与客体的交织 243
法国女孩奥维莉特 245
霍姆斯一家 246
父母发展障碍在青少年身上的重复 251

第五部分　通过重寻客体找到自体 253

第十四　治疗师的客体关系 255
米尔斯太太和史密斯家庭 255
治疗师独特经历的作用 260
脆弱性和学习 262

第十五章　客体重寻及自体重建 263
桑德拉 263
治疗目标 271
夏娃面临治疗结果 272

第十六章　结语：通过我们的患者重寻我们的自体 281

译后感言 285

参考文献 287

索　引 299

第一部分

心理治疗中的自体和客体

第一章 亚当

在第一次治疗的中间,亚当报告了他昨晚的梦:

> 洛杉矶道奇队让我打右半场,因为他们缺一名球员。投手会怎么看待我?我该如何回击他们?当我在本垒上的时候,我试图不去幻想我应该怎么打。我说:"为什么不等到该你挥棒击球的那一刻呢?"我担心我会在右半场失球。

亚当寻求治疗是因为他发现自己工程学硕士毕业一年后仍未开始工作,他发现自己完全依赖于未婚妻的经济支持,如同对前妻(他刚刚与她离婚)的依赖一样。

在这次治疗中,亚当告诉我,他憎恨从4岁时就开始教他打棒球的父亲。他说父亲对他不耐烦的批评是他从十几岁时起就开始担心自己的性表现的原因。然后他想到了托马斯·曼(Thomas Mann)的《魔山》(*The Magic Mountain*)。亚当说,尽管书中的患者和医生间的关系是需要付费的同性恋关系,但是那并没有产生治疗作用。

作为移情的梦

我发现亚当的梦引人注意。我被他生动的棒球男孩形像和孩子气所吸引。我喜欢这个梦，它说明在开始精神分析并面对作为"坏父亲"的我时，他想要得到帮助但又害怕我们间的竞争。我想起他的父亲，他试图教亚当点什么，但他的做法却被看做是一种威胁和指责。我对亚当说，"你是在担心你在治疗中的表现。"

"是的。"亚当说，"我不确定我能否在此做我该做的，现在我感觉到有很多地方我都做不到。"

"梦里还有其他的内容。"我说，"你可能担心我会如何看待你。精神分析师会像你父亲那样对待你吗？你是否感到你从未达到他对你的期望？"

"他有时会观看训练或小联盟赛，但我从未感到我打得足够好过。我记得有一次我在右翼失球，输了比赛，我不能面对他。我对他想让我表现优异感到非常气愤。"

"当你感到不能达到他的要求时，你对他想让你表现好感到气愤。"我说，"但你也害怕你不能打好球，现在你又对此害怕了。我就像投手；你担心我如何看待你，但你也在同我比赛，力图击中我投掷过来的球。"

"我认为你努力让我出局，那样你就是比我好的球员。毕竟，这是你的运动。你是那个知道如何比赛的人。"

"所以，你试图不去为此烦恼，决定看看你到底能不能击中球。但是，你担心即使我投了个好球给你，你也会失球。"

"是的，然后你就不能帮助我了。"

"那么，就会变得像《魔山》中医生和患者的关系那样，花钱治疗，但不能够使人痊愈。"

在一小时的治疗中，我还注意到其他的、某种逼近我的危险的东西：对医生和患者关系的同性恋影射以及对我是否会利用他的质疑。我决定，有意识地指出他对开始治疗的焦虑，但也很留心"我会投掷什么样的球给他"

的问题。我认为，目前谈论他内心的担忧（包括对同性恋关系的恐惧）会令他感到太多、太快、太强烈。我决定以后再进行讨论。当我说出他对开始治疗的顾虑后，他马上就安静下来，开始向我讲述他自己的故事，故事经常集中在他与"父亲"（亦即医生，他一方面要向其寻求帮助，另一方面又害怕医生的江湖医术）的关系上。

关于分析师的梦的交流

我有意识地把亚当的梦看做他面对我时的情形。我给自己赋予了过渡性父亲的角色，帮助他理解面对我时的恐惧，理解他既想取悦我和他自己，又想与我竞争。考虑到我自己的不适之感，努力争取对我来说也是相当合情合理的，因为这也是我"在本垒第一次击出好球"的机会。

当时我没有意识到它，但那个梦无疑正像是我的梦。亚当是我在心理治疗实践中第一个接受分析治疗的患者。我必须和亚当一起努力，因为我很容易像他那样担忧。作为我第一个做精神分析治疗的患者，亚当让我有机会"在大联盟中打球"，让我意识到我此时的雄心。在这个意义上，他是我的投手！他和其他的投手——我的老师和督导师——如何看待我？我会失球吗？我能以恰当的速度将手臂轻轻一挥，让球越过内场周围等候的垒手吗？我肯定担心我会失球。我之前使一名患者进入分析治疗的努力曾以失败告终。那名患者在治疗开始后一个月便离开了，他感到分析治疗的扰动太多，钻研太深了。

我的督导师是已故的和蔼而博学的露西·杰斯纳（Lucie Jessner），她尽其所能地令我感到放松自在，加强了我对以往心理治疗从业经验的理解，也加强了我面对亚当时对分析治疗的理解。我确定她理解我带入到分析情境中的担忧和我自己对培训的担忧。但回顾过去，我看到自己的焦虑在第一个小时的互动中表现得很特别。我更像是亚当，而不是他的生父。我自己从不是一个好的运动员，因此我非常能理解他在梦中表现出的对比赛的焦虑。我该怎么办？投球、接球还是击球？我的努力会超过托马斯·曼所描述的需要花钱但不会治愈患者的治疗关系吗？我会失球还是会再次把球打出去？杰斯纳医生和患者会怎么看待我？

另外，被否认的涉及同性恋的内容呢？这部分真像我理性地认为的那样是个烫手山芋，不能在第一次治疗中处理吗？

现在，我知道我不确定亚当和我在一起时是否安全。他对我和我的培训都太重要了。我太需要他了，就像每个受培训的人对患者的需要一样。与我的需要相伴随的是，我害怕这次治疗经历对他、对我都不会起作用。我无法面对我需要他的方式，以及我的需要具有和《魔山》里的医生一样的危险——即许下空洞的承诺，但无法真正地治愈疾病。我担心，在我不熟练的阶段，同性恋的话题超过我当时所能给出的帮助的范围，它本身就是"不可治愈的疾病"。如果它是可治疗的，我也担心我缺乏"在大联盟中比赛的能力"。当时，亚当在延期的研究生培训后仍无法工作，而已经37岁的我也正在开始接受长期的、可能是无止境的精神分析培训？

回想起来，亚当的梦不仅仅告诉我们有关他自己的事情，也可能告诉我们有关我和他的内容。在其他场合——比如，在我自己的分析治疗中，在接受杰斯纳医生的督导时，在和妻子一起时，在与我的同道一起时——我能谈论我自己的焦虑，但我当时无法使用它们和我对亚当的认同去理解亚当的困境，无法运用我和他之间的共鸣去全面探索他担忧的程度。亚当知道我也在焦虑吗？我想，他可能仅仅有模糊的感觉，但他所感觉到的和我们之间的共鸣逐渐成为我们工作期间的"暗流"。

亚当和我有丰富的互动，我们彼此都从中获益匪浅。但是，回想起来，这种互动比我知道的还要丰富，它提供的共鸣远超过我们所能运用的。它完全容纳了我们彼此人格的深度，而不仅仅是被分析和治疗技术所理解的潜意识的深度。这种治疗情境中的两个人的相互影响，或家庭治疗和夫妻治疗中几个来访者与完全卷入的治疗师间的相互影响，正是本书的主题。

第二章
自体和客体相互作用

我们的患者，因为失去部分的自体或客体，所以到我们这里寻找这些失去的东西。可是，在治疗的过程中，我们也会在患者的身上失去自体。如果一切进行顺利的话，在他们的帮助下，我们最终会在他们身上找回自体。

虽然，一个婴儿从诞生时起就基本上做好了进入相互关系的准备，但是，只有通过与为其倾心付出的父母之间发生联系的体验，他的自体才能得以诞生。只有在关系中，通过被肯定、被回应和被爱，自体才能得以发展。从一开始，我们就需要被认可和被理解，我们每一个人都需要爱和被爱。

客体关系心理治疗和精神分析的观点是，这些关于爱和关系的问题源于我们对关系的最基本需要。患者和治疗师的关系处于核心地位，就像成长中的孩子和父母的关系一样，处于发展的核心地位。持客体关系理论的治疗师认为，对关系的需要促进人的成长，这是不言而喻的。我们都是按照对基本关系是满意还是失望的方式来组织我们的生活的。对他人体验的内在反射构成了一个人的个体体验。我们心理结构中的这些"内部客体"

承载着在过去的关系中那些对我们重要的人——即我们的"外部客体"——的体验。每个人都在这些基本的关系中挣扎着保持自体。

患者来寻求治疗，基本上都是因为在关系中出现了问题。这些不同的治疗，包括个体治疗、团体治疗、家庭和婚姻治疗、两性治疗和精神分析治疗，都和关系中出现的问题有关。因此，这些心理治疗在构成以关系为核心的理论上是非常有用的，理论帮助我们理解患者和治疗师之间的短暂相遇，而这种相遇对于变化和成长来说是一次严峻的考验。

精神分析诞生之初既作为一种理论，同时也作为对强烈冲突的一种治疗，以这种方式，患者真实地进入治疗师的内心。弗洛伊德（Freud）通过早期对癔症的体验，创造了动力性心理治疗和精神分析，使他自己不舒服地暴露着，完全靠近他的患者。而他的合作者约瑟夫·布罗伊尔（Josef Breuer）却在其最初的患者安娜·欧（Anna O）要在他身上出现色情移情的时候，从她身边逃开了。弗洛伊德随后详细描述的这个理论帮助约瑟夫·布罗伊尔在面对这样的患者时，保持清醒和情感上的距离。这种理论给他提供了一种方法，使其能"认识到"发生了什么事情，并与患者保持安全的距离。对于患者，弗洛伊德经常能够看到他们身上具有的一种我们现在所知的激怒治疗师的能力。

虽然如此，精神分析的长处也招来了一种缺陷。为了挖掘深层的内容，弗洛伊德避开了关系的表层，而精神分析则成为我们这个时代深层心理学的"首次公演"。归功于修改后的理论的贡献，家庭治疗聚焦于关系的表层，关注家庭成员之间、治疗师和患者之间的相互作用，从而发掘表层的丰富资源，而这正是那些精神分析师相对忽视的。结果，精神分析和家庭治疗都忽略了另一半的风景。

通过心理治疗、精神分析和家庭治疗，客体关系理论以其实践为标志，弥补了精神分析与家庭治疗的缺陷。它兼顾了表层和深层，同时，通过理解深层如何映射表层、表层如何反映深层的过程，增加了两者相互作用的内容。我可以将这比喻成现代诗。当诗歌不具备表层的载体，如一个故事，那么它就失去了部分引导读者触及深层次内容的能力。旧体诗则可以不包

第二章 自体和客体相互作用

含深层次的含义而营造一个表层的故事。我这里所提及的"诗"则既有表层的含义——它会讲述一个故事或者描述一种很容易理解的体验——同时又能映射深层的人类真理和其复杂性。正是通过表层的内容，我们理解了内心深处隐藏的最深层的感受。客体关系理论和治疗任务是寻找我们都能够理解的故事，同时致力于对隐藏在内心最深处的人心之谜和冲突产生共鸣。这样做是基于我们对建立关系的基本需要和过去未能解决的困难关系的不时涌现。正是这个矛盾使治疗关系的复杂性成为我们研究的核心。

患者和治疗师一起面对问题，正像我和第一章提及的患者亚当一样。弗洛伊德的理论是心理治疗和精神分析的基本原则，该理论把治疗师刻画为患者在探索潜意识荒芜之地的发现之旅的过程中值得信任的一个侦查员。弗洛伊德写到，侦查员的工作是理解在这样的一个过程中他并不是他自己，对患者来说，治疗师是与其过去的经历有关的移情对象。这就是在这个领域最初的50年里，我们对分析性治疗的理解。

后面的50年有了很多的变化。克莱因（Klein，1961，1975a，b）、费尔贝恩（Fairbairn，1952，1954，1958）、温尼科特（Winnicott，1958，1965，1971a）、比昂（Bion，1961，1967，1970）、巴林特（Balint，1952，1957，1968）、冈特里普（Guntrip，1961，1969）和其他的一些人——基本就是组成英国客体关系学院（Sutherland，1980）的人员——和鲍尔比（Bowlby，1969，1973，1980）一起，借助动物行为学（ethology）的优势，最先认识到关系是人类发展的核心，所以也是心理治疗的核心。在美国，沙利文（Sullivan，1953a、b，1962）的精神病学人际理论表达了类似的观点。近些年，科胡特（Kohut，1977）和其他的自体心理学家（Stolorow et al.，1987）认为，每个个体都把客体的使用作为发展的基本特点和自体维持的工具。在目前最新的研究中，Khan（1974，1979）、Loewald（1960，1980）、Money-Kyrle（1978）、Shapiro（1979）、Zinner和Shapiro（1972）、Kernberg（1975,1976）、Gill（1984）、Bollas（1987,1989）Lichtenberg（1989）、Ogden（1982，1986，1989）、Searles（1965，1979，1986）、Sutherland（1989）、Hamilton（1988）、Box及其伙伴（1981）、Wright（1991）和其他的很多研

究者都为该理论——即通过客体的存在和作用，自体才得以形成并维持——提供了根本的支持，这在客体关系术语中被称为"外部客体"。

按照这一观点，我们每个人都不是作为一个单独的个体存在的，而是处于关系网中。在这张网中，我们的渴望和恐惧、欲望和攻击才具有了意义，并有了表达的对象。我们的思想是按照"关系的构造"（Mitchell，1988）组织起来的，只有通过理解每个人的关系模式和他们通常和外部关系的互动方式，我们才能理解他人和自己。科胡特（1984）的"自体—自体客体关系"（self–self-object relationship）、Atwood 和 Stolorow（1984）的"内部主体背景"（intersubjective context）和米切尔（Mitchell，1988）的"关系矩阵"（relational matrix）都是这个观点的不同表达方式。

然而，到目前为止，还没有一种理论能够完全兼顾到互动过程中的主体和客体、自我和他人。自体心理学着重于通过应用客体寻求自我发展和统一性，客体关系理论则着重于客体的变迁，而置自我的成长于相对被忽略的地位。一种理论同时聚焦于自体和客体是非常困难的。因为它们形成的是图形—背景关系，聚焦于一项就势必把另一项看成其形成的背景。但是，两者对于理论和治疗来说都是至关重要的。

这本书是对自体和客体相互纠结关系的一种探索。它是建立在"没有客体就没有自体，同时没有自体也没有客体"这一论点之上。然而，无论是自体还是客体都是一个完整自体具有的功能之一，这里的自体不是一般意义上的自体。更确切地说，它是一个逐级关联的关系系列。也许这个系列始于母亲和婴儿。母婴关系再和整个大家庭发生关联，包括父亲和祖父母。这个大家庭从根本上说不可避免地和整个社会发生关联。所有的外部关系在个体内心世界形成的过程中就这样进入了其内心，并在将来的关系中影响个体。

我们每个人的自体都是这样形成的，我们也都是与别人相关联的"他人"，我们不但受到自体组织（self-organizations）的影响，而且还受到成为一个完整自我所必须的持续终身地成为他人客体的需求的影响。这种潮起潮落的不停变化组成了我们从出生到死亡的整个人生。

纠缠的自体和客体

客体关系的人格观点起源于费尔贝恩（Ronald Fairbairn）和梅兰妮·克莱因（Melanie Klein）的研究。这个章节介绍其主要贡献的大体方向，而把一些细节和我自己对此所做的一些工作放在了第三章。对这些内容不熟悉的新读者可以先阅读第三章介绍客体关系理论的内容。

费尔贝恩（1952）开始这项工作是源于他不同意弗洛伊德关于人类发展之核心的观点（Jone，1952）。弗洛伊德认为内驱力的表达是个体发展的动力，费尔贝恩则把我们每个个体最重要的需求定位为关系。只有在对关系需求的背景之下，内驱力的表达（欲望或者攻击）以及我们逐层的心理结构才有了意义。从此，费尔贝恩创建了自体和客体的关系理论。按照他的理论，每个人的心理结构都是建立在与最重要的人的体验之上的。随着自我（ego）的构建，分裂和压抑是处理客体关系的最重要的手段。费尔贝恩还认为，自体和客体总是亲密接触的，内部客体及其依附的自我相应的部分的关系组成了心理结构的基本构件。虽然费尔贝恩用"自我"（ego）一词来指与内部客体关系紧密的那部分自体，但是他接受冈特里普（Guntrip）的观点，认为"自体"一词更合适。

费尔贝恩的临床实践和理论著作均衡地聚焦于自体和客体的关联，使我们感觉两者密不可分地相互纠缠并相互依存着。我们经常依赖我们的客体，但是成长引导我们从最初婴儿式的依赖演变成一种成熟的依赖。冈特里普（1969）扩展了费尔贝恩的工作，指出自体的问题。他尝试探索当自体无法找到任何它能关联的客体时而退缩的部分，即所谓的"压抑的力比多自我"。

克莱因最初的工作和弗洛伊德的驱力理论有密切的联系。虽然克莱因也同样认可客体关系起源的理论，但是在她看来，婴儿和他们的母亲及外部客体产生联系是基于他们内心的需求和冲动，由本能的张力和与生俱来的驱力所控制。费尔贝恩看到一个婴儿是如何被其重要客体的真实治疗所影响的。这个体验随后被并入了精神结构。与此相反，克莱因看到一个婴儿是如何被内心的冲突所驱使，将这些冲突强加于重要的外部客体，他害怕看到这样做的后果，并对这种恐惧做进一步的反应。相对来说，克莱因的理论并不关注和孩子产生关联时外部客体的行为。后期，她的工作受到比昂（1967）的影响，比昂的理论认为，母亲是婴儿还无法控制的原始焦虑的容器，从而引进母亲作为一项有真实的心理功能的角色。

当我们把这些观点放在一起时，我们就能够构建起这样一种模型：既抓住了重要客体对发展中的孩子的影响，又看到了孩子对家庭和其自身内心成长的影响。温尼科特（1971a）和一些更现代的研究者，如科胡特（Kohut，1984）、斯特恩（Stern，1985）、米切尔（Mitchell，1988）和赖特（Wright，1991），帮助我们加深了对其复杂性的认识，并促使我们不断地去理解自体和客体的关系——因为他们也生活在人群之中，同时为我们每一个人提供了心理结构的种子。

客体中的自体

内部客体关系诞生于与外部客体的关系。在治疗中，它诞生于治疗师所提供的关系。患者和治疗师一起为彼此的工作提供"抱持"（holding），互相支持，以便共同支撑并形成一个潜在的治疗空间。在此过程中，治疗师引导着与患者间的合作。

这种行为的模型就像是父亲或者母亲与其婴儿之间的关系。父母中的每一方——如果是单亲家庭的话就是一方——为婴儿及其成长提供了一个安全的环境，将婴儿抱在他们怀里，同时善于接受婴儿的努力，以便能够在第一时间将其关注和鼓励反馈给婴儿，从而使得父母带着确认感继续抚育下去。

婴儿的周围有一系列同心圆环。最初，他们并不能掌控自己，要依赖父母，父母或者其中一方把婴儿紧紧地抱在怀中，注视他们的眼睛，安慰他们，使他们放松，给他们清洗，哺育他们。同时，孩子的反应也能够强

第二章 自体和客体相互作用

化和支持父母完成他们的任务,甚至帮助他们建立与婴儿的关系。在外面一层圆环中,母亲给婴儿以支持,婴儿则通过关注回应母亲的关心。两者就形成了相互支持。父亲则通过对孩子和母亲的关心与两者建立关系。以同样的方式,母亲也与父亲和孩子建立关系。这样,父母作为一个整体与婴儿建立了关系,三者成为了一个家庭,并以这种方式与延伸家庭中的其他孩子和亲戚建立起关系。

在婴儿与家庭的一系列同心圆环中,父母还提供了其他的东西。他们成为婴儿欲望和希望、恐惧和攻击、爱和恨的客体。父母是婴儿最初的客体。弗洛伊德(1905b)最初使用客体这个词时指的是婴儿性欲和攻击冲动指向的客体。温尼科特(1963b)把母亲的这一功能称为客体母亲。现在我们越来越意识到父亲对于婴儿和成长中的孩子的重要性,我们知道,父母双方都会成为婴儿最早的爱和攻击的最初的客体。父亲和母亲与孩子的关系既相同,又有本质的区别——母亲提供生物学上相对稳定的倾向,父亲则提供强化的刺激(Scharff & Scharff, 1987; Yogman, 1982)。在这里,我只是希望简单地介绍客体父母的概念(修改自 Winnicott, 1963b),同时把婴儿对客体父母的体验与对支持性父母的体验做一区分。

在和父母的关系中,婴儿找到了客体,探索与之发生联系的方法,并把他们内化。这样,真实的外部对象和内在对象同时存在。我之前已经描述过了(Scharff & Scharff, 1987),通过这样的方式,婴儿把父母作为欲望和攻击的客体与之建立直接的联系,我们把这叫做焦点的或者"眼睛对眼睛"("我对我")的关系,强调婴儿在这个阶段建立起关系是十分重要的,这对以后与他人建立亲密关系是至关重要的。这种眼睛对眼睛的关系或称为"核心的关系"为婴儿提供了客体的体验,由此婴儿的内部世界才开始建立。

就是在这个由父母精心创建的支持和安全的天地里,婴儿找到了他们自己(Scharff & Scharff, 1987)。在这个安全的港湾或者被粗暴蹂躏的暴力的空间里,自体诞生并成长,逐渐沿袭了父母给予的方式。

所以,在治疗中,治疗师主导着治疗空间,但是受到与患者的互动的影响。为了让治疗能很好地进行下去，良好的互动是必不可少的，虽然我们并不是时时刻刻都能意识到这点。广泛存在的对关系、对爱和被爱的渴望最终会滋养我们的治疗关系。

治疗关系和父母—婴儿关系是如此的相像，但是也有不同。单亲家庭在另一方男性或女性重要角色缺乏的情况下，必须承载孩子人性发展的所有潜在可能需求。同样，治疗关系承载着比二对一关系更多的内容。男性治疗师在患者与他的男性特质发生关系时必须能够体现某些女性元素，女性治疗师也必须能体现男性元素。治疗师能够这样做的原因是来自于他们内部的客体关系，包括他们自己和他人（男性和女性）的关系，这些都为患者提供了广阔的包容度。

治疗师也像父母一样提供温暖的港湾和焦点体验（focused experience）。就像在父母的臂弯一样，他们提供支持的环境，使得患者能够在这个治疗空间中开始探索，并处理内心各种各样的需求。另一方面，在这个"我对我"的关系之中，治疗师把自己当成客体提供给患者，作为患者欲望和仇恨、渴望和恐惧的客体，为患者的内部客体提供动力。

两者关系的这些内容都和治疗有关。患者来到诊室，带着他们持续终生的体验，这个体验既包含来自早期重要关系的体验，又包含在治疗空间产生的移情（情景移情）和对治疗师产生的移情（焦点移情）的体验。每种非常亲密的关系都包含这些方面，纠缠在一起难舍难分。在第三章中，我们会对移情的这些内容进行探索。

D 先生和 D 太太

D 先生和 D 太太在夫妻治疗中总是长篇大论，难以打断。当 D 先生高谈阔论时，D 太太会不时地嘲笑他，那种口气似乎在说，她不仅不同意他的观点，而且还对此嗤之以鼻。一旦 D 先生开口，他就不允许别人打断他，他常常会说"等我讲完再说"。然而，D 太太的模式也几乎如出一辙。她不停地指责丈夫如何如何对她不好，如果他最终忍不住抗议，D 太太会立马反击说"等我讲完再说"。若我试图进行干预，指出他们的共同模式以及彼此之间如何互动，或是指出他们所讲述事件的一个问题，无论当时是谁正在发言，讲话一方都会跳起来痛斥我打断其谈话，而另外一方则会觉得我的干预失败对其不公平，恨不得我能马上阻止对方。尤其是 D 先生，他认为我打断他的谈话时显得很偏心，因为他觉得我不愿不偏不倚地也以同样的方式来阻止其妻子的长篇大论。

对于我而言，我感觉被带入一个僵局，产生了治疗无效感并保持沉默，被迫成为这夫妇俩的公开容器，他们可以随意地将其愤怒和失望丢入其中。偶尔我会将这种情况告诉他们，即此刻他们正联合起来以此种方式对待我。我猜他们之间的争吵看起来似乎也是彼此均以类似的方式来对待对方。他们尽管同意这一点，却并没有改变他们在治疗中的讨论模式。

由于他们的婚姻以及夫妻治疗失败了，因此，我开始单独会见 D 先生。在与 D 先生的面谈中，我再次体验到同样的感觉，尽管我更加放松且随时准备着成为 D 先生所希望的那种容器。在一次会谈的 1 个小时中，D 先生会在前面的 40 分钟事无巨细地告诉我上次治疗后所发生的一切事情，包括一个周末他与妻子在一起时，他妻子曾决定要让他回去。他不停地讲。40 分钟过后，他突然停下来，笑着对我说，"你有什么要说的吗？"正当我准备开口回应时，他又继续讲了。

随后，在治疗中，D 先生指责我未能劝阻他的妻子采取与他尝试分开的决定。他责备我没能面质她的这种自我满足式的决心，称这种决心促使其妻决定尝试与他分开。他还责怪我在为他的愿望辩护时有失公允。

在这 1 个小时中，我能够明确地意识到我的这种在夫妻治疗设置中难以言喻的挫折感。我感觉自己就像一个濒临爆炸的容器，一只不断被往里加压、填塞而绷得紧紧的气球。我感到自己这只气球壁的细胞构架已经裂开来了，而无法像比昂（1967）所描述的那种焦虑的耐受性容器般（tolerant container of anxiety）具有能够吸收并处理难以控制的婴儿般焦虑的坚韧之壁一样。我撑得累坏了。我终于挨过了这一小时，同时松了一口气，因为我很少需要对其进行回应，而且患者对于我能够像顺从的投诉箱般随时接收他所倾倒的一切显得更满意了，而不是像他那焦虑的妻子一样将他的投射吐还给他。

与 D 先生单独在一起较为容易些，在治疗室中，我对于自己成为这鼓胀的、绷得紧紧的气球反而不那么在意了。我甚至能够放松下来，并且欣赏自身的这种无力感，即难以抵制被填塞得甚至更满的感觉。他后来在治疗中问我的那句话并非代表他真的很关心我是否能撑得下去，而是像父母在继续过量喂孩子之前，先看看婴儿是否想打个嗝。

在此情景中，我感觉自己像个被指责无法提供足够抱持的父母。当 D 先生责备我丢下他一人而未能保护他、未能成为他爱的客体时，我感觉自己受到了攻击。D 先生声称，如果我是一个比较好的家长，一个更有经验的保护者，那么他就不会被抛弃，不必面对如此可怕的丧失和羞辱了。我让他失望了。在移情中，当我感觉受到攻击时，很明显是丧失和羞辱的威胁改变了他对我的看法。治疗刚开始时，我觉得我能起到父母的作用，能够吸收他倾倒过来的所有东西，而现在我却觉得自己只不过是一个失败的容器，无法承受这对夫妇的爱和恨。当 D 先生感觉受到 D 太太的攻击和威胁时，他就将这种攻击转移到我身上而不是去面对丧失。不过，我现在觉得他的攻击反而赋予了我那原本毫无生气、过度紧绷的弹性壁一些生机。因此，他的攻击唤醒了我。重获生机后，我开始能问 D 先生一些有关丧失和羞辱的问题了。他也同意说正是这些丧失和羞辱引发了他对我的攻击。但令我感到迷惑的是，相较于原先他不遗余力地将所有东西全部灌输给我时，他目前这种对我的治疗角色的攻击为何反而让我觉得自由了些，同时为何

第二章 自体和客体相互作用

让我更加放松且能够对其进行回应了呢?

直到后来我才意识到,当我在D先生的攻击下变得更清醒时,我的感觉实际上是与这对夫妇对待彼此的方式产生了共鸣。他们的争吵释放了过度的压力,使得他们得以继续保持更为亲密的关系。争吵反而常会诱使他们做爱。于我而言,D先生的攻击似乎释放了我容纳能力的无力膨胀感,使得我能够放松下来,重新思考。这也将我拉回治疗中,再次与D先生一起,而不再会被他的倾诉所淹没。

我对D先生的过去知之甚少,这一点恰与我被作为一个必要客体的经验相符合。他现在告诉了我更多有关他的情况。他认为他的母亲是疯子。她会命令他站在原地听她咆哮。通常,她甚至不允许他动一下。他责怪父亲未能保护他免于母亲的强求,她甚至会将他抱到她的床上,用她那焦虑、同时衣着暴露的身体紧紧地抱住他。在治疗中,D先生将我置于以前他自己常常所处的位置,而他自己则变成了他母亲。他迫使我吸收他的焦虑,不许动弹,正如他以前被迫成为他母亲焦虑的容器一样。我始终坚持着,没有退缩,直到他问我是否想说点什么。接着,他便转移到后面的场景中去了,即之后的愤怒爆发,打破僵局,并且重新赋予D先生及其母亲以生机。现在,我能够对他的责备进行回应了,处在他的位置上—如当年那个希望为自己辩护的小男孩。他和我都得到了发泄,感觉放松下来了。在为我自己辩护时,我也替他说话。D先生变得更有回应了,之后则更具内省性。僵局就此打破了。他能够开始吸收他的处境中固有的丧失了,并且再次将我视为他所渴望的具共情性和包容性的家长了。

D先生所渴望的是这样一位母亲,即能够理解、接受他的绝望,而不必将这种绝望吐还给他或者干脆完全反过来——即他自己反而必须成为他母亲的家长去照顾她。从我对他内部客体关系的经验上,我考虑更多的是他与妻子的关系。我开始看到他们彼此都感受到了对方的要求和指责中所包含的威胁。他们就像两条对立的眼镜蛇一样，彼此都想将毒液喷到对方身上，不是为了将其吞噬，而是为了使之瘫痪，成为一个动弹不得的、仅能顺从和被动接受的张着大嘴的蛇。在家里，彼此的这种要求很自然地要失败。夫妇双方都感觉到被过度填塞时，他们就像过度膨胀的膀胱般，迅速地收缩，将有毒的尿液排入对方体内。有时，他们的争吵有助于他们重获平衡，将未消化分解的投射释放掉，从而重新恢复彼此边界的弹性。

在治疗中，D夫妇联合起来将他们的愤怒和悲伤全都倒在我身上，轮流把我填塞得满满的，然后指责我无法包容他们。现在，他们一致认为我无法起到抱持的功能，而且正是我的失败导致他们未能在彼此身上找到爱的客体。作为夫妇，他们希望能在对方身上找到自己的影子。同样，D先生在他的个体治疗中希望我能将他吸纳进来，这样他就能从我身上发现他自己了。另外一方面，当这对夫妇与我在一起时，他们俩都担心我是不是会被其中一方给"吸"进去，这样我就无法吸纳剩下的另一方了。

以上这个案例描述了D先生及其妻子在治疗中对我的利用。D先生的移情以及他们的共同移情道出了一种特定的父母功能及其失败之处。D先生觉得他的母亲无法包容他的焦虑，她甚至会反过来将她的疯狂全部倾倒给儿子，命令他站着不动，不然她就会大发脾气。母亲对于孩子的这种包容在D先生身上得到了相反的体现，直到他再也无法忍受。接着，D先生责怪他的父亲建立起这样一种家庭模式，即必须忍受和娇纵他的母亲，从而无法保护D先生免于承受母亲的那种疯狂。他责怪他父亲——正如他现在责怪我一样——从来没有站起来反抗他母亲，从而迫使作为儿子的他也必须接受。

在治疗场景中，我们可以看到对作为容器客体的利用和虐待。这对夫妇联合起来，互相强化，形成了静态的、僵硬的重复。如果说D先生一人将其焦虑全部转移在我身上就已经让我难以忍受了，那么，他的妻子加入他的行列则彻底令我瘫痪了。

自体和客体

自体是无法脱离客体而独立存在的，它总是在与客体的关系中被定义。费尔贝恩（1951）将客体相关技术（techniques of relating to objects）描述为是对不满意的关系进行补偿的方法，这是早期用以定义自体对客体的特定利用的。因而可以说，D先生企图通过以一种特定的方式控制他的客体来定义他自己。他希望通过控制我来包容他的焦虑，从而弥补他自身忍耐性的不足。科胡特（1977，1984）以另外一种角度来看待这个问题，他用了自体客体（selfobject）这个词来描述这种对客体的利用，即试图通过控制另外一个人，包括治疗师本身，来填补自体功能的不足，将攻击的破坏性效应从自体中清除出去，从而获得一种自体凝聚感。费尔贝恩笔下的客体关系更加注重自体和客体之间的相互关系，而科胡特更强调对客体的融合性利用（fused use of the object）。

赖特（Wright，1991）对瑟尔斯（Searles，1963）早期在学习精神分裂症治疗时提出的观点进行了详细阐述。在发展过程中，赖特注意到，"母亲的脸是儿童最初情感的镜子，正是通过母亲的反应（即她的反射），儿童才能了解他自己的情感。"

自体总是在与客体的关系中被定义。同样，内部客体也只有在与自体的关系中才有意义。费尔贝恩（1952）早期在对内部客体的描述中强调，内部客体必然与自体的一部分密不可分，两者通过伴随受压抑关系的特征性情感而结合在一起。在此描述中，有一点没有得到足够的认识（部分原因可能是费尔贝恩自己没有过多地重视），即内化过程包括的不仅仅是客体（主要人物的部分映像），而且还有关系——在与关键人物情感互动中与部分自体的关系（Ogden，1986；Sutherland，1989）。这是因为，没有自体就没有客体，反过来，没有客体也就没有所谓的自体，这就好比没有母亲就不可能有婴儿一样（Winnicott，1971a）。因而，在内在世界中，我们无法想象不借助和依赖于客体的自体可以独立存在。我们总是在他人的眼睛、凝视、表情、镜像身体反应（mirroring body responses）以及回声等的反射中看见我们自己。

正如我们是一个由我们的身体所定义的自体——也就是说，我们不可能是一个无实质的、空洞的自体，我们也不可能是一个排除其他所有人而孤立存在的自体。我们与外部世界中他人的关系，以及在内部世界中与这些来自外部世界映像的关系，持续不断地定义着我们的自体。

自体内的客体

但是，客体同样也须由自体而得到定义。温尼科特（1971a）的说法就是世上没有无母亲的婴儿。但是，她只说了一半，另外一半是同样没有无婴儿的母亲。毫无例外，每一个人总是某些人眼中的其他人，通过这些人，"其他性"得以定义并获得确认。费尔贝恩将我们每人都渴望爱与被爱（Sutherland，1989）置于生命之中心。爱与发展彼此促进，形成共鸣。我们都需要有父母，我们可以去爱他们，同时也需要他们来爱我们。接着，当以后我们自己成为父母、丈夫、妻子或恋人时，我们需要感到我们能够用爱去关心他人——亦即他们将在我们的抱持中成长。但是，这并不是说只有到以后我们才需要这种感觉。实际上，从一开始，婴儿就已经需要感到父母能够在孩子的爱与关怀之下成长。

更进一步说，在我们内部，我们同样需要纳入我们所爱客体的映像，同时觉得这个客体的映像也会以爱来回报我们。内部客体——爱、恨、召唤、接受以及拒绝的客体——作为我们精神的基石，都深植于我们体内。它们是我们自体的一部分。但是它们以一种特殊的方式留存于我们体内：位于我们内心深处，同时这些客体的内心深处也有我们的存在。我们所携带的客体映像在其自身内部也必为我们留下了一定的空间，也就是说，不管是友善的还是残暴的，它必是一个能与我们互动的客体，以免我们觉得它已彻底抛弃了我们。我想要描述的是这样一种景象，犹如两面镜子相向而立，每一面镜子里都包含着留有自身映像于其中的对面镜子的映像。这一系列互相包含的映像可往前回溯到一个无限的开始，并且延伸到一个无限的未来。

简单一点说，我们可以看到，我们内心所承载的是一个进行中的客体关系，这种关系要么以互相关注和爱护为特征；要么相反，以敌意、拒绝及愤怒为主。当相互性和关注欠缺时，内部客体关系就会变得停滞、偏离甚至扭曲。当内部和外部客体关系运作良好时，个体就会更接近于一种克莱因（1935，1945）所描述的"抑郁态"（depressive position），在这种状态中，关注的是客体作为一整体的健康；当内部和外部客体关系运作不良时，个体就会处于一种克莱因（1935，1940）称之为"偏执—分裂态"（paranoid-schizoid position）的状态中，在这种情况下，与自体破裂的体验有关的部分客体关系占了上风。

奥格登（Ogden，1989）在克莱因"偏执—分裂态"和"抑郁态"的基础上增加了一种"自闭—连续态"（autistic-contiguous position），拓展了我们对于自体和客体之间终生共鸣的理解。在"自闭—连续态"中，个体努力地形成并维持一个自体，而"抑郁态"涉及的则是个体对于客体和客体关系的关注。然后，位于这两者之间的则是"偏执—分裂态"，它所反映的是在生命于关注自体和关注客体之间持续不断的运动中，在面对整合问题时产生的分裂和压抑。

自闭—连续态 ⇆ 偏执—分裂态 ⇆ 抑郁态

这三种状态之间的平衡在不同的发展阶段以及在面临各种心理任务时会有所改变，同时它们之间的发展运动也可以是从健康沿着病态方向进行的。

自体及其与重要客体的关系的活力取决于自体和客体之间关系的满意度，同时也经由这种满意度得到表达。

自体和客体互相抱持

由于不存在无客体的自体，因而，客体的健康对自体极为重要，客体关系方法总是考虑到一个个体对于另一个个体健康的关注。事实上，客体关系这个词本身就有点问题，因为它模糊了自体的问题及其重要性。与此相反，"自体心理学"这个词却模糊了客体的重要性，客体不只服务于自体，同时还在与自体密切而相互界定的互动中作为一种结构而存在。应有一项完整的研究来分析自体和客体之间的相互影响和关注，或者也可称之为人际关系（Sutherland，1989）。不仅仅精神分析、客体关系以及自体心理学可以涉及这项研究，其他领域（如婴儿研究、家庭和婚姻研究）也都可以进行这方面的探索。儿童与父母的互动，或者妻子与丈夫在婚姻中遇到了挫折又进行补救，这些都引领我们从浩瀚的外部世界通往我们那广阔无垠的内心世界，从而理解那些因无法相互关注而导致的自恋性障碍（自体妄自、徒然地击败了客体），理解由内部客体带给自体的绝望性丧失，理解攻击是如何蛮横地取代了为保持自体和客体之间关系的活力而所做的努力。

此书主要着眼于我们的内心世界是如何通过外在的互动而不断获得新生的，同时着眼于这些内部客体关系是如何孕育着意义、丰富着我们的人际领域的。自从我们的内心世界诞生于我们原始关系（primary relationships）的摇篮，它就不断从日常互动中寻求意义，并同时赋予这些日常互动以意义。用我们的专业术语来说就是，它为心理治疗关系中的移情和反移情赋予了生命。

第三章
情境和焦点移情及反移情

在进一步深入探讨客体关系的新领域之前,我们有必要先来了解一下本书的一些基础知识。本章主要对客体关系的理论基础进行回顾,那些对英国客体关系学派(尤其是对费尔贝恩、克莱因、温尼科特以及比昂的工作)比较了解的读者,对此应该比较熟悉了。同时,本章也涉足一些新的领域,包括费尔贝恩在内射性认同的作用方面的贡献——这部分参考了吉尔·沙夫的近期研究结果(Jill Scharff,1992)——以及温尼科特和比昂之间看似矛盾之处。这些客体关系的理论基础促使我们对客体关系方法的临床核心——即移情和反移情的应用——进行思考。

移情和反移情为理解治疗师和患者之间的客体关系、治疗师和夫妻或者家庭联合治疗的客体关系提供了一个重要工具。个体治疗和联合治疗均应用了移情和反移情,不同之处在于重点处理移情和反移情的哪些方面。在回顾一些主要的客体关系理论之后,我们将再次回到移情和反移情的话题上来。

费尔贝恩对人格客体关系理论的贡献

费尔贝恩对弗洛伊德个体发展的概念进行了修正,认为婴儿一开始的发展动力并非来自一系列的内在驱力(innate drives),而是来自婴儿对关系的内在渴求(Fairbairn, 1952, 1954, 1963)。婴儿起初与母亲(或其他主要照料者)的关系以及后来与家庭中其他主要成员之间的关系,决定了其心理的发展。费尔贝恩认为并不存在引发攻击性的死亡本能。相反,他觉得攻击是依恋或亲和需求受挫后的反应。出于对弗洛伊德伟大贡献的尊敬,费尔贝恩保留了两个术语,即"力比多"(libido)和"力比多的"(libidinal)。弗洛伊德的这两个术语原本是用来表示性本能的,而费尔贝恩却将它们用来指代儿童对依恋对象的主动寻求。在费尔贝恩看来,儿童渐渐地内化了与母亲和家庭之间的关系,同时这一过程受到儿童有限理解能力的修正。

费尔贝恩(1952)写到,儿童在与"前矛盾客体"(preambivalent object)的关系中是以"原始的未分裂自我"的身份开始其生命历程的。由于客体在某种程度上不可避免地会令人失望,为此,儿童需通过内化它来防御这种失望所引起的痛苦。然后,儿童再以以下3种方式来对待这个"原始的、未分裂的、被内化的内部客体":(1)将客体中那些太过痛苦以至于无法承受的部分与那些相对理性的意识的部分分裂开来;(2)再将它们严格地压抑起来,因为它们十分痛苦、难以忍受;(3)同时,当儿童由此而修正了与此原始的、未分裂的"前矛盾客体"的经验时,他也会修正其自身单一的、未分化的自我。与此同时,自我也会采取类似于将无法接受的客体分裂成部分客体的方式分裂自我。费尔贝恩认为,起初的内射以及随后的分裂和压抑坏客体,主要是起防御的功能。儿童也摄取了与客体好的经验或可接受的经验,并围绕其建立心理结构。费尔贝恩写到,儿童之所以内化与客体好的经验,仅仅是作为一种继发性的行为以此来补偿已经内化的坏经验。然而,在我看来,每个儿童也内化好经验的事实说明，好经验和坏经验很可能从一开始即以同等的方式被内化，而这种心理构建的基本过程正是处理与其他个体关系的一种基本心理过程（Scharff and Scharff, 1987, Sutherland, 1989）。处理好与坏客体的差异——"好"与"坏"意味着在情感上满足与否——在于与"坏客体"的关系相对容易被压抑或者说容易"被防御性地排除"（Bowlby, 1980），因为它们是痛苦的，而"好客体"却相对容易留在意识层面以使自我满意且充满力量。

在费尔贝恩的模式中，在每一案例中被分裂和压抑的是：（1）客体的一种影像；（2）同这部分客体互动的一部分自体（费尔贝恩则称之为一部分自我）；（3）痛苦的互动过程中的特征性情感（Sutherland, 1963, 1989）。以上这些就构成了所谓的"内在客体系统"（internal object system）。费尔贝恩（1963）区分出了3种主要的内部客体系统，如图3.1所示：

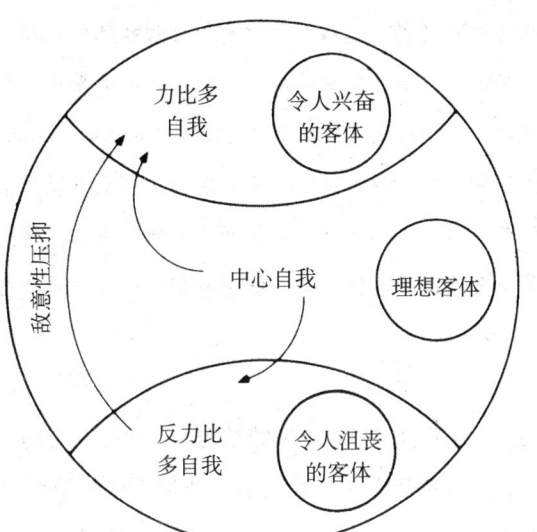

图 3.1　费尔贝恩的精神结构模型

摘自大卫·沙夫的《性与家庭的客体关系观点》（*The Sexnal Relationship: An Object Relations View of Sex and the Family*）。中心自我与理想客体的关系是在意识层面上与照料者之间的互动。中心自我压抑其被分裂出去的力比多和反力比多的部分，同时压抑仍处于无意识层面自我的相应部分。力比多系统进一步地被反力比多系统所压抑。

1. **中心自我和理想客体**。中心自我及其客体构成了我们每个人内化关系中的相对有意识和理性的部分。理想客体代表的是原始分裂前矛盾客体中未受压抑的核心部分，也就是既没有过度拒绝也没有过度兴奋需求的那部分客体。

    余下的其他两个系统则是"坏客体"系统，均伴随着痛苦的情感，包括力比多自我和客体、反力比多自我和客体。

2. **力比多自我和客体**。力比多客体是指在关系中被体验为有过度兴奋需求的客体。正如奥格登（1983）所说，这种客体是很"诱人的"。自体（或自我）部分通过一种未满足或未能得到回应的痛苦情感与这部分客体相连。

3. **反力比多自我和客体**。对于这个术语，很多人理解起来可能有些困难，它是费尔贝恩为了一致性的缘故而引入的。它指的是关系中攻击性的一面（也就是倾向于分离的反亲和部分）以及让人感到被拒绝、忽略或迫害的那种"坏"客体。在此关系中，与其相对的则是费尔贝恩原来称之为"内部破坏者"（internal saboteur）的自体。尽管在此关系中体现出来的更多是愤怒、挫败感以及恨，但是"内部破坏者"却始终忠于与拒绝的客体之间的关系，因为部分自体无法忍受失去其部分客体，这就好比有着一位愤怒母亲的儿童仍无法承受失去她的风险。

费尔贝恩所描述的这三种类型的结构本身也是动态的。也就是说，这是一些内化了的关系活动中起伏兴衰、变幻不定的结构，而并不仅仅是以一种定格的、静止不动的观点来看待客体。然而，费尔贝恩还进一步描述了另外一种动态过程。他注意到，对令人兴奋的客体的强烈渴望是如此痛苦，以至于反力比多自我会进一步攻击力比多自我和令人兴奋的客体，以求进一步地压抑它们。这在图3.1中是用"敌意性压抑"的箭头标识出来的。这代表了这样一种情况，当一个人由于无法得到其所渴望的客体的回应而感到痛苦时，也许他会发现以对该客体"愤怒"的方式来应对会更简单且不会那么痛苦。在临床上，我们发现，在指向客体的愤怒之下，通常暗藏着对该客体的思念和渴望，也就是说，愤怒此时起着进一步压抑渴望的作用。

此动态过程的重要之处在于它详细阐述了组成精神结构之内部客体关系的重要动力性质。反力比多系统和力比多系统处于动态关系之中。同样，我们也可以从费尔贝恩的原始观察中进一步推论并注意到内部客体间的这样一种相反的动态关系（Scharff and Scharff, 1987）。临床上，我们观察到一些个体以及一些夫妇保持着一种兴奋、甚至躁狂的心境，以此来否认痛苦和愤怒，应用过度渴望的模式来掩盖遭迫害和拒绝的感觉。在这种情况下，力比多系统攻击并且压抑了反力比多系统，中心自我或中心自体系统仍持续地与这两种受压抑的客体互动着。

内部客体系统彼此之间在各个方向上均相互关联。对于这些亚系统而言，最重要的是它们处于一种持续的动态作用之中，亦即它们都是一个整体的动态组成部分。当受压抑的自体—客体系统的某些部分被过度压抑，使得中心自体被耗竭，导致与其理想客体关系的贫乏时，人就会出现许多的病症。另外一些病症的出现可能与中心自体系统被其中一个通常处于压抑状态下的系统所取代有关，这犹如某个个体关系的特征是持续性的疏远和愤怒，同时毫无理性可言。

肯伯格（Kernberg, 1975, 1976, 1980, 1984）、沃尔坎（Volkan, 1976, 1987）以及最近的奥格登（Ogden, 1986）、格林伯格（Greenberg）、米切尔（Mitchell, 1983）、斯里普（Slipp, 1984）和汉密尔顿（Hamilton, 1988）均是美国推广费尔贝恩观点的示范性人物，他们将其想法应用到治疗严重精神病理，尤其是边缘性状态的领域中去。同时，索卡里兹（Socarides, 1978）将费尔贝恩的理论应用于同性恋以及性变态的病例上。

对费尔贝恩贡献的修正

但是费尔贝恩的某些理论也需得到进一步更新和发展。其中之一便是他对"自我"（ego）这个词的使用。费尔贝恩用"自我"这个词来表示一种含糊不清的混合体，它大多数情况下指的是作为一种主体结构的自体，其中包含了个体的运作性身份（operating identity）；部分情况下代表弗洛伊德（1923）所描述的执行性自我机制（executive ego mechanisms）。费尔贝恩后来也同意冈特里普（Guntrip）的观点，即费尔贝恩原来所指代的词更确切地说应该被称为"自体"（Guntrip，1969，Sutherland，1989）。冈特里普（1969）同时还对费尔贝恩未进行探讨的一些自体问题做了详细阐述，尤其是被冈特里普称为"压抑性力比多自我"（repressed libidinal ego）的问题，这个所谓的"压抑性力比多自我"竭力寻找客体，但同时又害怕落空、什么也没有找到。在构建"压抑性力比多自我"的概念时，冈特里普拓展了费尔贝恩的理论，在这之后则由科胡特（Kohut，1977，1984）对此作了更为详尽的论述和发展。科胡特认为，自体是通过利用客体来寻求其自身的凝聚性、完整性、安全性以及健康性的。自体心理学的这个方面最近越来越多地被自体心理学家进一步研究和发展。例如，塔斯廷（Tustin，1986，1990）研究了自闭性客体（autistic objects）在自体感形成中所起的作用；奥格登（1989）进一步发展了塔斯廷的观点，认为在自体的形成中存在一个发展态（developmental position），并将其命名为"自闭—连续态"；在婴儿研究方面，斯特恩（Stern，1985）描述了自体在婴儿与母亲发生关系的过程中逐步发展的不同阶段。

最后，费尔贝恩有关理想客体、中心自体的客体概念是他在关于癔症的临床论文（1954）中构建的。他使得正常的理想化客体看起来就如同是他在描述那些具癔症结构患者时所提及的客体一般，完全丧失了兴奋性和攻击性，极度乏味。我相信，更为确切的说法是，这种所谓的"理想客体"是病态性的、狭隘的，指的是癔症患者持续不断地通过压抑欲望和攻击性而理想化的那种客体。一个具有成熟的中心自体的个体，他的成熟中心客体将不会失去所有兴奋和攻击的特征。温尼科特（Winnicott，1960a）所提出的"足够好的母亲"（good-enough mother）的概念更为接近中心自体的正常客体。"足够好的母亲"是这样一种母亲（外部客体）：其虽非完美，却常常能将事情做得恰到好处，因而婴儿能够将其与母亲的互动经验——包括小失误在内的全部互动经验——转化成他对外部客体的一切需要。同样，以"足够好的母亲"为原型的内部理想客体，不是过度兴奋或过度拒绝需求的，而是同时拥有这两种特征。也就是说，它对中心自体的普通需求具有积极的吸引力，对于中心客体的需求恰当而有节制，同时又能与中心自体保持内部的独立性。

总而言之，人类的人格是包含内部客体以及部分自体在内的一个系统，这些内部客体和部分自体共同构成了个体的精神结构，且彼此之间是动态联系的。从临床角度上看，我们可以说，同母亲、父亲和其他一些关键人物的互动，以及自体与上述人物关系中相对未分解消化的部分，构成了无意识世界。在意识层面，中心自体在日常的现实世界中维持着相对理性的关系。中心自体的功能受关系中被压抑部分复苏的干扰，或者因过度严格压抑而耗竭，其程度取决于个体应用分裂的多少和类型，而这主要由个体在整个发展过程中的经验所决定。

再重申一下，内部客体并不代表具体经验的简单内化。相反，它代表的是个体在当时对其经验理解的痕迹。因而，若儿童的现实母亲（外部客体）能够感受到儿童的需要，但是却由于临时太忙或者生病了以至于无法照顾到他的需要，那么，即便儿童在意识上也能够理解其母亲暂时拒绝的原因，但母亲仍会被部分地摄入为内部的"坏母亲"。又比如由于在玩耍时过度挑逗和激发以至于激起儿童需求未满足感的母亲，或者因过度焦虑而徘徊的母亲，均会被内射为一种令人兴奋的客体。其他时候，母亲以一种正常满足的方式来照料她的小孩，但是由于儿童本身的不安，也使得母亲的这种安慰在当时无法起作用。因而，每一个儿童，不管被抚养得多么好，总是会内化过度兴奋和拒绝客体的痛苦的经验。

当费尔贝恩完成他的理论构建时，他已建立起了一种普通心理学的模型，而非仅仅局限于病态心理学。虽然费尔贝恩并没有大篇幅地详细阐述自体的问题和结构，但是他的理论却为冈特里普以及近期的萨瑟兰（Sutherland）所发展，他们进一步澄清了自体发展的许多问题。在我看来，压抑的客体系统并非只是痛苦和病态之所在，同时也是中心自体系统正常功能不可或缺的一部分。中心自体一定会有对客体的兴奋或唤起的渴望，同时在与客体的关系中一定也会有其注重保持恰当的独立和约束的一面，并付诸实践。而只有过度兴奋和过度具攻击性的关系才是有问题的。图3.2是经过修正的阐述这种精神结构模型的动态结构图。

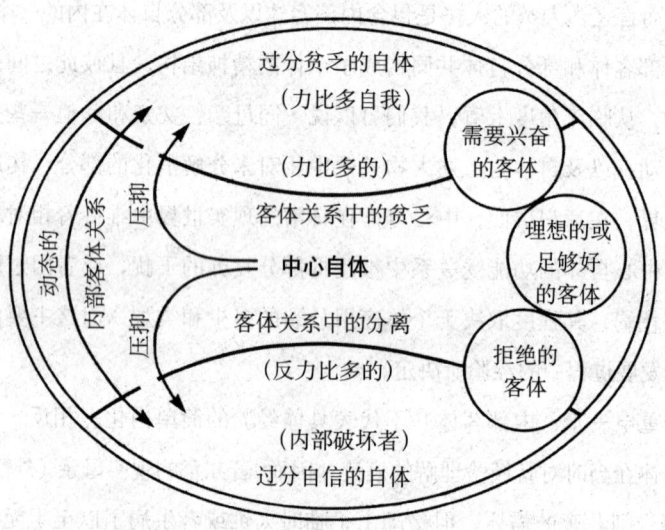

图3.2　客体关系理论的修正

需求和独立性均是中心自体的组成。兴奋和拒绝客体部分地与理想客体交流并且部分被压抑。自体和客体的所有部分均处于动态联系之中。

梅兰妮—克莱因的贡献

偏执 - 分裂和抑郁态

克莱因的工作主要侧重于探寻发展中的儿童与其客体之间关系的性质。她的著作更多倾向于研究儿童内部体验对原始关系的影响，至于外部事件对发展中儿童的影响却甚少涉及。她的主要贡献之一就是其"发展态"（developmental positions）的概念。这些发展态并不是弗洛伊德所描述的性心理发展的不同阶段，而是在生命早期就已建立的状态，是将持续终生的结构。

第一个发展态便是始于生命最初几个月的"偏执—分裂态"（Klein，1935，1940），在此状态下，婴儿无法理解同时具有好和坏属性的完整客体。相反，婴儿将客体分裂为好和坏的部分客体，通常包含于对母亲或父亲身体部分的幻想之中，如好或坏的乳房或阴茎。然后，婴儿通过分裂、投射、指责以及害怕受到坏客体报复的持续幻想来与自身之外的部分客体进行互动。

后来克莱因注意到，婴儿在 8 个月时认知便已得到一定的发展，使其能够将母亲作为一个同时具有好和坏属性的完整客体来进行关注。克莱因（1935，1940）将这种新的能力称为"抑郁态"。此种抑郁态的特征包括：对客体的关注、对矛盾性的容忍、为丧失而哀伤的能力以及希望能够修补自身对客体造成的伤害。克莱因同时也描述了此种临床情景，即用"躁狂性防御"（manic defense）来防御抑郁态。在这种情况下，个体以轻蔑和控制的方式来对待其客体，而不是关注和尊重。

终其一生，我们每个人都在这两种状态中挣扎，有时被拖入到愤怒和指责的偏执—分裂态中，有时则更偏向成熟或康复的抑郁态。1987 年，Steiner 研究了在这两种状态间摆动的病态部分。Meltzer（1975）和 Tustin（1986，1990）则认为还有一种更早的与客体互动的模式，这种模式涉及自体的形成，在第二章里已提过，奥格登（Ogden，1989）称之为"自闭—连续态"。

投射性认同和内射性认同

克莱因（Klein，1946）用投射性认同和内射性认同这两个词来描述内部客体的大量潜意识交流（见图 3.3）。

克莱因认为，投射性认同是一种发生在偏执—分裂态下的互动模式。通过投射性认同，个体（投射者）将自体不想要的部分放到另外一个个体身上，接着在对方身上激起投射者潜意识想要认同并加以控制的行为，以此来代替处理投射者自身内部的冲突。用西格尔（Segal，1973）简洁的话来说就是，投射性认同"是将自体的一部分投射到客体的结果。它可以导致客体似乎获得了自体被投射的部分的特征，同时也可以使自体认同作为其投射物的客体"。

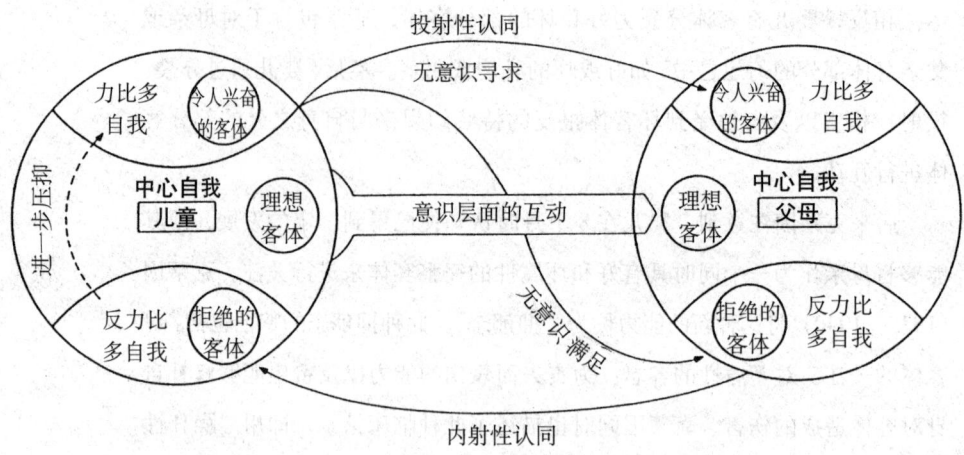

图 3.3　投射性认同和内射性认同的作用

这里的机制描述了当儿童遇到挫折、受到创伤或渴望未得到满足时，儿童的投射性认同和内射性认同与其父母的相互作用。图中描述了儿童期望他的需要得到满足，且通过投射性认同这一机制认同了父母的类似倾向。被拒绝的儿童通过内射性认同的方式认同来自父母自身反力比多系统的挫折。在对挫折的内部反应上，力比多系统进一步受到儿童反力比多系统新兴力量的压抑。

投射性认同的发生有许多动机：除掉自体中恨的部分或者使之变成"更好的"客体，以此来控制危险的来源。投射性认同也是一种处理自体内重要部分的方式，这些部分留在自体内会让自体感觉处于危险之中，而如果让其寄生在另外一个个体身上则更利于其存活。正如奥格登（Ogden, 1986）所说，在投射性认同中，被投射的是被感觉到对自体构成威胁的部分自体（攻击者部分），或者被威胁的部分自体（个体自身攻击的受害者）。

内射性认同——另一种与投射性认同相对应的机制——是指个体通过吸收另一个个体的某一方面，以此来增加或者控制自身人格的某些部分，然后进一步地与该外来的部分产生认同，并且表现得似乎这些外来的部分就是自体本身的一部分。西格尔（Segal, 1973）指出，内射性认同是"当客体被内射入自我时，自我认同其部分或全部特征的结果"。这样，婴儿就能吸收母亲处理他焦虑的功能,恋人就能吸收其伴侣的特征,同时正如弗洛伊德(1917)很久以前就已描述过的,哀伤者通过摄入其丧失的客体以替代其本身的自我。

比昂(Bion,1967)已描述过一个从正常投射性认同到病态投射性认同的连续谱。正常的婴儿会将其过度的焦虑投射到母亲身上,期望从母亲处获得帮助以容忍焦虑。母亲通过内射性认同的方式吸收婴儿投射过来的焦虑并且忍受它们,接着通过一种被比昂(1967)称为"母亲的冥思"(reverie)的过程,对这些焦虑进行处理以令其变得较易接受。这使得婴儿能够重新内射这些经过母亲处理的更可忍受的焦虑。因此,婴儿一方面认同了原先因自己无法忍受而投射出去、然后经母亲"解毒化"处理然后返回的其自身的部分,同时还认同了母亲提供这种"解毒"处理的能力。这是一种包容的过程,在这其中,母亲作为容器,而婴儿的焦虑则是被容纳之物。然而,当原始的焦虑无法被容纳时,这些焦虑要么原封不动地被送还给婴儿,要么更为糟糕,这些焦虑被放大然后如同具有攻击性的发射体般被折射回去。这种病态的过程会让婴儿感受到巨大的痛苦,这是一种难以名状的恐惧感,客体变得极具迫害性,婴儿面临着其脆弱自体的破裂。

投射性和内射性认同是日常生活中潜意识交流的手段,但如果过度使用则可能导致病态。移情和反移情则是我们临床上用来指代治疗情境中出现的这种潜意识交流的特殊形式。克莱因及其追随者使用投射性认同和内射性认同这两个概念,进一步探索了潜意识交流的一些原因及其机制,并且认识到潜意识交流从最初的母婴互动到贯穿于整个生命过程的正常化和病态中均持续扮演着重要的角色。

在克莱因看来,婴儿和母亲通过应用投射性和内射性认同来以一种循环往复的方式交流彼此的内心状态。这样,投射性和内射性认同便成了神入的基础,也是婴儿心理上得以组织的工具。婴儿通过可观察到的交流方式,将其焦虑和需求、冲动性的生活以及渐增的理解放到母亲身上。母亲将这些全部吸收进去,并且形成了比昂(1967)称之为婴儿焦虑"容器"的东西。

而比昂将这些来自婴儿的焦虑和需求称为"被容纳之物"。母亲的功能就是吸收婴儿的投射性认同,在内射性认同婴儿投射物的过程中,将婴儿的这些焦虑转化成"具有较少毒性的"、更易处理的方式,然后再反馈给婴儿,而此时是以一种更为成熟的方式,所以母亲才能放心地将其"借给"婴儿。接着,婴儿重新内射这些被容纳的、经母亲处理的焦虑逐渐地平静、稳定下来,并走向成熟。这个过程很像列奥瓦尔德(Loewald, 1960)所描述的那样,他说母亲在前面带路,领着婴儿走向成熟之道。

投射性和内射性认同是互补的过程,也是同时发生的过程,它们彼此之间紧密连接(J. Scharff, 1922)。对某一个体而言,如果没有另外一个个体相应的内射性认同,那么就不可能有此个体完整的投射性认同。

在临床中,我们经常对这两个过程共同参与的相互作用过程进行研究。一对夫妇如何相互匹配,如是不是妻子将其力量放到丈夫身上,而丈夫将其温柔和脆弱的情感投射到妻子身上?比昂(1961)的"效价"(valency)概念在这里就起到作用了。他用"效价"这个概念描述团体,在团体中,某个个体会由于某种潜意识的冲动需要而乐于充当领导者,如利用依赖性来解决问题,而另外一个个体却可能喜欢组织反对团体领导的活动。比昂并没有描述导致这种自发性匹配能力的人格因素,但是我们可以通过研究内射和投射的过程来试图对其进行分析(J. Scharff, 1992)。

波拉斯(Bollas, 1987)近期的工作加深了我们对内射过程的观察和理解。他提出的"抽取性内射"(extractive introjection)这个概念,指的是某一个体将起源于另一个体的情感带走,从而使得另一个体感到丧失了自身的一部分。他举了一个婴儿溢奶而其父母回应以愤怒和指责的例子来说明。此时,婴儿没有机会因其过错而感到恰当的悲伤,相反却只能对成人的情感进行回应。成人拿走了来自于婴儿的原始情感。波拉斯没有将此临床观察作为内射的一般机制,但是他的描述却使得我们距观察内射的一般过程更进一步了(J. Scharff, 1992)。夫妻和家庭研究也有助于观察内射性认同的过程,在这些研究中,我们可以辨识出一方成为另一方人格的"表达器官"的方式(Lichtenstein, 1961),或者一对夫妻发展出一种"联合夫妻人格"的方式（Dicks，1967）。更为详尽的例子可参见第四章中对一对夫妻的评估性访谈。

以此角度来看，我们开始认为，每个个体的内部客体关系就像扫描仪一般，不断留心外部关系，并且搜寻与他人的良好匹配（Ogden，1986）。

温尼科特的母亲和婴儿

温尼科特是一位儿科医生和精神分析师，他在母婴关系方面的研究对包括治疗关系在内的促进成长的关系中的所有相互性概念做出了巨大贡献。温尼科特（1971a）用"心身相伴关系"（psychosomatic partnership）来描述母婴关系的性质，其中包含躯体关系和心理关系的初始重叠。正是通过躯体的抱持和触摸，以及几乎是躯体性质的注视和声音，母亲表达出了原始心理相伴关系的核心要素，通过这些，婴儿才得以初步发展。然后，通过婴儿对此相伴关系的贡献，母亲的角色也才得以建立起来。

投射性和内射性认同在这些最初形成的关系中发挥着作用，但是温尼科特并没有用到这两个术语，而是描述婴儿利用母亲（或其他主要照料者）的各种方式，并提出了"环境母亲"（environment mother）和"客体母亲"（object mother）的概念，请参见前面一章的讨论（Winnicott，1963b）。这两种不同的互动，均贯穿于个体一生所遇的每种亲密关系，我们可以分别对其进行描述。在作为环境母亲的角色中，母亲用双臂抱着婴儿，营造出一种促进婴儿生存、互动以及成长的气氛。这种用"臂膀环绕的母亲"（arms-around mother）为婴儿更为特定的活动和更中心的互动创造了良好的环境。

在臂膀环绕的母亲所提供的空间中，婴儿能够自由地与母亲这个客体进行互动，注视着她的眼睛，用儿语跟母亲"讲话"，与母亲进行眼神的交流，这同时也是"我对我"互动的开始，这也是神学家马丁·布伯（Martin Buber）所说的"我"和"你"的关系。

在自体及内部世界客体的发展道路上，婴儿在"我对我"的中心关系中寻找其客体，但这个过程同时也伴随着在臂膀环绕关系环境下的摇篮中萌芽的自体。

母亲和婴儿之间存在一个空间，温尼科特（Winnicott，1971a）称之为"过渡空间"（transitional space）。这是一个母亲和婴儿之间的外部空间。在这个空间中，婴儿能被允许并被鼓励使用来自于母亲以及代表母亲的东西，并且可为其自身的目的、发现以及操作而自由地使用这些东西。同时，婴儿会感觉到似乎是自己发明了这些东西，尽管事实上是母亲将它们放在那里的。这个空间具有互动的特征：母亲和婴儿共同合作使得东西变成是婴儿自己的。此空间最终将演变成创造力的源泉，成为婴儿能够"玩耍"的外部空间（Winnicott，1971b），并且将是酝酿思想、创造性地建立新关系的心理空间雏形。图3.4描述了过渡空间和母婴间抱持和中心关系过渡性互动之间的关系。

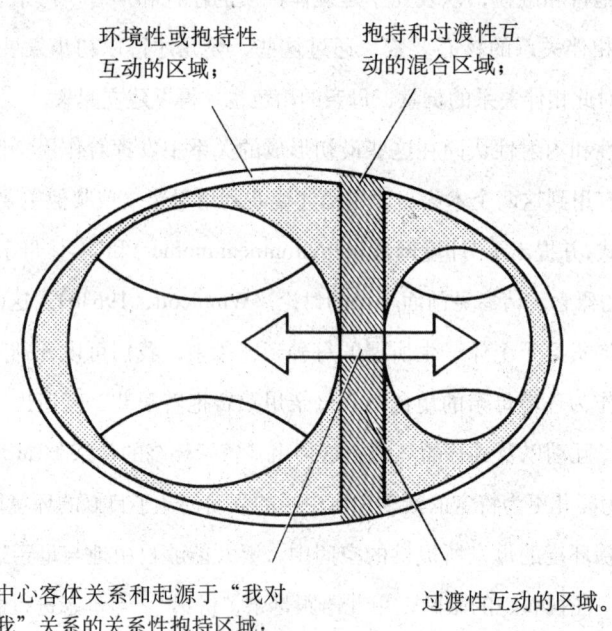

图 3.4　环境和中心关系

焦点（或中心，或"我对我"）互动发生于过渡空间内并横跨过渡性空间。过渡性空间与环境互动和中心性互动均有联系，同时也是混合这两种互动的区域。

温尼科特的真假自体

温尼科特（Winnicott, 1960b）描述了两部分的自体体验，他称之为"真自体"和"假自体"。真自体是一种核心自体的体验。在不得不顺从于原始客体需要而又违背自身真自体需要的情况下，婴儿形成了一种假自体，这个假自体看起来似乎代表了婴儿的需要，但事实上却是在牺牲真自体需要的代价下对客体需要的顺从。温尼科特很仔细地观察到假自体并非仅仅是随机形成的或是道德意义上的虚假，而是代表了照料者的自体，其在婴儿的内部需要和外在世界的要求中进行协调。从这个意义上说，假自体保护了真自体免于灭亡，尽其所能地呵护自体的内在健康，同时维持生存必需的关系。

这里重要的是要看到，真假自体的概念代表的是通常忠于自身内在需要和表达的自体的普遍部分（真自体），以及从自体中分离出的、同样普遍地需要与原始客体进行互动的自体部分（假自体）。在健康的情况下，自体这两部分的斗争是非常富于创造性和成长性的，同时又不会感到与自体的内在本质和潜力相左。如果健康不佳时，忠于自体和忠于客体这两方面的分歧可能导致过度紧张，以至于临床上可以观察到这两部分的自体互相疏远，导致所谓的"假自体人格"（false-self personality）或"好像人格"（as-if character, Zetzel, 1958）。

调和温尼科特的过渡现象和比昂的容器与被容纳之物

比昂的容器与被容纳之物的概念和温尼科特的过渡空间和过渡现象间存在谜一般的关系。它们看起来相似，但却又不同。比昂的概念所指的是心理过程的内部功能，描述母亲处理部分客体、投射性认同和焦虑投射的方式，以及这些投射是如何被反馈给婴儿的。

而温尼科特所描述的是外部世界的一种特征，母婴间可观察到的交流和玩耍活动，尽管这些东西都很明显地体现了内部世界的成分及含义。对于婴儿，温尼科特所关注的是其如何应用心理过程去构建一些外在的东西，进行修正，并且为婴儿自己创造东西，而比昂描述婴儿时，却是着眼于其内部世界，并且通过与母亲潜意识的交流来试图控制其内部世界。比昂在撰写他的理论时，认为外部的交流和沟通是理所当然的，而温尼科特虽描述了外部的沟通、情感以及伴随的思维，但是却将个体转化的内在过程想当然了，而没有对其进行研究。

温尼科特和比昂的两种婴儿理论的视角是相关的，但仅仅根据其描述无法真正弄清彼此的关系，似乎他们各自侧重于心理活动的两个不同方面。如果我们从比昂对容器与被容纳之物的描述着手，我们可以看到母亲"发挥作用"吸收婴儿的焦虑并且对焦虑进行修正，然后再以一种更成熟、去毒化的方式将其返还给婴儿，这样婴儿就能重新内射这些经过母亲处理的焦虑了。但是，比昂描述的重点在于母亲内部的精神工作。比昂在描述婴儿的焦虑时用的是"被容纳之物"（the contained）这个词，其中包含有被动的意味，似乎暗示着婴儿并不需主动做什么就能让焦虑进入其母亲体内。比昂对容器与被容纳之物的讨论也没有表明一旦母亲处理好了焦虑，婴儿需积极努力地将焦虑从母亲身上取回。目前，还没有针对婴儿这种主动性的术语，一直到最近，也很少有关于内射的主动性方面的文献（J. Scharff, 1992）。

与此相反，温尼科特对过渡性客体和过渡性现象的描述却强调了婴儿在母婴空间的主动性活动，而这种主动性在比昂的描述里是没有的。这里起作用的主体是婴儿的自体，其努力想从与作为客体的母亲之间的活动中获取一些东西。在如此描述常见的外部活动时，温尼科特暗示着婴儿内射了母亲，但他并没有告诉我们——至少他不是这么说的——母亲自己当时在做什么活动。温尼科特所关注的婴儿从与母亲的活动中获得东西是为了创造出一些外在的东西，然后婴儿就可以内射母亲的一部分，而这部分就会在婴儿自己的控制之下。在这个过程中，母亲的一部分，或者更准确地说是与母亲互动的一部分,变成婴儿自己的了,而婴儿这样做的能力意味着婴儿能够"认为"他的自体也一样改变了。因此,温尼科特所描述的是一种互动过程,其中,母亲为母婴间的交流创造环境,并且维持着婴儿玩耍的情境空间。然后,在过渡性空间中——在母亲和婴儿共同空间里,但却在他们各自的空间之外——婴儿进行活动,并通过活动获得母亲的一部分,这部分进入到婴儿体内成为其内部客体。这表明婴儿在过渡空间中积极地活动以吸收母亲的某些方面,但并非被动地全盘接受,而是经过自身修正后的吸收。

这种描述认为,内射性认同是一种非常积极主动的过程,这种积极主动性就好比细胞主动将物质从血液中转运入细胞内,留下有用的东西,而将无用的剔除掉,并且当有用的物质整合入细胞的同时,改变这些物质的结构以适应细胞的需要。因而,在此描述中,温尼科特所详细阐述的仅仅是整个过程中的内射部分这一半内容,却忽略了比昂着重研究的另一半,即母亲作为容器的活动。米切尔(Mitchell,1988)称,温尼科特关注的重点倾向于责怪母亲,暗示着母亲对婴儿发展中留下的缺陷负有责任。假如温尼科特也没有谈及父母的地位,那么米切尔的这个批评将持续下去,但事实上,温尼科特在他的著作中(1965)曾提到过,如他指出父母需要经受住婴儿攻击的考验。父母若能如此,将能极大地促进婴儿真正的生存。比昂和温尼科特都未能对此共同体的两半部分同时进行讨论,尽管如此,我们还是可以推断出他们两位其实都理解了这个过程的另外一半,而非仅仅知道各自侧重的那一部分。

治疗过程

将比昂和温尼科特两人的贡献整合起来所形成的描述同样也适用于解释治疗过程的复杂性。治疗,如同养育一般,发生于由治疗师所提供的抱持环境中,尽管患者必须配合以相互的抱持。在这种联合构建的空间中,患者和治疗师一起将其注意力聚焦于分析患者的内部世界以及内部世界是如何影响患者的关系的。这个共同的任务得到患者和治疗师之间关系的支持。在密集治疗或者精神分析中，患者和治疗师间的共同关系可能是治疗的主要工具，但并非必要之物，也不需要总是如此。治疗师和患者之间的关系是一种投射性认同和内射性认同的循环。患者投射性地认同治疗师；治疗师内射了患者的自体和内在客体，接着会深深地受到患者的影响；然后，治疗师重新投射经过自身修正的患者的部分以便让患者重新内射。此投射性认同和内射性认同的过程是治疗的工具。正是这种深层过程支持着治疗的过程，从许多方面来说，它也是驱动治疗过程的引擎。用计算机的术语来说，它是转换理解和意义的处理器。正是投射性认同和内射性认同的这种相互作用形成了被容纳之物的容器。

早在治疗师成为患者特定或集中性部分客体移情的接受者之前，早在患者开始感觉到治疗师是其内部世界中过去坏客体和受压抑客体的新版本时，治疗的包容过程就已开始了。从一开始当患者以一种部分是恐惧、部分是乐观的态度期望得到治疗师的帮助以理解自己并成长时，治疗的包容过程就发生了，这如同婴儿身上的那种对照料者的期望。

为了研究发展中的客体关系和治疗过程之间的相似性，现在让我们回到讨论移情和反移情的概念上。

移情和反移情

弗洛伊德是在同布罗伊尔有关癔症的工作中（Breuer and Freud, 1895）发现移情的。在最初的讨论中，弗洛伊德（1895）将移情视为患者将其过去的关系加诸于分析师身上的过程。以此观点看来，移情是治疗的一种阻抗。到1905年时，弗洛伊德已认为移情是治疗的一种工具，患者通过移情让治疗师了解他的过去，移情已不再简单地被当成是一种阻抗（Freud, 1905a）。患者总是重复着过去的模式，这些模式体现了患者潜意识的东西，但是在意识层面上，患者却无法想起（Freud, 1912a、b, 1914, 1915）。移情现已融入精神分析发展的进程中，成为理解患者的重要方式。

反移情也有类似的发展过程。弗洛伊德自己对反移情的讨论远不及移情来得那般广泛。从他在1910年第一次提及反移情开始,弗洛伊德就将其定位为治疗师本身的精神生活问题,属于治疗师未解决的问题,因而需要更多的分析,不管是自我分析还是接受另一位分析师的治疗性分析(Freud,1912a,1915,1937)。事实上,与他自己发表的对反移情的观点相反,弗洛伊德广泛的案例报告(1950a,1909,1918)表明,他从自身的情感状态中学到了很多东西。在弄明白他与患者互动中的情感方面,弗洛伊德能够不受自身对反移情狭隘观点的束缚,试图真正地去理解这些情感。

弗洛伊德死后,海曼(Heimann,1950)的开创性工作以及随后的马尼－基尔德(Money-Kyrle,1956)、塔尔(Tower,1956)、温尼科特(Winnicott,1947)和芮克尔(Racker,1968)开始对反移情重新定位,远比最初仅仅将其视为治疗师的病理时有价值得多。这些研究者认为,反移情是治疗师对患者的深层感受。他们看到这种潜意识共鸣的丰富性是治疗师理解患者的最重要方式。尽管这方面的争论仍持续着,即"反移情"这个词是应仅仅保留作为治疗师反应中病态的或是破坏性扭曲的成分,还是应更广泛地指代治疗师所有的情感反应,但是精神分析和分析性心理治疗领域却在利用此术语更为广泛的定义上继续发展着。

芮克尔(Racker,1968)对我们理解治疗师的认同作出了一项重要贡献,他提出,治疗师可能会认同患者的自体或者患者的客体。在"一致性认同"(concordant identification)中,治疗师认同了患者的自体,如当患者称受到虐待时,治疗师能够体会到患者愤怒的感觉。在另外一些时候,治疗师认同了患者的客体,芮克尔称之为"互补性认同"(complementary identification)。在这种情况下,治疗师将会认同与患者自体相关的客体,而对患者愤怒和虐待的客体深表同情。

此外,在治疗中,患者的行为可能不是由其中心自体或甚至不是由其压抑的自体系统所引发。有时,患者会认同他们自己的内部客体,然后以内部客体对待他们的方式来对待治疗师。在这种情况下,治疗师可能会被患者的自体所投射性认同，而患者自己则认同了其内部客体。在第二章里有关 D 先生的案例中，我们见过这种情况。在治疗中，D 先生希望将我固定在一个地方，然后将他母亲曾经对待他的方式全部加诸于我身上。当他这么做的时候，我感觉到他正以他母亲待他的方式来对待我。在这种复杂的一致性认同中，我内射性地认同了患者自体的一部分，同时患者则成了他那具有迫害性的内部母亲客体。这些认同的自由漂浮（free-floating）本质传递出自体和客体之间的亲密关系，且这两者均是患者自体重要的组成部分，都能引发活动（Ogden, 1986）。

近 30 年来，瑟尔斯（Searles, 1965, 1979, 1986）、利文森（levenson, 1983）、约瑟夫（Joseph, 1989）以及比昂（Bion, 1967, 1970）等在关于治疗师对患者的深层反应方面的临床以及理论上均做了进一步的贡献。桑德勒（Sandler, 1976）以及雅各布斯（Jacobs, 1991）最近均从古典传统的角度进一步阐述了其有效性。瑟尔斯（Searles, 1986）、麦克杜格尔（McDougall, 1985, 1989）、奥格登（Ogden, 1989）、波拉斯（Bollas, 1989）、西格尔（Segal, 1991）、约瑟夫（Joseph, 1989）、邓肯（Duncan, 1981, 1989, 1990, 1991）、凯斯蒙德（Casement, 1991）、威廉姆斯（Williams, 1981）以及吉尔·沙夫（J. Scharff, 1992）等人目前的观点对我自己对反移情的应用影响甚大，本书参考文献里所呈现的内容永难以涵盖全部内容。反移情的现代扩展用法同时也与自体心理学家对神入角色以及交互主体性的探讨（Kohut, 1984, Stolorow, 1991, Stolorow et al., 1987）相互重叠。

精神分析理论和治疗在这方面的发展运动同时也见于家庭治疗中。最初诞生于精神分析，但又与精神分析不同的是，家庭治疗更侧重于家庭成员间可观察到的相互作用领域，低估且最终不相信移情的有用性。然而，近年来，就像精神分析一样，家庭治疗开始重视治疗师自体的使用。也就是说，利用治疗师的反应来理解家庭及其个体成员（Aponte and VanDeusen, 1981）。

通过与吉尔·沙夫一起合作，我对探索移情和反移情在夫妻和家庭治疗中的应用，以及应用客体关系理论让治疗师内部所发生的一切更为具体化很感兴趣，这使得对自体的治疗性使用成为可能（J. Scharff, 1989, 1992, Scharff and Scharff, 1987, 1991）。当然，我们的研究需要阐明移情和反移情在应用于个体患者和夫妻或家庭治疗时的异同之处。在这一过程中，我们的工作也提出了一些将移情和反移情应用于个体心理治疗和精神分析中的新视角。这部分的工作将在下一节中总结。

当前关于移情和反移情的一种观点

随着时间的推移，治疗情境渐成为一种亲密的个人互动。投射性和内射性认同的过程为移情和反移情的潜意识交流提供了工具。在任何亲密关系开始时，双方对这种亲密关系的成长空间都会一直记挂在心，这好比母亲总是惦念着自己婴儿的成长潜能。同样，患者和治疗师也会对他们关系成长的可能性有各种各样的幻想，而这些就已经带有直接的移情和反移情含义了。例如，从一开始，患者就会对类似治疗师角色般的人具有种种幻想。这些幻想将体现于患者的希望和恐惧中，并且基于过去与类似角色的人（包括父母、老师和导师等）打交道的经验。这些移情从一开始，甚至从第一次会面前、从患者开始寻找治疗师时就已开始了。当患者和治疗师真的碰面时，患者就会将这些以前的客体关系及其所包含的焦虑投射到治疗师身上，而治疗师则负责将其吸收，包容它们，经过治疗师处理后再以一种去毒化的方式将患者投射过来的这些东西返还给患者。这并不只是一种认识上的东西，也并不只是治疗师在理智层面理解患者的焦虑，而是将其吸纳——即对整个内射过程开放，同时在意识和潜意识层面上进行回应，帮助患者逐渐地进入到一种更为信任或者开放的状态。

情境和焦点移情

在这种情况下，对治疗师的希望和恐惧便形成了移情，我称之为"情境移情"(contextual transference, Scharff and Scharff, 1987),这种对治疗师的移情如同提供了一种"臂膀环绕"的氛围,一种建立"存在的连续性"(Winnicott, 1960a)和成长的环境。患者是带着对治疗关系的正性期待和希望来到治疗中的,同时也是带着对治疗关系结局的害怕而来的,甚至还非常恐惧他们的这种被接受和成长的愿望会落空。患者的这种情感和态度的混合物,这种自体的体现,构成了情境移情,并且从治疗一开始便已存在。如果情境移情是正性的,那么治疗师会感到患者是信任、开放、合作的,甚或是带有感激的。在这种情境性关系的反移情中,治疗师会有一种亲切的、被尊敬的感觉,觉得自己很有价值,或者很简单地就是觉得自己有价值,如同一位母亲被理所当然地爱着时会感到最安心、最有价值。这种乐意性和想要帮助别人的愿望将会给治疗关系罩上一层玫瑰色的光环。如果情境移情以负性成分——如担心被迫害、嘲笑或嫉妒——为主导,那么在这种情况下,治疗师会觉得患者多疑、不信任、容易指责别人、破坏和拒绝治疗师的努力或感到被批评。在这种负性情境移情下,治疗师的反移情将包括拒绝、贬低、挫败感以及漠视。作为回应,治疗师可能希望尽快摆脱患者,并且在大多数时间里会感到抑郁、无望或愤怒。

在一般情况下,情境移情是正性和负性成分的混合物,尽管会有明显波动且通常会有一种成分占主导地位。移情的这个方面与"工作联盟"(working alliance, Greenson, 1967)和"治疗联盟"(therapeutic alliance, Zetzel, 1958)的概念密切相关。这两个概念也对使得治疗成为可能的"胶黏剂"进行了描述。扎伊蔡尔(Zetzel)认为,患者形成联盟的能力起源于其早年经验,通常是在俄狄浦斯前期。通过应用客体关系理论,我们现在可以更加具体一点,形成联盟的能力以及该能力的损害,不管是在治疗关系的开始还是在以后的阶段中,均来自于患者早年与环境母亲的经验——或与环境父母——以及与作为容器的父母之间的经验。这种互动的情境性方面反映了我们以前与环境父母的关系,并且一直留在我们体内成为内部客体关系的一部分。临床上,我们可以从与父母的关系中单独对其进行观察和描述,在与父母的关系中,父母是我们的爱、恨、恐惧和欲望的离散客体。

弗洛伊德（1912a，1915）最初所描述的那种移情事实上就是我说的"焦点移情"（focused transference，Scharff and Scharff，1987）。在这种移情中，治疗师被视为一个被爱的令人恐惧的使人受挫、警惕、轻蔑或兴奋的压抑性坏客体。而这部分的移情则来源于婴儿与温尼科特所谓"客体母亲"（1963b）的关系。

这两种移情可彼此融合。事实上，一种移情的使用可用来取代另外一种移情。例如，一名癔症患者迅速猜想治疗师是一个色情性的爱的客体，此时，他是用一种性欲化的兴奋性焦点移情来代替那种害怕治疗师无法包容其焦虑的潜在情境移情。当患者担心正性的母性抱持不大可能出现时，他就会用一种性欲化的躯体拥抱来掩盖其对即将到来的、痛苦且不可避免的缺失感到的恐惧。

在心理治疗中，我们主要与情境移情一起工作。它涉及治疗师的安全性和可靠性，此时的治疗师将提供一种"臂膀环绕"的抱持，这种抱持尊重患者的自体并且以最少威胁的方式促进患者的成熟和成长。在我看来，移情的早期解释，如克莱因（1975a，b）、吉尔和摩斯林（Gill and Muslin, 1976）、肯伯格（Kernberg，1975）所主张的那样，应是关于情境移情的有助于促进治疗的那部分关系。只有当治疗关系已经成长并且存活下来时，患者才能自由地去投射性认同其与治疗师客体世界中的亲密的部分，然后认识到自体和治疗师内部客体中相对离散的部分。治疗师只有从一开始就允许自己通过投射性认同吸收患者的部分，才能慢慢地认识到与自己无关的、患者自身的客体形状以及那些给患者带来内部不公正感的客体，从而帮助患者分离出这些经历。

这就是长期密集心理治疗以及精神分析的工作。即使这些深层心理治疗方法的特征就是对焦点移情或移情性神经症进行工作，但是，这也要在患者和治疗师已经建立起长期的关系后才能充分地着手进行。当焦点移情及其相对应的反移情确实到来时，它们也会被引领入情境关系的环绕之中，被引领入由治疗师和患者互相支持和培育的抱持之中。焦点内部客体移情诞生于等待中的"臂膀环绕"关系，并且经由其培育和支持。当这种情况发生时，一种新的移情和反移情的相互作用很可能出现，贯穿于整个心理治疗过程中，我们的注意力仍然会定期地回到情境移情中，为其稳定性和活跃性所吸引。

患者和治疗师的关系

这里进一步谈谈患者和治疗师关系的相互性。我们一直是从患者的角度来描述，似乎总是患者在进行投射性认同，然后治疗师起初内射而后再投射出去，到那时患者才能将其再接收回来。可能会有人批评说，如果这是一种真正的关系，那么治疗师从一开始一定会很活跃地以其自身的潜意识内容进行投射和内射，也许投射方式会比患者更成熟，但毕竟还是活跃的。

这一批评没错！芮克尔（Racker，1968）将此种情况称为"治疗师的移情"，并认为这是治疗师不成熟以及遭遇困难领域的体现。但是，我相信情况绝不仅限于此。它是治疗过程中无法避免的部分，即使是训练有素的治疗师或分析师也是如此。我们希望治疗师投射的是比患者更为成熟的自身映像，但是正如一位普通的母亲一样，情况并非一定如此。治疗师一定会投射性和内射性地认同患者，仅仅因为这是所有关系中的一种必然成分，能够认识到这一点总是好的。正如母亲自身的活动一般，治疗师的移情必然会受到治疗师过去的成长、训练以及经历的影响。然而，它的确发生了，如同母亲将她自己的标签贴在婴儿身上、刻在婴儿内心一样，而婴儿则成为其母亲身份表达的器官（Lichtenstein，1961）。因此，在成功的治疗中，患者将是治疗师身份的部分表达。

我这里所主张的有关治疗师角色的观点是有争议的，作为治疗师，他们的确会不可避免地内射患者的部分，而患者则必然会内射性认同治疗师（J. Scharff，1992）。在本书里，在我对移情和反移情的相互作用进行研究时，我阐明了这种相互作用是如何在心理治疗和精神分析自体和客体关系中扮演着重要的角色的。

联合治疗中的移情和反移情

将这两种移情分开来也有助于区别移情在个体治疗和家庭治疗中的应用（Scharff and Scharff, 1987, 1991）。尽管建立在自体和客体离散部分投射性认同之上的焦点移情是在个体治疗中进行工作的合适层面，但在家庭治疗中，治疗师需要在家庭团体的水平上来组织这项工作。由于家庭或夫妻已经为彼此提供且共享了抱持功能，治疗师就可以通过假定最需要被理解的那部分移情来自于夫妻或家庭在为彼此提供抱持环境时存在困难，从而更好地理解他们，并在家庭或夫妻的情境移情背景下进行表达。虽然家庭中的每一个个体均参与了这种团体移情的发生，但是治疗师的反移情代表的却是对努力为彼此提供抱持的家庭这一整体的反应。如果治疗师一开始就能从与整个家庭互动的角度来理解其反移情，那么接下来，他就能更容易理解个体成员在这种共享的家庭移情中所起的作用。

治疗师在团体治疗中的理解也应利用情境移情来进行。团体治疗中的每个成员都会对治疗师产生离散的投射性认同，但其他成员也会同时体验到这些投射性认同。对治疗师的团体移情代表的是所有的团体成员对彼此提供抱持以及对整个团体提供抱持能力的怀疑和担忧。艾茨瑞尔（Ezriel, 1950, 1952）阐述了如何根据整体的团体移情来理解和解释个体成员在团体中所起的作用。如果团体治疗师能够认识到自身反移情反应了整个团体对其共同抱持功能缺陷的担忧，那么他就可以更好地理解团体的共同问题，更好地理解所有成员是如何表达对于环境情况的共同担忧以及来源于每个成员自身的问题的。

亚当的治疗进展

亚当，一个失业的工程师，是我的第一个分析患者。第一章里所描述的有关他为洛杉矶道奇队打球的梦指出了一些模糊不清的疑问，他到底是在为我效力还是我的对手？我是在那里认可并训练他还是想把他踢出队伍呢？他是能投中球，还是会失球？他来做治疗是因为研究生毕业后一直无法工作，且总是在经济和情感方面依赖于女性。

在刚开始的几个月里所产生的移情中，亚当将我当成慈祥的父母，一个他能够连续交谈几小时的母亲以及能够与之坦率交流的父亲的结合体。但是，他自己的父亲却是严厉的。亚当的父亲做事情比亚当好，但对亚当不够耐心，从来不会给他充分的解释，而且对他期望太高。他的父亲是一位严厉的棒球投手教练，是亚当的偶像，但却从来没有给过他足够的支持。长大以后，当亚当无法满足父亲或对父亲的支持不满意时，亚当就会退回到母亲那里去寻找支持和慰藉。

几个月后，在意识层面上对我抱有正性情感的情况下，亚当报告了另一个梦，我第一次在他的梦里出现了。

我做了个简短的梦。你正与一个十几岁的男孩笨手笨脚地修理一辆汽车。那是我的车，我在那里正告诉你应该查看什么地方。这辆汽车头尾两端都有引擎。我让你看不同的地方——也许这样你就发现不了什么问题了吧？然后我担心起来，"他们都是专家，难道不会发现吗？"另外一个帮忙的人原来也是我，只是年轻一点。你是整项工作的负责人。

亚当喜欢这个梦。他对这项修理工作中那个男孩和我的合作关系有所感触。亚当说，"我觉得我是在故意误导你，但是呢，我又希望你不要被我骗到，希望我们能够一起找出我那辆车的问题所在。"

"这个梦看起来像是描述你跟你父亲的关系。你们一起修过车吗？"我问道。

"没有。"他答道，"但我让他帮我出主意买辆旧车，结果那根本就是辆破车。这个梦也提醒我。好几个夏天我都在汽车厂工作，赚取我上大学的费用。我爸对我感觉危险的处境不怎么同情。有次我受了点轻伤，但他似乎并不在意。"

"觉得你父亲给你出了坏主意以及他对你的处境并不同情这两点给这个梦增添了一些东西。"我说道。"在梦里，你和我一起合作修理这辆汽车，但是你同时也企图把我弄糊涂。然后，你又担心我会被你骗到，这样车就修不好了。在这项工作中，有一部分的你是站在我这边的，而另外一部分的你却是让我为难的。"

"我觉得那就是我对我父亲的感觉。"他说道。"我想要他站在我这边，但是很多时候我觉得他在和我唱反调。"

"所以你就想骗他？"我问。

"当我生他气时，我就跑到我妈妈那里去，她更能理解我。"他说，"我会将那些我不会告诉父亲的事全都告诉她。这样说来，我是欺骗了他。"

"那辆两端都有引擎的车呢？"我问道。

"它能朝前开也能朝后开。或者如果两个引擎同时启动，它就会加速运转，但是却始终以全速在原地保持不动。这很搞笑，就像是'推推我拉你'游戏，我爸小时候给我读的书《杜利特医生》（*Doctor Doolittle*）里面的动物。你不知道它到底是想来还是想走，因为它两边都有头。"

"你还没有决定分析治疗是不是要继续往前走。"我说。"你还不确定我到底是一个富有同情心的教练，还是一个严厉的父亲。当事情变糟时，你可能会想往另外一个方向跑，或者如果我是一个令人失望的杜利特医生，你可能会加大马力，这样你便能以全速待在原地不动了。但是同时你也希望你骗不了我，这样我就能帮助你了。"

亚当希望能够依靠我，尽管他因害怕而有所保留，这种害怕是来自于其拒绝性的父亲客体映像。但是，他还有另外一个其父亲作为聪明的机修工或教练的映像——足够聪明而不会被亚当的小伎俩欺骗——亚当希望自己的成长能够依靠那样的父亲。同时，那个支持性客体的映像是基于他的母亲，那位当他被威胁性父亲所伤害时投入其怀抱的母亲。亚当的环境或情境支持的映像部分也是由其父亲构成的，他觉得这部分的父亲确实支持了他。但他倾向于将关于父亲的这两个映像彻底地分裂开来，所以他的母亲被赋予了支持性的角色，而父亲则成了攻击性的代表。

至此为止，亚当情境移情是良性的：我成了亚当父亲和母亲支持性和帮助性部分的结合体。事实上，我对自己受到这般良好的对待充满疑惑。亚当将所有的愤怒都对准那个严厉的、被批评的坏父亲，亚当指责他不能支持自己，而我却跟这愤怒一点也沾不上边。我依然是亚当父亲的理想化部分，但是潜藏在理想化阴影下的嫉妒却被这种对拒绝性父亲客体的攻击掩盖且分裂掉了。我对自己被刻意保护着免于受到移情性攻击而感到不安，这种攻击目前在这个梦中初露端倪。

尽管亚当的梦呈现出一种矛盾性，但是它主要还是表达了一种正性情境移情的信号，因为它说明了亚当对将他的困境带入我们的关系之中是足够信任的。通过这个梦以及随后亚当对它的联想，他向我们两个都展示了他的部分内部客体关系，这部分内部客体关系影响到他与那些可能帮助他的男性之间的关系，揭露出他躲避到女性那里寻求慰藉的原因，正如他退回到母亲和妻子的怀抱中以寻求支持和保护，免于受到男性危险世界的伤害。

我意识到另外一股正在涌动的暗流，一股将我拉往性方向的张力，意识到分析场景中两个连在一起的头、一辆汽车中的两个引擎以及一起工作的两个男人。在一定程度上，正是这种同性恋的成分让他和我都感到不舒服。我还是没有突出强调这一成分——尤其是我现在开始感觉到这种潜藏在我对工作联盟所抱有的矛盾心理之下的隐秘的性联盟。很久以后，这种成分才逐渐地浮出水面，此时他开始渴望我了。这在第二年分

第三章 情境和焦点移情及反移情

析的幻想中体现出来，他想象着将什么东西通过我办公室门上的投信口塞进来，我们一致认为这个投信口代表着性联盟的"男性的孔"，这种性成分还体现在他幻想通过咬我的生殖器以应对朝向我的张力的场景中。

但在早期的分析中，亚当首先关注的是"臂膀环绕"的关系能否足以维持我们的工作。他在想，我到底是个容易上当受骗的机修工，还是那个他骗不了的聪明的机修工呢？我会像他的母亲一样支持他去对抗他的竞争者和敌人吗？我们能够在这些问题中感受到，不管是在他成长过程中还是现在他希望能够与我一起把事情做好时的那种对发展中自体及其命运的关注。在这里，过去的关于他父母能否胜任的移情再次复活了，通过亚当的内部客体关系再现，这种移情被带入我们的治疗关系里了。

但是从一开始，我们就能看到亚当渴望父亲的张力，这种性欲化的张力把亚当也吓坏了。作为亚当欲望客体的父亲以及当他感觉不被支持和被否认时嫉妒般地渴望父亲的那部分亚当，正在暗中蠢蠢欲动，随时准备攻击治疗关系的抱持环境。很久以后，我们才发现这部分俄狄浦斯父亲是建立在早期亚当感觉到的来自母亲的拒绝之上的，那时亚当有三个兄弟姐妹相继出生。而亚当以此种内部动力性的方式将所有罪责归咎于父亲，是一种潜意识的努力，可以使母亲免受亚当愤怒和报复的攻击，这样她就能支持亚当了（见第六章）。

在早期阶段中，我的反移情是怎么样的呢？我前面已经说过，对于一点也没受到亚当的攻击和指责，我反而感觉不安。我是他渴望的慈祥的支持性父亲，然而他在对于其拒绝性父亲的报告中却充满了怨恨。我在椅子上紧张不安地坐着，等待着其怨恨的最终到来。当然，它确实及时出现了，但一直到我们通过情境移情和反移情工作建立起联盟后，这种怨恨才出现。至此，我才能处理我的不安，同时也使得我和亚当能去修通他的那种害怕他会成功愚弄或欺骗我的恐惧了。慢慢地，我们终于能够在这种欺骗游戏中抓住他了，并最终让他放松下来。

在我的反移情中，还有其他一些部分让我感觉不那么舒服——同性恋张力的威胁。在我们的这项"双头"的任务中，我期望他的帮助，而且这主要是因为我自身的疑惑。亚当知道我正接受训练。他被转诊到低费用的分析中，他知道我之所以收费低廉是因为我正处于训练中。他对于我的修车技术以及我能否看穿他愚弄我的企图的怀疑恰巧与我对自身的怀疑产生了共鸣。当然，我有能够给我支持且聪明的督导师。她帮我处理了我的自体怀疑，帮助我提高技术。但是我们却都不大理解亚当的怀疑和梦是如何表达我自己的怀疑的，是以它们自己的这种方式然后却是我自己的产物吗？亚当的这个双头引擎的梦也有可能是我自己的，表达的是我自己对支持性父亲或父母的渴望。我的合作伙伴是亚当。我怎么知道他能否支持我努力学习修理汽车呢？他会跟我站在一边还是会反对我呢？我们属于同一支队伍还是彼此为对手呢？我将如何依靠我的督导师呢？

梦的问题也可被理解为亚当内射了我的问题，是我对他的移情，同时他自身的问题给了他一种效价以将我的问题吸收进去。他担心我是不是会支持他的努力和需要，正如我也担心他是否会支持我一样。亚当将这些经验理解为成长和修复自体的问题，然而，我可能会跟自己说，我的这些担心只不过是一种专业上的问题，而与我的中心自体无关。但是，我的这些关注却是我成长为一名分析师的中心问题。从这个意义上来说，这些问题对我们两个都很重要。在我和他产生的这种共鸣中，孕育的是我们关系的最大强度、我们彼此理解和成长的最大潜力以及通过帮助他使我能够成为我期待的那种分析师的最大潜能。

我与亚当在一起的场景很像一位母亲和她的婴儿。要想成为母亲，就需要婴儿的帮助，正如同我需要亚当的帮助以成为分析师一样。我们彼此的命运都握在我们共同的互动和工作之中。我们彼此都成为对方所依赖的那一个。我们共同进步的工具就是我们之间共有的投射性和内射性认同，这些认同形成了我们工作中移情和反移情的相互作用。它们是治疗和分析中深度交流的手段，是理解自体和客体关系的基础。

这些认同不仅仅只在个别治疗中出现，下一章将阐述它们在夫妻中的类似运作方式，以及对投射性和内射性认同的理解是如何帮助治疗师理解夫妻这一整体的。

第二部分

在与客体的关系中治疗自体

第四章
运用移情与反移情理解夫妻间的投射性和内射性认同

运用治疗师自己的体验能更好地理解患者的自体和客体体验。我和吉尔·沙夫医生通过录像评估了一对情侣，他们提供了这方面的生动的例子。重放和回顾这个录像带使我们能完整地研究投射性认同和内射性认同以及反移情的过程，这在通常情况下是不可能做到的。

米歇尔和兰尼都是20多岁或30岁出头的样子。米歇尔有一头金发，体态丰满，身着色彩艳丽的罩衫，底色是亮青绿色，有红、黄、橙色的花朵；兰尼瘦弱，秃头，身穿柔和的苹果绿衬衣，上面带有红色、黄色和橙色的条纹。

除了体形上引人注目的差异以外，我感到他们就像是同一支主题曲的两支变调，几乎就像异卵双生子一样。

访谈一开始，形象上的矛盾就延伸到他们的关系上。他们从我的同事泰勒女士那里转诊而来。泰勒是兰尼的治疗师，偶尔她也和我们一起见他们，对其进行伴侣治疗。

兰尼对他和米歇尔为什么来治疗进行了解释。

"我们第一次接受治疗是因为米歇尔所提出的一个问题：'我为什么不能甩了这个家伙？'米歇尔认为她可以在一次治疗中就解决这个问题。那是在1年前。"

米歇尔翘起二郎腿，不停地抖着右脚，说，"我努力想让泰勒医生告诉你让你甩了我，但这没用。总体上，我是很想结束这段关系，而他（指兰尼）却更想与我结婚。所以，我们应该为此而做些什么。"她转而面向我，淘气地说，"你有治愈的办法吗？或许你能给我一片药？"

吉尔·沙夫医生问道："你吃药是为了结婚还是分手？"

米歇尔回答："当然是分手！我不想嫁给他。即使他给我买了一枚美丽的订婚戒指。我真希望可以拿给你看看，那么录像中就将会出现一道美丽的风景了。"她翘起手指，好像在展示她的戒指一样。

我问："那戒指怎样了？"

米歇尔说："我试着戴上它，但我最终决定不接受它。这大概是6个月以前的事情了。"

"是的。"兰尼说，"是在12月份。"

米歇尔继续说道："我们决定在新年分手。我不愿嫁给他，我确定1个小时的治疗时间是说不清个中理由的。我来这里是因为我不能甩了他，但又不想嫁给他。你可能会说，'米歇尔，继续去过你自己的生活吧！'但他有很多优点，所以我也没法甩了他，他就站在对立面。我们真的需要治疗。"

吉尔说："我注意到你们从奚落对方中获得了很多快乐。"

"我们的闹剧还在上演。"米歇尔赞同道，"你或许可以从一些剧院预定我们的演出门票。"

兰尼点了点头，"我们全情投入在其中。"他们笑了。

吉尔继续说道："你们认为朋友们喜欢看你们那样吗？还是你们彼此能从中获益？"

米歇尔回答道："这么做只是为了我们彼此。我们的朋友不喜欢。"

兰尼补充道，"她很少在她朋友面前那样做。他们认为她是冷酷的人。"

米歇尔似乎在沉思，然后说道，"我承认我对他不够好，尽管我还爱他。

是他令我不好好对他的。"

初始的反移情

我发现这对情侣的有趣之处也是令人极度不舒服的,他们使人联想起杰基·格里森(Jackie Gleason)的电影《蜜月期》(*The Honeymooners*)。他们分享了极度具有攻击性的幽默感,充满了令人迷惑的矛盾。所以,在治疗的一开始,虽然我对他们施虐性的幽默感到震撼,并立刻开始不安,但我发现自己觉得他们是很配的一对。

吉尔继续提问:"他如何让你变得冷酷?"

米歇尔说:"这是相互的,我们是完全不同的人,这是这段关系注定失败的原因。但是,这段关系持续了4年,尽管我还和其他人约会,但兰尼总是在那里等着我。"

吉尔说:"你甩不了他,但你也除不掉他。"

兰尼肯定了吉尔的话。"就像人们说的,你不能和他在一起,但你也拿他没办法,总不能把他杀了吧?"

米歇尔说:"他看上去总是能迅速地充满活力,然后立刻回到我身边。我讨厌他那样。我的问题是我痛恨喜欢我的人。当然,他不仅仅是喜欢我,他是很爱我,但我受不了。怎么会这样。"

吉尔说:"你说的听起来很有趣,就像一部卡通片。但是,你感到你其实……"她犹豫着,"觉得自己很可怕,是吗?"

我对我妻子的直言不讳感到震惊,但一旦她说出来以后,我也认识到,的确必须要说出来。我也觉得有必要走出这出让人困惑而又难熬的闹剧。

米歇尔一点也不慌乱。她说:"我只是对他很凶。"

兰尼说:"她说我是唯一一个令她这样对待的人。"

米歇尔点点头。"是的!我不是真的很凶,但我也不是这个世界上最伟大的利他主义者。我有雄心、自信,我对不具有这些特点的人没耐心,而他偏偏不是这样的人。他这个人很出色,我从来没有过这么好的男朋友。

他生来就是个丈夫,但是一直都不是足够好的丈夫。我想找个和我智力水平相当的人,拥有和我一样的教养和价值观。我们所接受的教育大相径庭,所以我们不可能在一起。"

这时,我陷入了弥漫着的对立与相似的自相矛盾之感中,衬衣的比喻理顺了我对同一主题的变调的思考。于是,米歇尔对相对立的理想化人物的介绍吸引了我。但是,我也直觉地感到了他们之间讽刺性的对立——对立,但却在浑然天成的亲密关系中契合了投射性认同,令人颇感滑稽。

我问道:"你们的教养如何不同?"

兰尼做了回答,比此前说的都多。"米歇尔来自中产阶级家庭。她认为我来自上层社会,我受到了庇护。米歇尔觉得自己是被推到这个世界上的,但她仍然得到了家人的保护。在她的家庭中,家庭成员间的联系要强过我的家人。我们也是非常不同的人。我比较悠闲,而她是 A 型性格的人,做事快,不能安静地待着。她说我没有满足她对男人的 3 个要求:好玩、有趣和聪明。"

米歇尔同意他所说的。"你不好玩;你这个人很无趣;你确实也不聪明。我是说……"她转向吉尔说,"三年半以来,我们第一次能如此残酷但却诚实地面对彼此。"

兰尼说:"你或许可以说她就是诚实得很残酷。"

我问:"当你们像这样戏谑彼此时,你们的感受是什么?"

"消磨时光。"米歇尔说。

兰尼说:"这取决于我的情绪。情绪不好时,她能让我的情绪更糟。大多数时候,我不会往心里去。她难以表达充满爱的情绪,所以她使用了相反的表达。她不是给我一个吻,而是给了我一拳。"

吉尔问他:"所以你就是这样来知道她爱你的吗?"

兰尼点点头。"我就是那样看待她的。那便是她爱的语言。"

米歇尔做了个手势,含糊其辞地说:"嗯,有时候是的。"

兰尼继续说:"当然,有时候她确实就是在虐待我。"

米歇尔说:"对。我确实不是那么友好。另一方面,那是因为我没有在热恋。这很困扰我。我是说我喜欢兰尼,这是出乎一片真心的。有时我爱他,但毫无疑问,我没有与他坠入情网。泰勒医生说,'这也挺好的。'但这确实困扰了我,因为我认为你必须与某人相爱,有好的恋爱关系。我知道在许多时候,相异者相吸。好吧,我们的确截然不同,但……"

由于看到了她的内省力,我看到了希望。我问:"你们是如何截然不同的?"

米歇尔喜欢这个问题,也喜欢我们对他们感兴趣。"在每方面都不同。就像兰尼所说的,他来自上层社会。他是4个孩子中最小的。他的母亲是犹太人,他是她的心肝宝贝。她什么事都为他做,所以他从没有学会为自己做事情。他在庇护中长大,所以他不想融入社会。他不会坚持自己的主张。我正相反。我的家人不那么亲密,但都很刚强。"

兰尼不时地打断她的述说。"极其刚强!"他说。

米歇尔继续说:"我的家人不断地处理危机。他们是那种没落的中产阶级。我的父母是理想主义者,年轻的时候就结婚了。虽然我们是年轻化的家庭,但却是会思考的家庭。这与兰尼的家庭很不同。如果关系正常倒还好,但我恨他,因为我不得不做所有的事情。兰尼在每件事情上都依赖我。他需要一个母亲,而不是妻子,所以这就成了结婚的阻碍。如果我嫁给兰尼,我这辈子恐怕会……会不停地在他屁股下面点火,以催促他。这听上去很可笑,但却是真的。"

吉尔问道:"兰尼,你是这么认为的吗?"

兰尼说:"我承认我缺乏动力。只有人们对我的依赖才能推动我去做事情。否则,我不会为自己做事情。我很懒。米歇尔说我该去见见其他的女人,看看我需要什么。但我从不想那么做。我很喜欢和米歇尔在一起。"

吉尔继续进行探究,"米歇尔有没有依赖过你呢?"

兰尼叹气道:"我能给她安全感。我告诉她我就是中流砥柱,并且我不会走开,我会为了她永远守在那儿。只要她过河时需要我——无论是逆流还是顺流,我都会给她所需要的保护。"

米歇尔笑道,"他是绝妙的约会对象。有安全感的地狱!他让我遇人不淑。他把我当皇后般对待。他那么好！永远是最好的。他被教育成一流的，他是我见过的最优质的男人。"她举起手，那姿势就像是很怀疑兰尼能提供保护。"到目前为止很精彩，是吧？你们都被吸引住了！"她讽刺地说。

现在，我发现了这对伴侣令人着迷的地方！戏剧化的消遣方式和内省力奇妙的、不协调的结合。兰尼有关河流中岩石的阐释引起了我的注意。他们善于表达且具有内省力，虽然米歇尔总是破坏事情的意义并攻击兰尼。她的恶意渐渐影响到我，令我烦扰不安，那令我沮丧，因为我认同了兰尼的坚定不移、他对她充满戏剧性的迷恋。我感到这与我从会谈的一开始就注意到的衬衫的主题联系起来了。

我说："我对你们是否真的截然不同很感兴趣。我一直在看你的衬衫。"

兰尼笑道："这是她为我买的衬衫。"

米歇尔说："他的品位可不是这样的，这是我所喜欢的风格。"

我说："也许是。"米歇尔再次笑了。

兰尼说："但我喜欢她的品位。当她为我买东西时，很少有东西是我不喜欢的。"

我说："我注意到你们的衬衫是同样的颜色。米歇尔，你的衬衫色彩大胆、坦率。兰尼的衬衫也是同样的情况。"

米歇尔仍在笑。"这完全是巧合，完全是！"

我讥讽道："我相信你，但其他人就不会了。"

再现共同治疗的反移情

我的讥讽是吉尔想要表达的，在此处我们做出了共同的选择。回顾来看，我意识到，通过讥讽，我已经内射性地认同了米歇尔讥讽性的玩笑。我用的这个措词是从我妻子那里"偷来的"，它反映了这对伴侣从彼此那里吸收东西的方式。回想起来，我能看到我觉察到了我内射性地认同了这对伴侣的戏谑。我已经吸收了他们建立关联的方式来阐释我自己的夫妻关系，也放大了我对吉尔的内射性认同。

第四章　运用移情与反移情理解夫妻间的投射性和内射性认同

米歇尔从容地应对了我的玩笑。"完全是巧合。但是，如果我把兰尼带到这家店里，他永远也不会把这件衬衫买回来。是我买给他的。那根本不是他的品位。"

兰尼表示赞同，"我可能会买素色的，可能是蓝色的。"

我想要给出尝试性的解释，看看他们的反应如何。我说："让我来告诉你们我是如何看待这些衬衫的。我认为，你们之间分享了很多东西，但却是以事物相反两极的方式来体现的。你，兰尼，可能反映了米歇尔的个性和情绪中相对安静的深层次的一面。兰尼，你的某些地方，有助于把你们两人紧紧连接在一起。这种情况已经持续了很长时间。"

兰尼点点头，米歇尔坐在那里听着。我继续说："所以，所有有关这段关系是多么不可能维持下去的声明——说它即将结束——即使是真的，你们也会因为彼此间一些非常重要的事情而让你们如此强烈地被对方吸引。"

兰尼说："如果她知道我们彼此吸引的原因，她可能就会想办法除去那种原因。"他转向她，继续说："你一直想知道为何不能分手，所以，如果你能找到原因……"他对着她笑。

米歇尔摇摇头。"这只是时间问题。这太痛苦了。我不能分手的原因纯粹是自私自利的，和他无关。因为他是个非常好的男友，好到我不能放手。"

兰尼露齿而笑。"为什么要摆脱好东西呢？"

米歇尔："就是呀！他在我身边到底有多碍事？嗯，他妨碍我去和其他人交往。但是，即使我真和别人交往，他们也并不会像他那么好。我并不认为我有那么洒脱，可以就那么坦然地与我的梦中情人或真正吸引我的人交往。现在这样真快把我逼疯了。我每次回到他身边也只能忍受他两三天，然后我就又会变得异常暴躁。"

吉尔问："兰尼，米歇尔是你的梦中情人，我这么说对吗？"

兰尼回答道："是的，她是，尽管她对此有异议……"

米歇尔再次讥讽地笑了，插嘴道："因为你可能根本就没有梦想。看，你说相异相吸，但如果彼此憎恨就不会相互吸引。他不憎恨我，但我觉得他是个真空吸尘器。我就要被他抽空了，因为他正把我身体里的一切都抽走，因为他自己就是空虚的。这是不对的。我所拥有的东西是很珍贵的,它就像是我在成长过程埋藏起来的宝藏。我为此而自豪。那里有许许多多的东西。我是独立的、感性的人,我在寻找能与我交流的人,和我在同一水平线上的人。我来自一个人人都会讨论问题、发表意见的家庭,兰尼来自一个不讨论问题的家庭……你可以因你自己所接受的教育而去责备你的父母,但当你长大了,发现你的生活是如此空虚或匮乏,你就应该为此而做些什么,那样我就会尊重你了。但他不是,所以我不会尊重他。"

米歇尔继续着这个话题。访谈已进行了 20 分钟,我和吉尔试图理解他们施虐受虐方式的努力被断然抵制了。事实上,米歇尔不断地加码,全力攻击兰尼如何缺乏好的品质。我和吉尔指出了他的坚定不移,指出她利用他通过投射性认同来又导致她加剧攻击。我感到了无助、无力,但却没有意识到它,我变得想睡觉,不得不抵抗接下来 15 分钟的疲惫。在入睡与保持清醒间挣扎的痛苦使我对这个男人既富魅力又很致命的依恋所带来的痛苦体验变得迟钝,我对这个男人的可靠性和关爱的特性很快发展出了认同。

访谈进入到另一个话题:米歇尔对她父亲和家庭的理想化;5 年前,她的父母离婚;兰尼的姐妹是米歇尔的灵魂伴侣,因此可以理解她对兰尼的不耐烦。吉尔引导了访谈,现在的情况是,兰尼是个成功的建筑师,有 12 名员工,收入远超过米歇尔。而在社会部门工作的米歇尔却嘲笑他,原因是"他对这个世界缺乏兴趣",缺乏社会性。我听她诉说,感到她正为其社会兴趣的价值而洋洋得意。

我仍在与自己的睡意做斗争,我对米歇尔更加极端的个性渐渐变得恼怒。她聪明、有激情、有价值,而他愚笨、乏味、迟钝。当我不能完全掌控治疗时,我很高兴妻子还能在那里支撑着治疗。这对情侣关系的核心内容是互相忍受,而我不知为何却对此感到无能为力。此时此刻,我工作的能力消失了。

此时,他们在讨论米歇尔与以前一个她声称爱着的男人的关系。吉尔问:"兰尼,你怎样理解米歇尔的上一段恋情呢?"

兰尼说:"我唯一理解的是她爱他。她看到了爱的烈焰,感受到了真爱。

第四章　运用移情与反移情理解夫妻间的投射性和内射性认同

她说她就要嫁给前男友时，发现爱不起作用了。"

米歇尔说："其实都是一回事，只不过更糟罢了。那个家伙很被动！实际上，我读过一本书《聪明的女人，愚蠢的选择》（*Smart Women, Follish Choices*）。他和那本书第 57 页上描述的如出一辙。我给我所有的朋友送了复印本。被动依赖者，他甚至不能给女侍者送秋波。我喜欢兰尼，毫无疑问，因为他能给女侍者送秋波。为什么需要寻求自信的男人会被我吸引？显然，我需要感到被需要。于是，当和男人约会时，我变得不那么需要满足，因为我没有过多地为自己着想。"

修通反移情

吉尔说："我从你的话语中听出，米歇尔，你不喜欢自己，你不能忍受被爱，你期望别人发现你对待兰尼的可怕方式。在开始访谈前，你说害怕让人们看到你那样做，因为他们会说你是'贱人'。同时，你们双方共同推动米歇尔，希望她真的是令人着迷的。比如，你说，'我们被绑在一起了吗？'"

兰尼和米歇尔互相看了看，笑了。吉尔继续说，她所说的最终令我从恍惚中醒来。

"同时，大卫，我发现你看上去要睡着了。我想知道当我专注地倾听时，你是否体验到了事情的另一方面，这也许会有助于理解他们的两极化？"

我的妻子把注意力转向我，我立刻被惊醒了。她继续谈论我，想要抓住我的智慧，在这个过程中，我突然意识到是什么占据了我的头脑。

米歇尔不理会吉尔的问题。"也许他是累了。"她说。

吉尔继续说："大卫，我看到你毫无生气地坐在那里，我想知道你是否正体验到米歇尔内心所承载的一种感觉，近似于被动的体验，或是她自己好像河流中的一块石头，河水正流过她。"

我妻子询问我吸收了什么投射性认同的方式很特别，这种投射性认同有助于我们理解这对伴侣的体验。她和我有共同的观点，即治疗中的疲劳

几乎总是代表了一种反移情体验，能理解它将足以帮助我们揭示、证明潜在的导致防御的焦虑。至此，我感激她的干预。我感到自己被从石头上救下来了。

米歇尔讥讽道："厌倦的感觉怎么样？"

最终，我能说话了。"我不认为这是厌倦。"我说，"我不认为这是令人生厌的问题，而是悲伤。"米歇尔笑了，兰尼也笑了。

吉尔点点头。"我同意。"

"我喜欢这样。"米歇尔说。

我说："那么，我有一些感受。我们开始谈话的时候，米歇尔，我觉得我想要说服你和兰尼在一起。那不是我的工作，但……"

"不。"米歇尔说，"你应说服他甩了我。"

"那是你所说的。"我继续说，"你说话的声音越高，我越认为你说的有关他的许多事情是好的。他有许多优点，而你认为自己既不领情又很难相处，但又离不开他，这听上去就像在请求我说服你和他在一起，但这不是我的工作。"

我坚持觉得如何使他们在一起不是我的工作。我对自己希望他们在一起的想法感到内疚，好像那是为了满足我的需要。我还不能够认识到他们已把那个愿望放在我身上，而米歇尔持续有意识地声明要结束关系。

米歇尔回击道："不！我没有那么想。"

我继续说："我不认为你执意如此，但我确实听到了字面下的意图。当我不得不战胜我要说服你的企图，当我感到有不可协调的矛盾时，我后退了，睡着了。因为我不知道要做什么。你表现得好像要离开兰尼，那么你为什么又会在这里？"

米歇尔说："因为我愚蠢。"

当她说出这个自我抹杀的笑话时，我突然被兰尼明朗的咧着嘴的笑难住了。我感到已与他共谋，我自己正在制造陷阱。

我说："好吧。兰尼，你在微笑，你看上去很享受米歇尔的玩笑。"

兰尼说："我爱听她讲。"

我说:"即使是关于她要离开你?"

兰尼点点头。"我知道。"他们都宽宏地笑了。

我说:"你越是说你爱听她讲,发现她是你的梦中情人,我就越感到难过。"

米歇尔点点头。"矛盾是我在治疗中要处理的问题之一。"

"让我们现在就处理它。"我坚持道。

米歇尔翘起了嘴巴,引人发笑,"那是个大问题!我是运动着的矛盾体。"

她是一个狡猾的矛盾体! 在治疗中,她试图通过谈论其他的东西——她的个别治疗——而不与我们交谈。我能感到面质她是多么的困难,尽管她表现出有内省力。我能感到自己被迫更开放、更残忍地质对她。我不得不检查这股推动力,把它局限在这次访谈有限的设置中。

我说:"米歇尔,我要说的是我发现你是矛盾的,现在就是。"

米歇尔说:"我知道。"

我说:"你的衬衣颜色的主题也是'同中有异',在描述事物时采用错误的色彩,比如用鲜明的舞动的色彩去表达的……几乎是挽歌。"

米歇尔怀疑地笑了。"挽歌?!"

我说:"是的,关于你们的关系的挽歌。"

兰尼肯定了我的解释。"就像在新奥尔良,人们在葬礼上演奏爵士乐。"

我突然感到了解脱,感激兰尼联想到新奥尔良的爵士乐队。他的联想幽默但绝非戏言,使她放松并以更直接的方式说话。

米歇尔说:"我是如此难过、受挫。有时我看着他,想,'我为什么要离开他,我们在一起会很完美。他会成为一个好丈夫,我们会成为好伴侣。'"

我说:"真的?那是个有力的说法。"

米歇尔说:"我知道它是。长期以来,我一直都知道。这段关系自开始就有可怕的基调。当时我在与几个男人约会,我爱上了其中的一个。兰尼不让我独自待着,我喜欢他这一点。他三年半以来始终如一,这一点令我发狂,又使我更难离开他。因为我并不像他喜欢我那样喜欢我自己,所以开始我不尊重他了。现在,我告诉他我们之间根本没有不断发展下去的机会,而且我从一开始就是这么告诉他的。"

针对同样的行为，她甚至先是用严肃的语调和言辞指责了他，随即又承认了对他的依恋和感激——感激他的坚定不移，但又立即说她恨他这一点。看来，我们有必要去理解这种看似不可能存在的好像被打了结的令人无法忍受的矛盾。

我说："对兰尼的主要攻击就是他一直留在你身边。"

米歇尔点点头。"他爱我，这太糟了。"

我说："任何想要与你有关的人……"

米歇尔说出了我想说的话，"都会成为一个失败者！是的。我也想解决这个问题。因为在理智上，我知道不该如此，但情感上显然就是这样的……"

吉尔说："我在想，如果你的自我感觉好一些，如果你能接受他对你的爱，那会改变他吗？"

米歇尔说："不会。那不会改变任何事，但肯定会改变我这个人的成长经历。"

我问："他不可改变吗？"

米歇尔非常确信地说："我相信他是不可改变的。"

兰尼说："我会改变。但是，对她来说太慢了。"

我说："你像河流中的岩石。"

兰尼同意。"是的，我有改变，但是非常慢。"

我说："你会被打磨，但那要花上几百万年。"

兰尼同意地点点头。

吉尔问："但我仍认为那是个问题。如果你知道米歇尔接受了你的爱，你仍会爱她吗？我认为那很令人担心……"

米歇尔说："这真是个好问题。"

兰尼说："你是说如果事情变化了，她突然开始爱我了？那我不知道我为何要改变。"

吉尔问："你能接受她爱你吗？"

米歇尔说："是的。如果我爱你，你会如何反应呢？如果我一直都对你很好,并且我从来没有直呼你的名字?"

吉尔摇摇头:"哦,不!我不认为那是爱。"

米歇尔笑道:"但我们的情况就是那样的。"

"你的意思是那样的话情况会与目前相反吗?"我问。

米歇尔说:"对的。我不会直呼他的名字,一半的时间都忽视他,待他就有点像……"

"你会叫我的名字的。"兰尼半开玩笑地说。他问吉尔,"你是指不再有那么多挑战了情况会怎样吗?那不会改变我对她的感觉。"

吉尔说:"我从没有把那看做是个挑战,但我对你使用这个词很感兴趣。"

兰尼说:"我把它看做是挑战。她总是说……"

吉尔说:"兰尼,听上去那是你征服这个世界的方式,对米歇尔也蛮受用的。"

兰尼点点头。"她不只是我的世界。"

吉尔说:"我感觉到了。"

米歇尔问:"你会征服我吗?"

兰尼说:"我从不征服。我总是说,'打个平手就行了,你不必每次都要获胜。'平局*就足以令我开心了。我不需要赢。"

我说:"平局是个有趣的词。如果你们被捆绑(tie)在一起就不必去赢了。长期以来你们都是捆绑在一起的。"

兰尼摇摇头,"不,我没有感到被一直捆绑着。我爱她,我喜欢和她在一起。"

米歇尔说:"因为我一天 24 小时都在取悦于你。"

兰尼说:"不,你没有。"然后,他笑了,回到玩笑的模式。"可能是 23 小时!"他面向我,恳求我。"她很与众不同,非常不同寻常。我不介意她成为注意的中心。我猜那是一种很好的自我保护。我也感到我留在她身边是对她的支持,但她没有感受到。"

吉尔说:"这就很清楚了。她很与众不同,她引起人们的兴趣,和她在

---

* 平局的英文为"tie",还有捆绑之意。——译者注

一起时你会感到时间过得很快。她填充了你能感到的空虚。你在此处满足了，就不需要在其他方面寻求满足了。这与大卫所说的难过有关，与米歇尔早些时候所说的兰尼的空虚有关。如果停止这样的挑战，你会发现周围一片凄凉，对此你会很担忧。"

我说："兰尼，你说'我留在她身边是对她的支持'的方式使我认为你所说的只是你的感觉，当你能够发挥支持米歇尔的作用时，那才会变成真的。那是最能令你感到在活着的时候。"

我发现兰尼的语言已为我澄清了他与她建立关系的方式是如何给了他目的感的。从他的角度来看，她允许他成为她的一个支持者，这对他来说是极大的优待，她越是反抗他，他的胜利就越大，获胜感就越真实。她被分裂成他的两个客体：一个是与他对抗的客体，是他可以战胜的；一个是他爱着的客体，是感激他的。她是拒绝他的也是令他激动的客体，他的胜利以反常的方式修复了他的自体，使其内心世界统一为一个整体。

当我能说出这些的时候，我感到自己相当多地聚焦在吉尔所强调的米歇尔是兰尼的"全部世界"上。她的构想催化了我自己的工作，因此，我们共同朝着兰尼所致力的在米歇尔身上寻找他内心世界的方向努力，即把他自己丧失的内在客体世界投射到她身上，然后重新再找回来，希望内射性认同他从她身上找到的生活。这是他在她未知的世界里寻找他自己同时忍受折磨的原因。通过我和吉尔一直齐心协力想要弄清楚我们的体验，我们认识到了这一点。着重洞察这对伴侣顽固的分裂关系构成了修复工作的主要内容。

澄清这对伴侣的嫉妒和性关系

现在，我们努力描绘出这对伴侣共同演绎的整个模式，这个模式包括对米歇尔自尊的支持、认为她并不可爱的信念以及兰尼对内射一种活着的感觉的需要。

我说："我们希望看一看你能否听到我们的所想，而不是不得不开玩笑。

这种模式是你们两人一起维持的。在米歇尔感到害怕时，兰尼的表现更甚于岩石，这样你只要做水流就可以了。他坚定地站立着，像岩石那样扎根大地，使得水面有涟漪。而你，米歇尔，你很快地作出了反应，就像平静的水面泛起的波纹。然后，你变得厌倦——那是种可怕的、致命的感觉。"

米歇尔说："是的。我认为就是那样。"

吉尔继续说："你们两个共同形成了这种模式。你们两人就像是一个人一样。他比较坚定、稳固，因而急流不会把一切都冲走。你，米歇尔，如果你不感到厌倦，你就会感到恐惧。随后，当你对自己将终生与岩石相伴感到害怕时，你的厌倦掩盖之下的恐惧感又重现了。"

当我们能够齐心协力指出他们两人相互导致困境的情景时，我感到了解脱。我感到我现在能看清它，而不是陷于源自他们的模式的急流漩涡中。

然而，米歇尔说出了一句嘲弄的话，抛开了我们对他们模式的解读。"那么，我们如何去改善这种情况呢？有什么药吗？"

我的满意感被她防御性的嘲弄驱散了。

我说："那个玩笑表达了你的无望感。"

米歇尔说："是的，我就是这种感觉。"

我说："你无望地感到没有其他办法了。然后，你转而因厌倦而责备他。"

米歇尔说："我想说明一点，这种厌倦与我的教养有密切联系。厌倦是我的一般状态。我总在思考兰尼的一般状态。我的家教让我认为自己是特别的。我的整个家庭是很特别的。我认为我是特别的，生来就是为了……我不知道是什么。但是，一个特别的人能像我那么恨自己吗？我是长女，我从母亲那里习得了这种憎恨。我的弟弟小我两岁，他很特别，有足够的信心带着这种习得成长——他真是一个赢家！我真的因此而嫉妒他，因为我没有那一小部分东西！我的一部分会不断地在我自己身上发现缺陷（holes）。"

这段关于妒忌她兄弟的"那一小部分东西"和在她身上"发现缺陷"的话，是那种会使分析师端坐在那里倾听的话，我们也确实是这样做的。人们需要体验并分析（如本书其他地方提及的那样）以发展出这样的信念，即像这样的女人竭力用早期持续的幻想——只要她拥有阴茎，她就是完整的——来处理她自己的空虚感。一旦人有了那样的信念，语言就会把我们引向那种情境。此时，访谈即将结束，在要失去我们的时刻，米歇尔自愿组织起了深层无意识共鸣的材料，在访谈中，我们又被牵引着与她、与他们度过了较长的时间。

我问："你兄弟的那一小部分？"

米歇尔说："他所拥有的某种东西——使他成为受尊敬的人的自信——是我所没有的。"

这种语言聚集在她弟弟的阴茎上，而它补偿了一切。在反移情中，我感到阴茎引起了我的兴趣，它代表一个令人兴奋的客体、一种人际间的诱惑。

我问："你妒忌他是个男孩子吗？"

米歇尔说："当我是个孩子时，我妒忌他。我曾把这个世界看做是男人的世界。我曾是个极度男孩子气的女孩。我对成为女性感到非常恐惧。现在，我不会再抱怨这个世界了，但我曾把周遭一切看做是男人的世界。可能我确实妒忌他是个男人，但我也妒忌他的自信。我就是不自信。"

吉尔说："你感到妒忌你的弟弟，我们也能看到你妒忌兰尼，他也是他妈妈最棒的小孩，不是吗？"

一直以来，妒忌不仅是针对男性的阴茎，它是针对男孩和男人看上去所拥有的那些东西。在这个小时内，它表明了这对伴侣即将呈现的内容：他们能把妒忌带到表面上，如此清晰地表现出来——而这是在他们呈现出米歇尔对兰尼的妒忌性攻击后产生的，对此，兰尼出于某种未知的原因仍在忍受着。

米歇尔笑了。

兰尼说："我是被女人——母亲、姐姐以及祖母——带大的。我父亲并没有像米歇尔的父亲那样把男子气概带入我们家。在我家，我是那个较自信的男人。"

吉尔说:"那么,那是类似米歇尔弟弟的生殖器性的特性吗?"

我感到吉尔所用的"生殖器"这个词是刺耳的,它太技术性,太远离这对伴侣的体验了。我怕它会增加他们的防御,但兰尼继续把它翻译成他们的语言。他们又继续向前推进讨论。

米歇尔说:"我不知道,但……"

兰尼插话道:"过于自信了!过于自信!他弟弟知道他自己很好。"

米歇尔说:"是的。他是自信的,过于自信,但他也有令人难以置信的、敏感的一面。不只是我在妒忌他,还有兰尼。"

兰尼赞同道:"是的,我也妒忌他。我很想像她弟弟一样。"

这里有更多的线索表明兰尼在米歇尔身上所看到的东西。同时,他继续填充他在家庭成长过程中,父亲所缺乏的男子气,他认同米歇尔内在的男性客体,与她弟弟紧密相连。他试图通过始终和她在一起而把那部分吸收到体内。

米歇尔继续说:"我喜欢嫁给像我弟弟那样的人。虽然他并不完美,但他却是我所欣赏的男人的典型代表。他有我在男人身上寻找的那种化学物质。他不是那种我会与之约会的人,在我还是个胆小鬼的时候,我不会和他这种人在一起。我从未允许自己去吸引那种男人。只要增加体重或什么,就能解决这个问题。兰尼没有那种信心,他没有成为令人尊敬的人。当然,有时候他还不错,但我不吃他那一套。"

吉尔问:"那么在床上如何呢?"

可以看到米歇尔被她的话语击中了。"对不起,你说在哪里?"

吉尔重复道:"在床上情况如何?"

米歇尔说:"啊,嗯……亲爱的,你来说吧。"

兰尼摇摇头。"为什么要我来说?"

米歇尔说:"因为我不想说。"

我说:"看你能不能至少用一般的词汇来谈论它,这可能会令你感到尴尬,但它很重要。"

米歇尔十分赞同。"它非常令人尴尬。"

兰尼能够说了。"我认为，在床上，我是她的舒缓剂。我使她不再紧张。"

兰尼开始谈论也使米歇尔能在治疗中放松下来，开始交谈。米歇尔说："那是在我们的关系中逐渐形成的某种东西，因为刚开始时我也不能忍受他。"

兰尼看着地板。"开始时你不能承受。"

米歇尔说："我很痛恨那个东西，那真是极其糟糕。"

我问："与其他男人相比，有什么不同？"

米歇尔情绪高涨地说："完全不同！之前那些人没有那么多。"

她看着地板。"我之前爱的男人在床上根本不行，但当时这并没有影响到我。我对此毫无经验可言。只要我爱他，那便没什么。当我与兰尼交往以后，我才意识到以往的那些家伙是多么不行。于是，我学到了很多。那并不容易。我爱的人变成了我肯定不能忍受的人。"

我问："特别是在床上？"

我再次因一种熟悉的感觉而感到困惑。她似乎在说兰尼教给她一些她以前不曾知道的性的快乐，但在述说的同时，她仍蔑视他，好像他这样做是卑劣的。

米歇尔说："噢，那太糟了。过了好几年我才知道这不是那么糟。"因此，很显然，我没有那么多的性行为。性不是我所喜爱的，因为我属于那种能自己意识到讨厌自己身体的人。那么，谁会爱我和我的身体呢？我们不需谈论细节。你能猜到其余的部分。但兰尼却要花时间搞清楚什么能让人感觉好，所以我得给他一些赞誉。尽管他不是最好的，但没有人能比得上他。我不能抱怨，因为性对我而言是比任何事都要痛苦的。

我问："真实的痛苦？"

"是的。"米歇尔说。"躯体上的疼痛，真正的痛。它不是我最想做的事。但与兰尼在一起，我已学会享受它，尽管我们仍不是太主动。"

吉尔说："但那不是因为他在这种情况下太被动？"

米歇尔说："噢，不！他当然不被动。"

兰尼说："我可能太主动了。她说我总是渴望性。"

米歇尔说："是的,你就是那样。"

兰尼说:"她说,所有男人都这样。"

米歇尔说："有一点是我所喜爱的。不论我多么胖,他都被我吸引。有多少男人会像他那样呢?他们总是想要骨瘦如柴的女人,但我从没有瘦得皮包骨头过。我想办法控制体重,但他仍是发狂似的被我吸引。当别人觉得我看上去很可怕时,他仍认为我很漂亮,即使在当时那是谎言。"

兰尼说:"那不是谎言。"

"那使我感到身价百倍。"

我问:"你是如何感受她的身体和她的容貌的?"

米歇尔笑了。"请别这样特殊详细说明。"

兰尼呈现出一种新的自信,说道:"我认为她很美丽,她身上没有任何地方使我退缩。她所有的一切我都爱。"他幽默地补充道:"可能她听到这些会想吐,但我愿意和她在一起,抚摸她,感受她。"

我问:"你对她勉强和你发生性行为有什么感觉?"

兰尼说:"我能理解一些,疼痛是个大问题。"

吉尔问:"你认为是什么造成了疼痛?"

兰尼说:"我不知道。那是躯体疼痛。不!是在她的思维里,从来就没有消失过,她也不是一直都能意识到它的存在。在发生性行为的某个时刻,她的思维迷失了……"

米歇尔说:"我们迷失了。"

"失去了性唤起?"我问。

米歇尔说:"他没有失去它。"

"是的。"兰尼说:"但我总是对她可能感受到的任何疼痛都很敏感。"

我问:"米歇尔,你只是在插入的时候感到痛还是在整个性交中都感到痛?"

米歇尔回答说:"我从没有在性交时达到高潮。"

我说:"因为它很痛。"

"那很痛,颈部也痛。我讨厌这样。我想越过那个环节,然后我们可以做其他事。"

"比如拥抱、依偎在一起?"我问。

兰尼说:"我们爱拥抱依偎在一起。"

"只是没有性?"我问。

"也有性。"米歇尔主动说道,"兰尼从没有其他女人,所以我不知道他从哪里学到的。但他能使我放松。我曾受到过刺激,但现在我放松了。"

"通过性还是其他方式?"我问。

米歇尔说:"在性交中,我从未感到过放松。除此之外,我和他在一起时完全是轻松自在的。当然,是在某种程度上的轻松自在,我从没有完全地轻松自在过。"

我说:"你对自身不感到轻松自在,所以没有其他方式使你感到轻松自在。"

米歇尔表示赞同。"对,就是这样!我像我能做到的那样轻松自在。你知道,一个女孩在她还是孩子的时候还有阴茎羡慕,但现在我恨他们,所以显然我有什么问题。"

"你欣赏兰尼的原因之一是他不会在这方面对你施加压力。"吉尔说。

米歇尔说:"是的,他对我很好。"

吉尔说:"当你是孩子时,你把阴茎当做力量的源泉。"

米歇尔说:"我不记得与阴茎有关的事了。"

吉尔说:"我是说男孩子的世界,那些男孩子拥有而你没有的。我说的是如今你已经拥有成年女性的气质,享受女性的世界,对你来说,你不能享有阴茎带来的快乐,这令你感到难过。你把它当作是令人羡慕的、威胁他人的力量的来源。"

米歇尔说:"我把它看做是侵入!我恨它。我想远离它一点,但我曾把它描述为是男人刺入了女人体内。"

我说:"现在你不那么看了,但你仍是那样感觉的。"

米歇尔说:"不像我过去感觉的那么多了。过去我把它看做是男人的一种控制的方式,我恨这种方式。但和兰尼在一起时,我从未有过那种感觉。"

通过讨论米歇尔目前对性和阴茎的态度，所揭示的内容超出了我们预期能从一次单一访谈中学到的。她已经改变了对男人的羡慕,当她是孩子时，她认为他们并不像她那样有空虚的渴望,因为他们有她所失去的东西,包括身体的部分——阴茎,而她的阴道似乎是一个洞,她感到了因内在渴望带来的空虚。在她成年以后,阴茎仍是有威胁性的,因为它能进入到疼痛的洞里。她对它的羡慕,意味着当她面对它及面对拥有它的男人时,她会处于危险之中。通过这种方式,兰尼在性方面对她越好,她越是要羡慕地攻击。她能在第一个小时内就看到这些,是预后良好的迹象,使我感到她有可能在治疗中处理好这些问题。

我说："你们二人分享了这些想法，也就是男人能伤害别人，他们的阴茎是能伤害别人的，除非你很谨慎小心，性意味着把阴茎刺入女人身体里。"

兰尼说："确实是那样。我不喜欢男人对待女人的方式。我是由女人带大的，她们教我如何对待她们。我肩负着男性的世界，拥有他们行事的方式。但是，我不喜欢他们的游戏，我从未喜欢过，以后也不会喜欢。"

我说："但你竭尽全力去确保你从不具有攻击性的代价是你做不成事。然后，米歇尔说你是被动的。尽管她会需要你在床上使出浑身解术。"

米歇尔说："那不是被动的。"

我说："但他是多么照顾你，他很难脱离这种被动性。"

米歇尔说："如果他想做爱而我不想，那么我会看到被动性。他不会让我的脖子感到一丝一毫的痛楚，这正是我喜欢他的地方。"

吉尔说："他一定还有其他的方面是你所喜欢的。"

米歇尔再次用玩笑来回应。"那有很多了。他很善解人意，他还是信用卡呢。"

我说："他是很有信誉，句号。"

米歇尔现在赞同了。"他信守诺言，他从来不会伤害我，他能像个精通世故的男人那样处理问题，我曾把他们看做是在利用别人的人。通常，我只是害怕男人。不是真的怕所有男人，而是怕与我有亲密关系的男人，即使没有性关系，他们也会令我害怕。"

吉尔示意这次访谈该结束了，说："如果你们想要一起解决问题，重要的是还有很多问题需要在这里解决，也需要在你们各自的个别心理治疗以及夫妻治疗中去解决。"

作为总结，我补充道："在刚才的几分钟内，我们听到了包藏在性里的爱和关心。好像你们的关系中彼此关心的部分被放到最后了，这部分可能没有被完全考虑到，也没有被完全地展现出来。在此之前，你们的关系好像就是由嫉妒、愤怒、认为男人会伤害女人的感觉组成的，而这些都被兰尼如河流中的岩石般紧紧地抱持着。我们似乎需要唤起这部分，并去理解它们。"

米歇尔说："当然要这么做。那么，我们该做什么呢？"

吉尔回答道："在你们的关系中，恐惧掩盖了许多积极的情感。如果你们勇于希望拥有更好的关系，那么你们值得一起接受治疗。无论在何种情况下，个别治疗对你们来说也是个不错的选择。谢谢你们一起来与我们交谈！按照约定，我们将与泰勒夫人讨论我们的想法。祝你们好运！"

兰尼和我们握手说，"谢谢！"

米歇尔仍要用一个玩笑来与我们道别，这个玩笑的内容与他们是否足够令我们感兴趣有关。"很高兴见到你们俩。我希望你们能获得素材，把它写进书中。请勿使用真名！"

共同治疗与反移情

在这次访谈中，这对伴侣华丽的衣着和夸张的行为、他们相互使用的藐视性的幽默、投射性和内射性认同的讽刺性，迅速显现了出来。这对伴侣及其建立关系的方式进入了我们内心，如同他们在一位治疗师或两位共同治疗师面前所表现的一样，它影响了我们对他们的理解——他们有被理解的需要，同时却又防御这种需要。

我在访谈中感到的疲乏代表了对他们的疲累的内射性认同，这种让我感到无能为力的方式，最终给我的内心带来了一种与他们内心的无能感类似的体验。在修通我自身瞬间的无能感的过程中，我能够领悟到这对伴侣关系系统中的力量和体验，特别是理解其特征性的具有破坏性的情感。在这个过程中，与共同治疗师一起工作极大地增加了我理解这对伴侣的能力。没有她，我将不得不吸收所有的体验，并独自用我自己的方式去处理它们。

然而，我通常是独自工作的，不得不独自与类似的反移情作斗争。通常，这种内在挣扎的结果最终是殊途同归的，从我自己内在的体验中产生对患者或夫妻的理解感，并且经常会伴随一种相似的如释重负之感。当我独自工作时，这通常是安静地发生在前意识层面——即在意识层面之外。共同治疗的关系要求对将要吸收、消化、再返还给这对夫妻的内容给予开放的、更口语化的说明。出于这个原因，共同治疗在示范反移情工作及训练治疗师运用反移情方面特别有用。

第五章 青少年心理治疗中内部客体关系的改变

本章将概述自体改变的方式，在一学年期间每周一次的青少年心理治疗中，这种变化通过内部客体反映出来，并且依赖于内部客体的改变而改变。在相对短程的心理治疗过程中，一个十来岁的女孩子——塔米——寻找到了新的自我认同感，发现了自我的形象。与此同时，她认识到了内部客体的差异。为她提供了塑造客体之素材的经验的父母，虽然在塔米十岁以前在治疗和分析中也从治疗中分别获益了，但是在这一年当中，他们并没有发生任何实质性的改变。正是这种转变促使塔米从不同的角度审视内部客体，然而，事情远未就此结束。她一旦以全新的角度来看待内部客体，就会进而再次以全新的角度来审视自体。自体和客体以互相强化的方式来影响彼此。因此，我们可以看看，在塔米早年的发展中，她对客体的看法是如何影响了她的自体发展的。

意外的是，塔米的变化和我作为治疗师的成长是同时发生的，这也引起了我关注我的自体和作为治疗性客体成长的兴趣。塔米还很小的时候，我为她提供过治疗服务。在此后的十年中，也就是塔米再次进行治疗之前，她的妈妈只是偶尔对我说起她。

塔米幼年的治疗

我第一次见到塔米的时候，她只有6岁，她的妈妈米拉姆带着她走进我的诊室，说："我们没有办法好好相处，这令我很担忧，害怕失去什么。我们之间可以为了任何事情而争吵，塔米对我做的任何事情都不满意。"

塔米接受了两年半的心理治疗。开始的时候，塔米非常焦虑，没有父母的陪伴就不来我的诊室。在两年前也就是她4岁而她弟弟鲁赛尔只有一岁半的时候，她的父母就离婚了。这场离婚事件使得父母双方都很生气。米拉姆抱怨丈夫约翰作为孩子的父亲却像个孩子一样，不会顾及她或者孩子的需要。现在，塔米、鲁赛尔、米拉姆共同生活在一个小公寓里，而约翰独自一人生活。由于约翰不能定期按时探视孩子，加上他对孩子的照管总是粗心大意，米拉姆为此经常和他争吵。在前几次的治疗会面中，米拉姆不得不亲自带着塔米来诊室见我。约翰带塔米来的话，也要一起走进诊室。尽管约翰很关心塔米和鲁赛尔，但他在很多方面选择了放弃责任。例如，他承担了塔米的部分治疗费用，但是把和保险公司打交道的事情留给米拉姆自己去处理，尽管保险单是由他持有的。

塔米不喜欢来见我。然而，有父母在场，她可以自由玩耍。当她和父亲或者母亲玩耍的时候，我坐在桌子的另一边。过一会儿之后，米拉姆可以坐在房间另一头的椅子上，塔米和我一起玩耍。从她的玩耍中很难看出有什么问题。初期，对塔米的治疗目标只是简单地定为处理她的不安全感和建立治疗关系。经过几个月的治疗之后，塔米画了一幅画，这幅画的中间是一颗微笑的心，带着一顶帽子，如图5.1。令我感兴趣的地方是，这幅画是塔米在一次治疗期间在有父亲陪伴的情况下画的，塔米有点害羞地朝着父亲微笑。塔米告诉她父亲和我，那顶帽子是可以摘掉的，就像是阴茎一样插在"V"形心脏里，如图5.2。我认为这幅画可以被解释为塔米在她这个年龄上无意识的与父亲性交的渴望,但是我没有对他们说。

图 5.1　塔米的画:"心戴了一顶帽子"(6 岁时画)

图 5.2　塔米的画:帽子被拿掉了

塔米的画提示了她的俄狄浦斯情结——对父亲的渴望。而妈妈把爸爸赶走了正是她和妈妈争吵的原因。米拉姆对我讲述了约翰忽视他们婚姻的事情。她觉得，约翰想当然地认为她应该满足他的愿望或需要。每当她没有实现他的愿望或没有满足他的要求时，他就会突然地愤怒地朝她发火。她觉得由于他只关心自己的需求，因而忽略了妻子和孩子的感受。说到照管孩子方面，她认为约翰忽略了这方面的事情。离婚后，探视孩子的时候，约翰常常迟到，而且，他自己住在老式的、很难打扫的房子里，屋子里满是灰尘和狗毛，而塔米有过敏症和哮喘，在这种环境下很容易发生哮喘急性发作。

在这次治疗之后，也就是展现出了她的俄狄浦斯渴望之后，塔米能够单独来见我而无需父母的陪伴了。现在，解决她潜在的不安全感成为了主要的治疗任务。正当她努力和母亲分离的时候，她认识到自己曾经因为焦虑性依附而无意识地责备过母亲。现在，塔米感觉和母亲更亲近了，却感觉和父亲之间关系很别扭。在治疗期间，她为自己不愿意去看望爸爸的问题挣扎着。米拉姆说约翰不关心塔米，拒绝解决和去除塔米害怕的物理性刺激因素，不遵循医生的指导，她为此非常苦恼，反对塔米去见她父亲，而塔米也越来越不愿意去父亲那里了。

在一次治疗快要结束的时候，塔米用石头搭建了一个小村庄，有很多的家庭成员生活在一起，相处很融洽。塔米说，她不允许其中任何一个成员离开。关于分离的潜在问题使得她和母亲紧密联结起来，她在学校表现得也不错，能够结识朋友，而且经常去看望自己的朋友。在绝大多数情况下，塔米的表现似乎很好。回想以前，塔米的依附焦虑被分裂为了：好妈妈和坏爸爸。由于我相信了米拉姆描述约翰的困难和同意塔米对她父亲的保留态度，我没有意识到塔米无意识建构了这种分裂的方式。她们对约翰的描述与我和约翰的接触过程中体验到的约翰的不负责任和不可靠产生了共鸣。

在任何情况下，我都无法处理这种分裂。由于塔米有校外活动，需要完成家庭作业，和朋友交往，因而参加治疗的兴趣明显下降。塔米快 9 岁的时候，她强烈地反对参加治疗。她对父亲的感受发生了移情作用，以至于更加不愿意来见我。塔米各方面的表现似乎都很好,没有必要坚持继续治疗。到9岁的时候,她的症状都得到了解决,于是,治疗终止了。她能够和母亲融洽相处,学业和交友方面都没有问题,然而,塔米仍然找一些看似合理的借口——部分是由于她压抑的渴望——来制造麻烦,拒绝看望父亲。

我有很多年没有再见到塔米。在塔米终止治疗后一年,我见到塔米的弟弟鲁赛尔。米拉姆带他来是因为他受到同学们的孤立,没有朋友,学业表现很差。鲁赛尔现在六岁半,和父亲也是不能融洽相处。他只是对见到父亲没有热情、冷淡,但并不害怕见他。然而,他和米拉姆相处得很好。我认为鲁赛尔患了儿童强迫神经症,我把他转介给分析治疗师。他参加了一次有趣的分析,取得了很大的成功,但是这与本书关系不大。现在,我作为家长工作者,继续和米拉姆一起工作。另一方面,儿童分析师则定期和鲁赛尔的父亲约翰及其现任妻子会面。

在我和米拉姆的工作中,我能够帮助她解决在建立亲密人际关系方面持续出现的困难。我敦促她考虑参加更密集的治疗。起初,米拉姆不太情愿,最后,她认识到自己很被动,无法发展永久的、满意的人际关系。她要求转介参加分析治疗。通过分析治疗,她能够更快地和一位男士发展稳定的、相互关心的人际关系,当然,孩子们也很喜欢这位男士。鲁赛尔完成分析治疗不久后,米拉姆很快与他结婚了。塔米在学校的表现以及和同伴的交往都很好。米拉姆说,尽管约翰仍是个性武断、难以相处,但孩子们正如期望的一样,和他们的亲生父亲仍保持着联系。

意外的是,在鲁赛尔接受分析治疗期间,他的爸爸和继母要求鲁赛尔的治疗师把他们转介给婚姻治疗师。他们在我的一个同事那里开始婚姻治疗,我的同事后来告诉我,他们的婚姻有了很大的改善,而且两个人都变得更加成熟了。

米拉姆结婚以后,她和现任丈夫带着塔米和鲁赛尔一起离开了华盛顿,这是出于计划内的工作变迁。然而,一年以后,我接到塔米的父亲约翰的电话,请我和鲁赛尔的分析师一起来评估两个孩子的学校安置情况。塔米和鲁赛尔以及米拉姆现在都住在偏远的乡村地区,在这一学年,他们遇难了很多困难。他们想搬回来和约翰一起生活,并且回到原来的学校。米拉姆同意了孩子们的要求,因为她认同孩子们现在就读的学校有欠缺,而且觉得约翰成熟了很多,现在住在一个合适的、没有动物的新居所里。她告诉我,她不想让自己的幸福生活阻碍孩子们接受教育。然而,由于约翰的新居不在孩子们原来就读的学区,他们要想回到原来的学校,需要一个特殊的原因,约翰和米拉姆都希望获得一份精神医学报告,帮助他们解决这个问题。

于是,我见到了塔米。在接受治疗很多年后再次见到我,她表现得小心翼翼。她快满16岁了,然而,看上去更像一个小女孩,身着吊带装,笑容满面,略带羞怯。她告诉我,她和鲁赛尔与妈妈和继父相处得很好。但是,他们生活在这个偏僻的小镇,资源匮乏,没有他们愿意交往的同龄伙伴,学校的环境实在令人感到痛苦。尽管她可能会非常想念妈妈,但是她应该和爸爸一起生活,回到自己思念的学校,完成高中最后两年的学业。

我问塔米,她是否觉得这次搬家也会给她一个机会,让她来更加了解父亲。她说值得这么做,尽管她对此感到很紧张。我和鲁赛尔的分析师同意推荐孩子们回到他们原来的学校。这个要求得到了批准,他们搬来和父亲一起生活了。

青春期治疗的经过

第二年的夏天,塔米打电话给我。塔米想要处理一些事情。她的父母亲同意她接受心理治疗,问我是否愿意见她呢?我们在电话里商定在秋季学年开始之前尽快会面一次。9月4日,塔米出现在我的候诊室。她已经17岁了,看起来仍然像是一个只有14岁的、尚未成熟的小姑娘。不仅仅是由于她那一身吊带装和那小女孩式的卷发,还可能是她那害羞的、带有试探性的微笑令我产生这种感觉。她身材小巧，衣着打扮比实际年龄小很多。她咧嘴笑的时候，完全是那种我所认识的 9 岁小女孩的模样，也就是在 8 年前她接受我的治疗时，丝毫没有受到困扰时的模样。这个特征和她那镶褶边的连衣裙提醒了我，她的妈妈通常也是小女孩的模样。

塔米说她现在很高兴到这里见我，而她 6 岁的时候却把我当成了敌人，根本不想来见我。但是，她妈妈说，"你必须去，就这样。"她记得她告诉过妈妈，她害怕我对她做一些事情会使得她长大以后变成一个不一样的人，不再是现在的自己了。当她看到，这期间，在妈妈去参加分析治疗发生了很大的变化之后，她才真正开始改变想法。她看到妈妈成熟和改变了很多。因此，现在来见我应该是一个不错的选择。

这次塔米来参加治疗的动力是她的男朋友，他自己在接受治疗，同时要求她也要接受治疗。她觉得他是对的，但是，她仍然不确定自己为什么会出现在这里。她感觉自己没有充分的理由。由于不想浪费我的时间，这使得她感觉很糟糕。

很快，这种困惑成了我们首次会面讨论的主题。塔米说，由于不知道自己到底是谁或者应该需要什么，她从不知道自己的需要。当她做决定的时候，她就给妈妈打电话，妈妈可以给出一些好的建议。有时候，她反驳妈妈的建议，但是妈妈的建议总是正确的。她会对妈妈说，"那就是我应该做的事情吗？那些事情正确吗？"然后，妈妈会说，"如果对你来说是正确的事情的话，你就应该去做。"之后，塔米感觉自己必须按照妈妈的话去做，因为妈妈总是正确的，而她总有一种不自信的感觉。

塔米说起她很高兴和父亲一起生活，喜欢他那崭新的家。和父亲一起不再感觉别扭，她不和父亲争吵，一切都进展不错。另一方面，她很少和父亲真正交谈，然而，最近一次在去看望父亲在新英格兰的家人的旅途中，她很苦恼，而父亲能够和自己充分讨论。这证实了我在一年以前曾经对她说过的话——她可以更加了解她父亲。

塔米接下来告诉了我她男朋友的事情，她男朋友爱德曾经推荐她接受心理治疗。令我感兴趣的是，我发现她对待男朋友的方式是一种内部客体外化的体现。在本章中,我想展现她应对自体和同伴客体的方式是如何随着治疗的进展而产生变化的。当然,基于爱德支持心理治疗这一点,我对这个年轻的男孩子有点好感了。塔米小心翼翼地和他相处。爱德是她第一个约会对象。而爱德的成长经历不算顺利。他是一个孤儿,曾经吸食过毒品,然而,最令人震惊的是,他忽略和辱骂了塔米。当塔米开始了解他以后,她发现自己根本不喜欢他。塔米最近和父亲一起去旅行的时候,爱德表现得很暴躁,乱发脾气,使得她不再对他感兴趣了。当塔米最终决定与他中断关系时,爱德又乞求她回到他身边。

塔米很茫然,不成熟,但在某些方面却令人诧异地表现得成熟起来。她能看到自己受到爱德虐待,而且很快和他中断关系,但是却不知道自己是谁,到底需要什么。我回想起8年前她玩的一个游戏:全部家庭成员都住在一个大房子里,不允许任何一个人离开。自从离开妈妈,搬来和爸爸一起生活以后,塔米出现了一个问题:不知道自己是谁?我告诉她,这些问题——不知道自己是谁和不知道自己的需要——都需要治疗。

第一次访谈的主题是了解塔米在多大程度上不知道自己是谁或者什么才是正确的。探讨她的自体将是治疗的重点。她对自我身份的不确定性体现在她请妈妈为自己做出重要决定时,体现在她向妈妈以及后来向男朋友爱德求助的时候。在她不知道为什么来见我的情形下,在她对我的移情中,她把我变成了那个会忽略她的需求或者告诉她应该做些什么的人,而不是和她一起讨论她是值得我为其治疗还是在浪费我的时间的问题。尽管她不知为何地来见我,但她知道她想见我,可她还是感到很不安,这阻碍了她向我表达她的困惑。身份的混乱以及随之而来的过度依赖外部客体,这些是那个不允许父母离开诊室、必须陪伴她一起治疗以及后来象征性地把家人放在一个房子里、不允许他们离开的小女孩的延续。现在,她步入青春期,但相同的问题又在她心中挣扎着出现了,因此她情绪低落、困惑,她对我诉说她感觉很糟糕,她愿意认识自己,寻找未来的方向。

治疗开始的前几周,塔米和大多数青春期的未成年人一样,主要是通过谈论自己的问题从而向别人展示自己。继和爱德断绝关系之后,她通过夸大爱德利用他儿时习得的虐待方式来折磨她，从而更加疏远爱德。爱德过去和一些没有父母的同龄人一起生活，养父母对他很苛刻。一次，塔米和爱德计划好了约会，但养父母当天禁止爱德出门，而爱德没有给塔米打电话。爱德根本没有考虑到自己爽约但又不进行解释对塔米来说意味着什么。塔米意识到，尽管她对自己的看法也不是很好，但她并不想感觉那么糟糕，自己不应受到这种对待。

塔米现在结识了新的男朋友皮特，他很快就要去上大学了。塔米迷恋于这个比自己大的、就要步入大学校园的男朋友。我注意到，在感觉遭爱德抛弃之后，皮特的情况又为塔米提供了一个安全距离，这让她感觉更加安全，但是我没有向塔米说明。

塔米拿自己和女朋友玛丽·卢奥比较。在治疗过程中，这种关系是探讨外部客体关系的又一个吸引人的领域。玛丽·卢奥是一个偏胖的女孩子，第二次来诊室的时候，玛丽陪着塔米一起来见我。在此后的几周里，玛丽·卢奥成了塔米讨论的外部客体的对象，塔米对玛丽很忠诚，但是却把玛丽看做是自己的陪衬。玛丽总是粘着塔米，每当自己心烦的时候，就希望塔米时刻陪伴她，玛丽希望融入到塔米的生活中去，就像塔米小时候对妈妈米拉姆的方式。玛丽的父亲是她们现在就读学校的高中老师，塔米感觉他常常会在班上"发作"一下做些古怪愚蠢的行为。这个词很有趣，当父亲约翰出现自私或不关心自己的行为时，塔米也曾经这样说过他。但是，玛丽的父亲关心自己的女儿，即便是偶尔有过一些"发作"。

最后，塔米开始思考自己和父亲、继母的生活。两个月后，塔米对我讲述了继母法耶的事情。法耶是那种不习惯和孩子相处的人，她自己没有孩子，而且感觉自己受到两个正处于青春期的孩子排挤。有一次，塔米问法耶，她是否可以留几个朋友在家过夜，法耶很苦恼，说："好吧，随便你们，如果他们不用电话（因为我要用电话）而且不需要我打扫卫生，那就没有关系。但是，他们可能吃掉整整一盒麦片粥，喝掉5升麦片粥奶。"塔米气愤地说："好的，我会买来麦片粥和牛奶！"法耶气急败坏。父亲把塔米拉到一边，告诉她不要和法耶争吵，他说："因为你和我以及鲁赛尔，我们是一家人，法耶不是。"塔米说鲁赛尔会有意激怒法耶，但是自己已经在努力去理解法耶了，而且能够懂得法耶的难处，坦率地说："这对她来讲一定很难。"

塔米转而讨论她的现任男朋友——准大学生皮特，她曾经和妈妈交谈过这个话题。妈妈告诉过她，"你要知道，你写信给他，但他不一定会回复你，他有可能在大学里再找一个他喜欢的女生。"塔米说："妈妈，不要说了，我知道这是真的，但我不希望你告诉我。"

我告诉塔米，她想要让这个爱情梦想完美地保持一段时间，她更愿意享受这种美好的感觉，塔米同意我的解释。

一个月后，塔米结识了一个新的男朋友，他住的离自己家很近。塔米拿他和那个孤儿爱德做比较，她现在回想起来，爱德的粗鲁和自私让她想到了自己的父亲。会谈中，我问了塔米性的事情，她沉默不语，很尴尬的样子，然后把话题转向别的方面。学校的一个老师对她说："你知道吗？你看起来心情很糟糕。"她认为情绪低落和离开妈妈有关。上九年级的时候，和妈妈一起生活，那时候，她感觉好极了。今年，和妈妈分开之后，她心情很不好。

她孤独和难过的感受在我提及性问题的时候被引发了。也许她想让我知道，在由青春期少女向性发育趋向成熟的女性转变的特殊时期，她希望有妈妈在身边陪伴。塔米承认曾和女朋友谈论性问题，但是和我讨论性话题让她感到很难为情。她给我的印象是，除了和男孩子有轻度的身体接触外，她在性问题上并不主动。看来，直接讨论这个问题是不可能的。

塔米珍惜心理治疗的机会，尽管需要花很长时间乘车才能到我的诊所，但她总是准时出现在诊室，她是一个执着的、热心的来访者，我发现我开始盼望见到她，感觉我们在共同合作，完成一件很重要的事。和为她幼年时提供的治疗相比较，当前的治疗充满了新鲜感，现在她把我体验为与以前完全不一样的外部客体，而以前她曾把我移情为一个拒绝接受的、和她父亲相似的内部客体。

第五章　青少年心理治疗中内部客体关系的改变

塔米越来越多地谈论她和玛丽·卢奥的关系，认为她应该和玛丽保持距离，这样可以结识更多有些冒险的、不一样的朋友。然而，由于玛丽需要她，这让她内心很矛盾。就在塔米犹豫不决的时候，男孩子们不慌不忙地来了又走了。一般情况下，这个年龄段的青少年似乎更加成熟，能够尊重彼此的需要，然而塔米不行，无法像很多参加治疗的青少年一样，和原来的朋友毫不费力地、无情地中断友谊。塔米的男朋友和玛丽仍然出现在她的生活中，他们不再是她用以定义她渐渐形成的自体的外部客体了。他们虽然是重要的老朋友，应该受到尊重，但不再是客体关系的中心。

塔米现在开始谈论很多关于父亲以及他曾经做过的、武断的事情。塔米曾经要求父亲允许她在外面过夜，然而父亲想要参加音乐会，就以鲁赛尔需要照顾作为借口要求她必须回家。只要她提出要求，父亲总是以自己是否方便来做决定。父亲总是对塔米、鲁赛尔和法耶提一些古怪的要求。例如，父亲坚持要求全部家庭成员饭后一起做家务，他自己却只拿块海绵草草地擦一下桌子，然后就坐下来看报纸，剩下塔米、鲁赛尔和法耶一起打扫卫生，而他甚至不管孩子们是否需要完成家庭作业。

塔米找了个大学咨询师来共同讨论如何选择大学。她自己做了很多工作，查询信息，独自写申请，父亲没有参与这些事情。他不知道自己是否应该做些事情，比如去大学校园看看等。最后，他决定自己应该做点事情。于是，父女两人愉快而亲密地参观了大学校园。

多年来，在我的印象中，塔米的父亲是那种不负责任的人。塔米所说的他的"发作"和我的专业术语差别不大。例如，以往，他总是很晚才结清我的账单，今年，他仍然要我和他的前妻催账。对于他的这种做法，我也不喜欢或者说根本无法接受，因此我非常认同塔米对他的看法。

回想起我是多么接受塔米对她父亲的看法而没有把它看做是对她内心世界产生的投射性认同，我感到有些懊悔。部分原因可能是我也承受了童年期的孩子们都会经历到的问题——即童年期内化了的、印象中的对爸爸妈妈的看法会持续至成年。我记得，在约翰离婚后不久，他和我有过接触，那时候，他给我留下了深刻的印象。按原定计划，塔米的治疗需要持续至上大学前不久才结束。直到塔米治疗的最后几个月,事情才逐渐明朗。这时我才明白,这些年来,我对约翰的看法一直受到塔米的内部客体——一个拒绝的、虐待孩子的父亲——的影响。这种观点移植到塔米这里,就是为了使约翰符合这种说法。于是,我们可以看到塔米对父亲的看法——忽略和拒绝——来自于她妈妈,而其原型又来源于米拉姆和她自己拒绝而武断的父亲之间的关系。

塔米重新"找到了"她父亲

3月初,我们进行了一次具有里程碑意义的治疗。塔米首先提出一个问题,她支持妈妈,反对爸爸,这样做是否很不公正?自从在上次治疗中,我问她为什么对父亲那么愤怒后,她一直在考虑这个问题了,她已经考虑清楚了。我之所以那么做,与其说是因为我有任何证据证明约翰并非如塔米所描述的那样,不如说是因为我觉得自己有义务公正地看待问题或对自己抱有成见的印象感到羞愧。

但塔米已经在思考这些内容。她说她注意到,在父母离婚后,出于忠诚,她可能已经站到了母亲这一边,那对她是有意义的。她没有什么特别的感觉,但她已经和母亲站在一起对她就是有意义的,因为是母亲把她带大的。母亲不时会说:"你真的该与你的父亲和好,他也爱你。"这恰恰表明塔米没有感觉到这一点,因为他总是忽视她的需要。他的旧房子很脏,导致她哮喘发作,他似乎更关注他的需要而非女儿的需要。塔米还感到父亲更站在鲁塞尔一边;他似乎更关心他。

但是,塔米说,她能看出玛丽·卢奥爱她父亲,尽管他做了蠢事。她注意到她对玛丽的父亲的担忧,超过了玛丽自己对他的担忧。塔米说她爱父亲没有像爱母亲那么多。我说,很奇怪,我怀疑她是不是也无法像她承认恨母亲一样地承认自己恨父亲。她说有两种恨:一种恨是你想要摆脱某人;另一种恨只是需要爆发出来,然后就消失了。我说,你可以随意恨某人的这第二种恨,其实恰恰是因为你真心爱他,所以这种愤怒并没有更多的含义。例如，在我印象中，塔米会对母亲感到愤怒——或者说恨她，但并不认为她们之间会发生任何糟糕的事情。

塔米对讨论这一点很有热情。"那是真的。如果我对妈妈生气，我可以对她说去死吧，但其实心里并不是那么想的。但对父亲，我真的是有让他死的想法，因为他的确令我烦恼。"

现在，塔米快速地思考着。可能她从未给过父亲机会。她回忆起当她还是个小孩子的时候，她对母亲说："这个周末我不想到父亲那里去，我不想和他在一起。"她的妈妈会说，"他爱你，你也爱他。当他来接你时，我能看到你眼中闪烁的光芒。"塔米说她不记得她有那种感觉了。

现在，我想起她6岁时的一次治疗。我告诉她，她和父亲一起来时，她画了一颗心，里面有个微笑，心上面有个小帽子。我告诉她，我记得她的温情和腼腆。但我没有对她说她在那段俄狄浦斯发展阶段对父亲的性的渴望，因为我感觉到那会是具煽动性的。

塔米对我告诉她的事情感到吃惊。她记得那颗心，那是在学校刚学会的。她停顿了一下，说，"对爸爸来说那一定很难。我能看出他努力想要为我做些事情。他想让我爱他。我想鲁塞尔和我都没有给他机会。他知道我恨他，这对他来说一定是很糟糕的一件事！他怎么会不知道呢？他那么努力想让我们爱他。"

现在她开始哭了。但她并不想哭。就像被什么驱使着，她谈到这些年她是多么恨他，从未给过他机会。他又是多么想靠近她，这对他来说该有多么痛苦。

我说她这么做是有原因的。

她说："我需要站在妈妈这一边。离婚时，她非常难以独处。我记得他们会打架。他们打架时爸爸不想我在场。我能看出这一点，但我妈妈没有说我应该离开，所以我会感到是他不想要我。他在拒绝我，是因为可能我太爱妈妈了。"

我问她是否认为需要成为她母亲的家长去照顾她。

她说："是的，哦，当然是！我不得不照顾她。没有其他人去照顾她，然后我就感到是我和她在对抗爸爸，他为什么不去照顾她？"

塔米迅速地继续思考她与母亲的关系。她母亲依附她的方式就如同玛丽·卢奥依附塔米的方式一样。

我说母亲的这种依附方式是她在6岁时想要抵挡的那部分关系。在她母亲第一次来治疗，说她们的问题是塔米和母亲间相互怀有敌意的时候就出现了。塔米看上去是那么的对立，在感到被拒绝和受伤害后，真的是在推开母亲依赖于她的企图。塔米必定是感到被母亲的需求侵犯了。

现在，这次治疗结束了。塔米擦干了眼泪，她说谈论这些内容让她感觉很好，我说她对父亲的恨本质上不是想要伤害他。我们约定在以后的治疗中更多地探讨她为什么会处于这样的境地。

在随后的几周，塔米对父亲有了新看法，虽然他的表现依旧。现在似乎很明显，尽管他有自己的局限性，但那并不很严重。他一直都对她有兴趣。在随后的两个月内，她强化了父亲的这一新形象，即他关心她，并竭尽全力表达这种关心。此外，现在她看到不论这些年她对他有多抗拒，他都一直在关心她。

主要的治疗工作已经完成。塔米对父亲的重新定位使得她的内在客体关系得到了修正——她的那个拒绝性的父亲形象在软化，带来了她的自体形象的强健和巨大发展。现在，轮到我奇怪她为什么还来治疗了。

这里提供了一个例子：患者把部分自体投射给治疗师，而患者现在认同了她的客体，治疗了她自体。现在，我认同了她母亲的一个方面，于是我开始想我是否也在依附于塔米，以满足我的快乐。但塔米仍有东西需要学习，然后再反过来教给我。她的做法是：在记忆中，她把我当作内部客体；现在，她把我看做提供治疗性抱持的客体，她把这两部分结合起来，以检验对母亲的过度信任，而这正好阻碍了她去处理潜意识里体验到的被母亲的拒绝。

新的自体和与母亲的新的关系

在 5 月的一次治疗中，塔米告诉我她很享受在高年级舞会上与另一个男孩在一起的时间，但她只想与他成为朋友。去参加舞会对她来说是重要的事情。她很有分寸地处理好了这件事，这令我钦佩。过了一会儿，她开始告诉我，她记得她年幼的时候我办公室里的咖啡壶，她会往她的咖啡里放一大块糖。当她妈妈说她不能再那样做时，她便不再喜欢咖啡了。然后，她开始记起她的妈妈是个挑剔、鄙视他人的人。当她在治疗中画画并拿给她看时，她会批评她或嘲笑她。有一次，塔米照着另一个女孩的画也画了一幅，并把两幅画都拿给妈妈看，妈妈说她认为那个女孩画得更好，塔米被挫败了。

这是塔米第一次批评她的妈妈。她继续说，她妈妈在某种程度上并没有理解她。她记得因为妈妈没有理解她，她倒在地板上发脾气。

我曾思考的这一屏蔽记忆（第六章）令我格外感兴趣，因为我已经知道我的患者处于记忆形成阶段。我说："这不是关于一杯咖啡那么小或不重要的事情。关于咖啡壶的记忆可能代表了一系列痛苦的情感。"

塔米立刻说："是的。它一定与离婚有关。当她批评我时，我一定不想到我父亲那里去。"

我说："看上去那是对你心中完美母亲的第一次重击。你知道，如果你能把你父亲看成是更完整、更复杂的人，也许你也能那样看待你的母亲。"

她说："是的，我能那样看待妈妈，也许我该更多地和她谈谈。"

我说："你知道当你 6 岁时，因你和妈妈不能友好相处，她就把你带到这里吗？"

塔米说："我不记得了。我能记得的是我感到妈妈不理解我、批评我，但我不记得我有那么糟。"她笑了，幽默地摇摇头，并推测到，"也许在感到很沮丧、很失望后，我的表现是糟糕的，我必定责备了妈妈。"

塔米谈论这些内容时很轻松，并自在地承认了她感到非常不被妈妈理解以及难以与妈妈相处时的体验，这使我意识到她在治疗中走了多远。在那个时刻，我很感谢她从我的治疗努力中获益。

我们商定，等米拉姆来参加塔米的毕业典礼时，塔米可以带妈妈一起来治疗，这可能很棒。塔米给她妈妈打电话，邀请她一起来参加治疗。她对米拉姆的犹豫感到吃惊。米拉姆虽然表示如果塔米想要她来她就会来，但她显然有疑虑。

不知道米拉姆为何会有这些疑虑，塔米开始谈论她难以对母亲生气或不赞同她的观点。她害怕如果她对母亲说些什么，特别是当面对她说，她妈妈的反应会很激烈，那将会破坏她们的关系。她记得此前尽管她不同意米拉姆所说的，但她都会想："哦，妈妈一定是对的。"然后，塔米会等着妈妈的观点被确认。

她对母亲理想化的态度和11年前她要推开母亲时的表现的差异仍令我印象深刻。塔米通过理想化妈妈来掩盖所有其他的抗争，进一步压抑它们，以避免面对愤怒的母性内部客体的痛苦。现在，随着塔米修复了父亲的形象，双方都很勉强地产生了防御性的相互理想和依赖的关系。她们的核心关系没有被拆散，而这种关系从本质上说是好的——是核心自体与足够好的客体间的关系。当我看到塔米和她妈妈因接受了放弃她们的防御性理想化所带来的丧失时，我被感动了；我很高兴看到她们都能做到整合。

现在，塔米和我能讨论放弃对她父亲刻板的贬低如何使她意识到对母亲的理想化也不会长久。她说，在日复一日与他的关系中，她看到了他确实关心她，很多时候父亲都把她的利益放在第一位，即使有些时候他可能有些愚蠢。这也使她与继母的关系更近了。她更喜欢法耶了。法耶给了她一个装有心和花的小瓷盒作为礼物，塔米对法耶说她很高兴她们相处得比较好了，现在她感觉和父亲更亲近了。

然后，塔米又感觉愤怒、不愉快或不信任会威胁到她与母亲的关系——不是会令她们彼此不再爱对方，而是会毁掉某些珍贵的东西。例如，塔米告诉妈妈整个夏天她都会来治疗，但她并没有那么多的问题。她不确定她在做什么。但她妈妈曾经说过，"那么，我希望你确实能持续去治疗。你有问题。你没有很好地应对压力。"

在与我的治疗中，塔米因她母亲的这句话爆发了。她说妈妈住在西海岸，而她住在东海岸，妈妈会在西海岸较早的时候给她打电话，而那时对她来说已经是深夜了。塔米有时会很疲倦，如果她这一天很难熬，那么母亲的电话会终结一切。所以她会告诉母亲令她烦恼的事情。当妈妈说她不能处理压力时，实际上塔米过得挺愉快。塔米认为，在度过了相当艰难的一天后，她已经极好地应对了压力，所以她根本不能同意她妈妈的说法。她只是认为，当她承认并应对了艰难的时光后，她妈妈有时不想听她说她做得很好。

伴随着这个针对母亲的小小的情绪爆发，强烈的青春期分化的主题终于出现了。塔米的头脑变得更清楚了，而这个过程并没有从根本上侵蚀她对母亲的爱。事实上，她的爱表现得更清楚更持久，她能区分得更多。我与她谈论了她成为她自己的过程，从母亲的立场中划分出她自己的位置。我指出她以前对待事情的方式是不同的，她之前处理事情的方式是总说"妈妈一定是对的"，而新的方式是认为妈妈有时候是对的，有时候是错的。然后，塔米把这些与玛丽·卢奥对待她的方式联系起来，在依赖中，玛丽坚持认为塔米说的每句话都是正确的。那种想法也是不对的，也没有特别地使她安心。塔米知道她不会总是对的，所以如果有时候玛丽·卢奥与她的意见不一致会更好。

塔米也谈到了当发现与男朋友的关系没有"搞砸"时她的失望，因为她发现像玛丽·卢奥和以前所有的朋友那样，一旦她了解他们，所有的朋友关系都会不可避免地被搞砸，变得一片混乱。

我说这可能与她以前的恐惧有关，即她把其他男性都看成是她父亲那样的人。他们不会关心她，他们自己也会有很多的问题。我们讨论了她的朋友如何反映出了她自己内部状态。

她说："我猜人们总是有问题的，但可能与爱德那样的搞砸了不同。"她把这点与她妈妈前些时候曾说过的话联系起来，妈妈说如果塔米在不同的地方，可能会有不同的朋友。她最初恨妈妈那样说，现在她开始能理解了。

结束面谈的时候，塔米说她讨厌在问题还没有完全解决时就离开治疗的想法。但她承诺9月份和其他同伴一起去大学。她想要在离开的时候，一切都可以水落石出，弄明白她是谁，发生了什么。

我说如果我们不能在夏天的治疗中处理这些问题，那么我们可在以后再去解决。

结束治疗

7月和8月的工作按照这样的方式进行着。塔米的工作立足于妥协，并因其可信赖而受到表扬。在工作中，在适度的逆境中，她有保持快乐的能力。现在我很好地理想化了塔米，我发现与塔米一起共事的人——她的同伴和督导者——对她的评价是"令人高兴的"、"有洞察力的"。我在努力避免失去对她的防御性理想化。我内射性地认同了她的特征性防御。一旦我识别出这种反移情，我就能通过分享我失去治疗的内在自身体验来帮助她。我们讨论了终止治疗如何令人重复了早期的丧失。

在结束治疗的几周前，塔米说，"我就是不知道如果我没有机会来这里，我的生活会是怎样。我很高兴有机会学习了解我与父亲的关系，现在，我与他的关系不同了。我也很高兴能更多地理解了妈妈和我自己。我感到我终于可以开怀大笑了。"在我的内心中，我突然再次看到微笑的心（图5.1），意识到塔米将在一定程度上完整地保留理想化的防御，以此来作为处理丧失的一种方式。

在最后一次治疗中，她说："我本以为我准备好结束治疗了，但我现在不知道我是否真的准备好了。我想我还需要一个月的时间。但我再一次准备好了。我马上就要离开这里去上学了，我对我不知道的那些事有点担心。"她回顾了我们的工作，从起初不知如何定义她的问题，到解释其意义，再对它进行工作，然后康复。她已发现她来这里是为了：与爱德和玛丽·卢奥的关系，重新确立与父亲和继母的关系，最终有机会发展出与母亲的有现实感的、好的关系。她希望弟弟不会变软弱，不要回去与母亲一起生活，因为母亲仍住在与他人隔绝的地区，这无论是在学业上还是在社会性上对他都没有好处。鲁塞尔仍有困难的地方，如同任一个15岁的孩子会有的困难那样，他已经成了一个孤独的人。她仍喜欢他，希望秋季时他能与父亲和法耶一起去学校看她。她很高兴她来治疗。她已经改变了对我的印象，不再像9岁时那样不喜欢我。她想如果她现在有问题，她能很容易地找到我，或找其他人治疗。另一方面，她也感到她自己能解决问题。她准备好去面对即将发生的事情，看上去她也迫切地想要开始新生活。

我们谈到了丧失感和对未知的担忧，这是任何人都会有的感觉。我第一次对她说，她当初不喜欢我，其实是她9岁时还不能面对被她分裂的那部分父亲。她能够回来治疗，完成那部分工作，于是把我当作比较友好的人，这对我来说是多么美好。她微笑着表示同意。我们都承认再次相遇以有机会结束我们的工作是多么令人愉快。她开心地离开了。

结束治疗5个月后的圣诞节，塔米给我寄了一张圣诞贺卡。上面有两只神态可爱的动物，长着长长的耳朵和毛，一只动物笑着拥抱着另一只动物。贺卡上写着："满满的问候"。她写到："亲爱的沙夫医生，我刚度过大学的第一个学期，我想让你知道我在这里是多么快乐。这是个很棒的地方，我结识了很多独特的朋友。我写信给你主要是为了感谢你给予我的自信和你使我与父亲的关系更密切。你已是我生命中重要的、特别的部分。谢谢你。爱你的塔米。"

这个治疗的演变阐明了一个女孩的自体、自我身份的形成以及对客体的看法是如何在相互影响中发生变化的。在某些时候，转变直接在移情中发生，它不像十年前的移情，是温暖的正性移情，而不会受到来自父母的分裂、拒绝的形象的侵扰。

这次治疗进展很顺利，因为塔米已经准备好改变，因为她的外部客体——她的父母——已接受了治疗，能够用与以往不同的方式建立关系。

以往的角色关系被保留下来，因为他们熟悉它，因为塔米没有准备好改变内部客体。这次治疗建立在青少年发展的可能性和改变的意愿上。它建立在此前她与我的治疗——她内心已做好了准备——的基础上，也建立在她父母在治疗和分析中成长的基础上——她的外部客体做出改变，继而能支持她的改变，而此前他们是无法做到这些的。这些内部和外部因素作用的结果是，塔米能允许她的内部客体关系被目前与外部客体的体验和她自己成熟的感知能力修正。用这种方式，她建立了新的内部心理结构，从中也确定了成熟的自体。

伴随治疗的还有另一种自体和客体间的转换。有一种患者是令治疗师感到满足的客体。塔米是一个使治疗师满足的客体。如是，她治愈了我充满疑惑的治疗师自体部分，至少是短暂性的治愈。她无意识的影响令我改善，她治愈了自己的不确定，变得对自己有信心，知道自己想要什么，并能让其他人感受到他们也拥有这份自信并给予她。这种对治疗师经常存在的对治疗效果的疑惑和他促进康复的能力的疑虑的修复，就像当父母发现孩子们做得足够好时所获得的那种宽慰一样。这样的孩子强化了父母的自体从而可以抗拒持续的自我怀疑的侵蚀。塔米成为了这种类型的孩子，这样做时，她也成为了这种类型的患者。

第六章
屏蔽记忆的治疗性转变

早期记忆——不管是痛苦的还是快乐的——倾向于代表一个人早期经历的重要情境、关系以及感受的被时间凝固的缩影。这些记忆经常进入到早期心理治疗和精神分析中,像那些梦境和幻想一样浓缩了表面化的内部客体关系。因此,它们能够给事件或关系等提供细微但重要的线索,而这些事件和关系能够作为精神结构持续地影响患者的生活。

构成这些记忆的缩影对内部组织有着特殊的意义。对于那些能够回忆的人来说,这些记忆为那些能够回忆的人遗留了生动而真实的组成部分,但实际上,它们所表达的"事实"通常代表他们的"精神事实"。从一开始,由于孩子理解力有限,精神事实便置于这种扭曲之中,痛苦的生活环境要求孩子使精神事实成为内部客体结构的一部分。我们将在第十一章进一步探讨关于内置的扭曲的问题。

在进行心理治疗和精神分析的过程中,患者发现的那些最愉快的早期回忆通常是他们对那些痛苦的被否认、压抑、忽略以及充满家庭纷争的过去的补偿。这些记忆是为了解决那些不愉快的事件而形成的,而这个"治疗"

的过程可能是在幻想中完成的。例如，在治疗中发现，如果在甜蜜的家庭团聚之前有过痛苦的父母缺席，那么患者对父母温柔拥抱的记忆会被大大地强化。尽管患者表达出这些珍藏的关于父母的回忆也在对痛苦事件的压抑性防御中起了支持作用，但是做这样一个治疗性的联系，能够使患者意识到回忆多么美好。很多患者最早的回忆都具有这种双重效果。那些快乐、生动的早期回忆所反映的不仅是重拾往日的幸福时光，而且经常是个体对那些太痛苦以至于不能承受或回忆的往事的掩饰。他们伪装起对于停止渴望或感到被排除在父母的照顾之外的希望。在对亲子关系痛苦部分的压抑过程中，记忆起到了一个盖子的作用。即当治疗过程的一部分以这些屏蔽记忆渐进性修复为特征时，患者慢慢理解了更多的关于当时事件的外部事实以及原始事件如何让他构建起当时的屏蔽记忆的内部心理事实。

最早的记忆

在治疗期间，对最早的儿童期记忆的再忆主要集中在3～4岁。一些患者称，在回忆那些早期事件的过程中，这些记忆往往被家庭讨论或照片重构或强化。然而，某些人能够确信无疑地回忆起两岁以来的事件，如弗洛伊德的"狼人"能够回忆起他两岁时的那个著名的与父母交流的梦境（弗洛伊德，1981）。在成长及成熟的过程中，这些儿童早期回忆的意义大部分被改变了。

"屏蔽记忆"这一分析性术语令人想起一个类似的现象：梦的屏蔽——内部事件被投射到梦这一屏幕上，而这一投射中包含了一定的错误。经验被投射和连接以形成一个形象，这个形象把表面意义和潜藏的玄妙意义联系起来。这些早期记忆的结果可能是一个真实事件、一个童话故事、一部电影甚至是童年时的幻想。这样的记忆尤其特别，因为它们的存在强调了一个事实：人们忘记了那些发生于早期记忆之前的或当时的事件——包括忘记这些事件发生的背景。这些遗忘不仅仅包括记忆被被动侵蚀，同时还指主动将其从意识已中分裂开来并压抑下去，这个被排除在外的过程就是弗洛伊德（1895）用于精神动力治疗及精神分析的最早的原理。

并不是所有的早期记忆都是关于性的，但是关于性的记忆往往是被强烈压抑的对象。例如，那些曾经在童年目睹过父母做爱的患者往往不能回忆起这件事情。相反，他们会清楚地记得发生于闯入父母房间后的另一件创伤性的偶然事件，或者干脆认为自己像往常一样睡在自己的房间里。最近关于青少年性虐待的研究表明，如果性或其他方式的虐待达到创伤的程度，压抑就会被加强，以至于造成对痛苦经历的分离和压抑病态地扩大，从而使心理结构进入一个分离状态（Terr，1991）。对于这些患者和遭遇非极度艰难的人来说，在心理治疗过程中检验这些早期记忆的真实性，将有助于找到这些早期记忆的最初含义。

亚当，一个28岁的男人，因为研究生毕业以后不能胜任工程师的工作而求助于精神分析。他没有找到工作，这就意味着他要依靠未婚妻希拉的经济支持，正如他在大学和研究所读书期间要接受第一任妻子的支持一样。不久之前，亚当告诉我他非常妒忌希拉。在生动的嫉妒幻想中，亚当总是不断地想象希拉与她诸位前男友在床上的情景。他不断地纠缠她回答那些关于先前性经历的问题。亚当担心希拉无法忍受自己的这种纠缠而跟他分手。

在分析治疗初期，亚当很容易地记起3岁时的事情。首先是他被自己的母亲关在门外，大门轰然在他面前关闭。他孤独且饥肠辘辘，他想去邻居家要点东西吃，但他为此感到羞愧，因为母亲是不会允许他这么做的。

第二个回忆是父母带他和妹妹去看他们新建的房子，当亚当跟妹妹在院子里玩耍的时候，他摔倒了并伤到膝盖。膝盖流血了，亚当跑到屋子里找父母，当父亲看到他要跑进来时竟然无情地让他停下，更残忍的是，父亲竟然阻止母亲安慰他。

在分析过程中，这两段记忆反复出现，因为它们是亚当能回忆起的、与使他寻求心理治疗的情感相似的最早的记忆。慢慢地，他从对父亲的怨恨中意识到，他记忆中的排斥、伤害以及羞愧并不是这些事件造成的。在进行精神分析治疗两年后，亚当忽然将这些回忆与童年时所熟知的排斥感觉联系起来了，妈妈在亚当13个月大的时候有了第三个孩子。

现在真实的记忆浮出水面：他的父亲阻止他进入房间是因为他的妈妈正在那里照料小弟弟。亚当现在能够明白那些被滤过的记忆中被厉声斥责、孤独以及饥饿的含义了，他将此与那些他曾经被告知的情况联系了起来，这些情况以前从来没有在情感上触动过他。他1岁的时候一直是跟父母睡在一个房间，直到妹妹出生。在他的第二个回忆中，妹妹一直与他住在新房子中。这个记忆现在有了新的意义，因为他明白了当妹妹出生以后他经历的那些排斥和愤怒的含义。就像记忆中在饥饿和徘徊时那样，他不仅想和妈妈在一起的时间多一点，而且也想为此主动挑战年幼的妹妹和父亲。

将第二个回忆扩展开来，他现在回忆起关于摔伤膝盖的真实情况了。那些年来他肯定是感到非常被排斥，尤其是当父母一起进入那个新房子而把他和妹妹留在外面的时候。他为了补偿这种孤独感和被排斥感，他以一个非常"男人"的方式向妹妹炫耀：从一辆独轮车上跳下来。妹妹是他的补偿性客体，他在这种自恋的鲁莽行为中摔到地上，膝盖碰在建筑设备上。亚当感到受伤害和被轻视，于是冲向母亲寻求安慰。当父亲向他吼叫要他离开，以免伤口沾染新的、未密封的地板时，亚当再次体验到被父亲从母亲身边排斥开来。总而言之，被母亲拒绝的体验嫁接到了俄狄浦斯情结上。因此，追溯到其3岁时的创伤记忆只不过是一种浓缩而已。这种简单化的浓缩之下所掩盖的是他在与其家庭成员互动中所形成的痛苦的客体关系的复杂结构。于是，记忆就建构并传递了内部客体结构，表现为重复的、类似的、痛苦的渴望和被拒绝持续地主宰了患者的青春期和成年期的关系。亚当对这些记忆的重新加工既是转变内部客体关系的手段也是参照点。

有时，当早期记忆能够被理解的背景被剥夺时，早期记忆常常会产生扭曲，而这种扭曲可经由外部生活事件得以还原。不过，这些时刻为患者提供了治疗性成长的机会。

艾瑞克，36岁，对一个特定的童年期事件非常确信。作为一个成年人，他常嘲笑自己对这件事产生的情感。事情是这样的。当他三岁半的时候，他对弟弟的即将出生非常有热情。但是当父母将弟弟从医院抱回家时，他们拒绝让艾瑞克抱这个婴儿。他认为父母通过合理的理由，谨慎小心地拒绝让他抱这个新生儿。在治疗过程中，他理解到童年期的愤怒反映了自童年以来的许多年里，他因父母关心弟弟而体验到的嫉妒和被取代感。

艾瑞克惊讶地发现，在被人遗忘的家庭电影储藏室里，有一段记录33年前刚出生的弟弟回家时的影片。最引人注目的一幕是父母微笑着把婴儿放在艾瑞克的腿上，宠着艾瑞克这个得意而又备受娇纵的长子。就在那时，艾瑞克能够意识到，这么些年来所受到的伤害已经改变了他的记忆，以证明他对所爱的弟弟的嫉妒是正当的。

童年后期的记忆

自性潜伏期开始的童年记忆常与在痛苦的生活片断中的较好回忆相关联。但这些体验仍会出现分裂的现象。人们可能会把他们的记忆与家庭整体背景隔离，或对某个情节过度倾注痛苦的情感以使周围的背景显得更温和。最痛苦的回忆通常代表环境和关系的浓缩。由于性潜伏期儿童理性思维和回忆的能力增强，性潜伏期记忆可能显得更有意义。对羞耻、耻辱和无能力的记忆令童年后期对人来说尤其痛苦，因为较年长的儿童有较强的记忆能力，这些记忆不像较早期的记忆那么容易被压抑。

在心理治疗过程中，艾伦，30岁，回忆起8岁时参加为期两个月的夏令营时憋大便而弄脏裤子的羞耻情景。他记得使用公共厕所时害怕被其他人奚落，惧怕被同屋睡在他旁边的人欺负。想到夏令营就会令他感到痛苦，并把躯体羞耻和弥漫性的个人的无能力感混合在一起。

在心理治疗中，艾伦把他第一次夏天长期离开父母期间憋大便及无能力感与更一般的焦虑联系起来，意识到他的父母在那段时间必定有矛盾，尽管他们一年后才分居。回顾过去，他了解到父亲有婚外情，母亲感到孤独和气愤，艾伦参加夏令营前父亲的无情和拒绝反映了他难以接受妻子更喜欢对儿子亲近，也反映了他对即将来临的家庭破裂感到内疚。

因为卫生间马桶之间没有墙作分隔，使他暴露在较大孩子和男人的审视中，艾伦对卫生间的公共性感到羞耻，发展出憋大便的行为。当然，他没有意识到，他把对父亲的愤怒和谴责投射到这上面。在治疗中，当艾伦能够理解憋大便及大便泄漏最终是伴随着对这种情况的表达时，他能对自己童年时的孤独、对爱他的妈妈的渴望、对愤怒焦虑的父亲的可怕的渴望进行共情。他也能明白他对母亲的爱在某种程度上阻碍了父母彼此的情感，在家中诱发了父亲对他的攻击，他把冷酷的父亲形象投射到夏令营的同伴和咨询师身上，诱发了他对这些父亲的替代者的攻击。艾伦的这些认识对成年的他而言，在很大程度上减轻了他残余的羞耻感和无能力感。

随着艾伦理解了投射到咨询师身上的对父母亲移情，他能把治疗师当作值得信任的人。艾伦决定加强治疗，1个月后开始精神分析。当1年后有关夏令营的记忆出现，并对其进行重新加工时，艾伦发现他把父亲的形象分裂为两部分：以蔑视他的咨询师和较大儿童的形式出现的坏父亲形象，他害怕他们会打他；以排泄物客体形式出现的好父亲形象，他努力想把它保留在体内，抱持住。他的肛欲期进退两难的境地，即无论受到怎样的威胁都努力要留住客体，使他免于面对精神分析所说的阉割焦虑、与夏令营年长男孩子竞争的恐惧及对最终与父亲竞争并取代他的幻想的恐惧。

青春期记忆

青少年在青春期仍会发生对记忆的潜意识歪曲。在有过紊乱但仍良好成长的青少年中，可见到严重的记忆歪曲。下面的案例是关于一个边缘型人格的女孩的记忆，包括创伤性丧失的记忆，说明了性的内容常创伤性地与攻击性幻想交织在一起。

朱迪·格林，一个14岁的女孩（在第八章有对她家庭的介绍）因服用100片阿斯匹林而入院。她说住院前1个月，她目睹了一辆汽车倒车时压到一个婴儿，婴儿当场死亡。她强调自己本应救这个孩子，但因为自己希望他死去，所以她没能呼叫。朱迪似乎相信这个故事，声称这是她内疚和自杀性抑郁的原因。然而，有人明确证实她并未出现在惨剧现场。她伪造了一段记忆，以适应别样的无名内疚之所需。

在心理治疗中，我们最后看到这段创造的、几近谋杀的记忆与朱迪内在混乱的许多方面有关，使她内在的破坏幻想有了表现的形式。她与一些男孩有过未采取避孕措施的性关系，她炫耀这些乱交，是在潜意识地请求父母阻止她。最后，她承认对母亲潜意识里支持这种不顾一切的性行为而感到失望。朱迪的"记忆"歪曲了自己的现实感，使自己被控谋杀的意图是她确实谴责母亲纵容她让她伤害自己，但把它归咎在自己身上。伪造的记忆深处是对母亲潜意识的指控。在朱迪对父亲早期的性爱依恋中，我们进一步发现了谴责的来源。她的父亲尽管没有性虐待她，但当他感到被朱迪的母亲拒绝时，显然引诱了她。朱迪6岁时父亲死了。后来，从10岁时开始，朱迪与她的哥哥有整整1年的乱伦关系，当时她哥哥13岁。歪曲的婴儿死亡的记忆具体表现了这些经年累月的被忽视、丧失、未满足的渴望自己成为婴儿的情感，渴望与死去的父亲生个孩子的俄狄浦斯幻想的情感，以及渴望谋杀这个幻想中的婴儿的情感、渴望谋杀与哥哥实现这个生孩子的情感体验。

朱迪记忆的歪曲与年幼儿童正常的歪曲事实类似，表明了青少年精神病理的严重程度。早年经历过严重创伤性丧失的青少年常产生像朱迪这样分离性的、边缘的人格结构，因此，在记忆的形成、储存的过程中，自体与客体的严重分裂就变得尤为突出。在治疗的过程中，对记忆的修复是修复和整合他们自体和客体关系的标志和途径。

成人记忆的歪曲

不仅儿童和青少年在痛苦的环境下会歪曲记忆，在此情况下，成人的记忆也会受到类似的影响。两年后，与朱迪进行的家庭治疗揭示了成人对痛苦记忆的歪曲，如她的母亲和继父。如果没有边缘或精神病性的特点，记忆歪曲常代表不能建立事件间的联系，而非公开的弄虚作假。

现在朱迪的现实检验能力恢复正常。其家庭艰难地试图理解其早期的经历。在一次家庭治疗中，朱迪的母亲——格林夫人回忆起几年前，她两岁的儿子鲍勃在家外面游逛，走到了高速公路的中间地带。对格林夫人来说这意味着鲍勃是多么地不可控制。但朱迪想起了一些事（她现在为了产生治疗性连接而用功读书了）。她记得这件事发生在她与哥哥发生乱伦关系不久以后。想到家庭的这一方面后，他们能一起揭开笼罩在一大段共同的孤独和恐惧时光的记忆之上的幕布。格林夫妇现在回忆起他们婚姻早期的那些不愉快。当时，格林夫人无法照顾5个孩子，憔悴地躺在床上，而格林先生——一个老男人——直到40岁才结婚，他被新的突如其来的责任压倒。发现这些之后，这个家庭获得更大的能力去消化过去发生的事情，但他们仍受这些事情的困扰，因为他们都潜意识地一致压抑它们，以免被这些事情再次压倒。在这次治疗里，他们向自己承认，孩子未受到监护而乱跑的事件发生在被父母忽视的情况下，这是这些年来他们每个人都感到绝望、感到被忽视和被这些情感所淹没的结果。一旦朱迪的青春期症状不再从家庭记忆的情境中分裂出去，格林夫妇和朱迪自己就能理解它表达了家庭共有的绝望，在相互理解的基础上转移，并能为每个人都提供巩固的抱持。家庭促使个体成员加工旧记忆能力的增强，对此在第八章有说明，这直接地、相当大地促进了家庭整体提高抱持的能力。

如同青少年在同龄人面前发现无能力的或羞耻的记忆是令人痛苦的一样，成人在治疗中暴露出孩子般的易受伤害时也会发现这个过程具有威胁。感到弱小或不被爱这样的小事情可能也是痛苦回忆和回顾性记忆伪造的主角，就如同在朱迪的家庭中出现的那样。其中，某些记忆可能与创伤后应激障碍、战争的创伤性情节或一个人对防止抢劫或强奸感到无助的情节有关。反复出现的梦魇、闪回或反复思考都是在试图在心理上掌控这些事件，因而不断增加患者对创伤事件的重新体验。

当出现家庭范围的经历歪曲时，家庭成员可通过努力分享痛苦时期或环境中的记忆，来治疗性地工作。以前每一个体感到痛苦时，他们需要通过把防御过程与互动方式结合起来从而把痛苦最小化，这样就改建了精神现实，从而以表面上不那么痛苦的方式解释事件（Reiss, 1981）。格林一家的家庭范围的记忆歪曲已被多种不同的成员间及与广阔世界的一系列互动永久保存，然后创伤就经由朱迪的性行为和其他家庭成员的症状体现出来，如小弟的学习很差。家庭成员的行为和互动在集体和个体的水平上成为了回忆的替代物（Freud, 1914）。朱迪与哥哥的乱伦情节、青春期的乱交及自杀企图都效力于使对家庭不愉快的关系和事件的"记忆"继续存在下去，但从家庭的角度来看，也要埋藏它。个别治疗和家庭治疗使每个成员将家庭作为一个整体，一起回顾并重现他们的记忆，找到它们对家庭发展的意义。

一旦做到这一点，家庭成员就会被赋予力量，回忆并消化而不是继续将被遗忘的事件付诸行动。

成长中的孩子、青少年和成人以不同的方式处理痛苦的记忆。如同我们已经看到的，这些记忆最常代表了痛苦和冲突事件浓缩的对象。它们可能会发生于任何年龄，涉及那些感到弱小、不被人爱或被羞辱的痛苦。年幼的儿童可能更容易压抑记忆情景或记忆本身，因为压抑和遗忘适合这个年龄段儿童的心理发展和同时期的心理结构。压抑对青少年或成人就不那么适合，除非他们遭受了自我分裂、分离或形成边缘型人格结构，否则他们会采用暗中的或公开的回顾性伪造记忆。

家庭经常集体潜意识地达成一致，试图"忘记"或歪曲既定的事实。当这种情况发生时，我们常看到通过一系列强迫性重复的人际互动，记忆仍处于静止状态。对家庭成员间的回顾性歪曲和家庭成员间相应的互动的治疗性研究将引导对每个家庭成员内部精神维度及作为家庭集体潜意识结构的自体和客体的分析。第八章通过与格林一家的工作将对此进一步举例说明。

第七章
治疗中自体的出现

内在客体是在与治疗师的关系中孕育而生的。患者会把治疗师体验为背景中的帮助者、为成长提供机会和空间的父母。患者也把治疗师当作欲望和仇恨的客体——母亲客体和父亲客体。患者在这二者间的混乱和协作中挣扎。在探索与它们的关系的过程中,患者可能会找到他的自体。

治疗或分析的过程将内在客体作为学习和修正的一个焦点。这样,在安全的治疗或分析中,我们希望为患者压抑的、隐藏的、常常迷失的内在世界提供一个可以修复、修正的天堂和进行创造性工作的空间。

我们已经注意到,在母亲张开双臂环抱的抱持中,婴儿能够自由地发现他自己,成为他自己,然后有了温尼科特(1971a)所说的继续存在的尝试。就如同母亲为婴儿提供了张开双臂的环抱,治疗师为患者提供了治疗性空间,患者可以在其内进行探索和成长。

从客体关系的角度来看,治疗的过程始于对患者的客体和客体关系的考察。起初,分析师或治疗师提供了揭示和考察客体的情境。治疗师和患者共同察看患者向移情的臂膀里呈递的客体,他们能在里面翻来覆去地看这些客体，也能开始观察自己与这些客体的关系。用这种推导的衍生形式，治疗师开始通过客体的口头描述来揭其所在隐念的患者的自体部分。治疗师最初需要巧妙地对这些被间接揭示的患者的自体进行评论，特别是当患者因自恋性脆弱而容易受伤的时候。

随着治疗工作的进展，所产生的移情和反移情体验是有关患者自体的另一个信息来源。首先，治疗师会被当作一个如父母般提供抱持的客体，被期望为一个能推动治疗并同情患者的客体。如同第三章介绍的，当患者使治疗师成为其分离的内部客体早期的投射焦点（即成为移情的焦点）时，那么他为治疗师提供的最重要的信息是患者害怕治疗师不足以提供抱持的环境。

只有当以后的治疗能提供稳定的、成为容器的安全性时，当治疗师与患者的部分自体具有亲密关系时，患者分离的内部客体才能在治疗进程中自然地投射到治疗师身上。这意味着长程密集心理治疗或精神分析的中期来临——在中期阶段，治疗师提供了抱持的客体，并由那种可调节的灵活性坚定的支持但柔韧的淬炼——治疗师就是在这种艰难的、经时间检验的工作关系中赢得了对治疗来访者的自信。

表达自体：费尔南多·冈萨雷斯的例子

患者不到最终足够信任治疗师而把客体投放在治疗师身上之前，患者是不会把自体交付出去的。患者要求治疗师提供抱持，然后是提供其内部客体的容身之所，允许以隐藏于此前描述过的内部客体的伪装的自体形式显露出来。这种逆转标志着以下两种治疗的质的区别：一是早期探索性的心理治疗，间接通过讨论客体处理自体的问题；二是后来更密集的治疗工作，随着自体的显露更直接地聚焦于它。治疗师实际上体验到患者内部客体的生活聚集于更直接处理自体的暴露，因为患者通过投射性认同把它扔给了治疗师。

从患者的角度来看，内部客体和这部分自体作为自体或自我的部分有着同等的地位。内在精神组织把某些部分确认为自体的部分，而其余的内部客体带着外部客体的遗留物（Fairbairn, 1952, Ogden, 1986）。

我在此处描述的患者在他的长程分析治疗中，有一个不寻常之处，这也成为了治疗分析的主要议题：他对我没有特别的感觉。分析治疗中开始后不久，当我第一次想要针对移情说点什么的时候，他就提到了这一点。当时，我怀疑自己太早地强调了他的情感缺乏，好像那是我的问题，我想要他关心我。但是，我越来越清晰地看到他对我缺乏正性的情感是他没有能力在亲密的、长期的关系中对其他人有正性情感的延伸。这个患者呈现了母子关系的早期基本的困难，随后形成倒错同性恋结构的核心（McDougall, 1985, 1986）。在对这个男人的描述中，特别是我们将进行详细分析的部分，我想要阐明他如何利用治疗师来定义他那正在形成中的自体。

费尔南多·冈萨雷斯

"你认为我是同性恋吗？"在评估中费尔南多问我，几乎看不出他有一点抑郁。

"我不知道你是不是。看上去你不确定你的性伴侣应是男人还是女人。"我回答道。

费尔南多发现我的陈述不寻常地鼓舞着他。他抓住了这一点。"我从未放弃娶妻生子的愿望，即使我总是发现男人比女人更令我兴奋。"

费尔南多·冈萨雷斯是个39岁的经济师，他的父母是南美人；他的父亲是外交官，娶了一个富有的拉丁人家的美丽女儿。他来找我是因为在同性恋性行为中不能维持勃起的问题。在过去7年中，他只有同性恋行为，此前有过双性恋的情感体验和性关系，他曾因不能面对婚姻而与一个年轻的男朋友分手了。然而，在随后的几年中，他继续与男性和女性均有性关系。在前次心理治疗失败后，他逐渐缓慢地滑入到同性恋关系中。

在社交中，费尔南多与男性和女性均保持着长期的关系。

他的许多亲密的友谊持续多年,但他不能把个人的亲密与性的亲密联系起来。他与男人的性关系是短暂的,并不令人满意。他希望男人对他有兴趣,但他们没有这样做,他追寻的男人是妥协的客体,也不是最理想的客体。因为性,他被驱使着以匿名的、偷偷摸摸的方式与男性发生性关系,他为此感到可耻。

我们逐渐理解到费尔南多对我缺少感情不仅仅是巧合。它重复了他母亲的情感退缩,他恨她,谴责她。他认为她一直都在强迫他、限制他,使他的男子气发展受阻,妨碍他发展其他重要的关系,特别是阻碍费尔南多与父亲建立关系。费尔南多描述世故的父亲在家中是谦恭的、被动的,因为妻子的狭隘和控制欲而被轻视,偶尔与儿子有微弱的联系。费尔南多对父亲的渴望被对妈妈的怨恨和暴怒所淹没,几乎都无法被觉察到。在移情中,他对我缺乏正性感情正说明了这一点。他能毫无困难地对我的收费、取消治疗的策略、我的财产和生活方式表达愤怒。他能很容易地表达对我的尊敬,渴望我能帮助他做出根本的改变——而在开始分析治疗前他从未期望过会有变化,他感谢我愿意坦诚地以男人对男人的方式面对他的许多问题。但他反复强调他没有感到我的一点温暖。慢慢地,我们开始理解他对我缺乏感情与他不能在与任何人的亲密关系中有性的情感有关。

最后,我们知道这实际上不同于对与女人的亲密的恐惧,但它构成了客体关系,他感到没有可以让他认同的父亲,没有可以引导他、支持他的父亲,而我成了他缺少的父亲。他不可能对我产生温暖的情感体验,因为他对能够有一位接受这种情感并给予回报的父亲感到绝望。这是他不顾一切地、急于寻找同性恋关系的基础,但他寻找的对象都是比他小的男性,对他们来说,他是一位父亲或是变成没有阴茎的男人——在树林里或色情书店里随意与人口交,没有未来。他渴望从男人那里获得阴茎,获得阴茎能让他自己的阴茎神奇地勃起,因为他对拥有一位内在的父亲客体感到绝望。没有这个阴茎，他对成为一个能爱女人且女人也爱他而不会掌控他、毁灭他的男人感到绝望。

他的一个梦预示了绝望与合作之间的转变。他梦到在与一个男人口交，同时这个男人在与一个女人性交。他感到这是个古怪的梦令他兴奋、害怕，认为这个梦有启示性。在那个男人的口交中，他的阴茎能勃起，然后能够穿透那个男人进入到那个女人的体内。通过这种方式，那个男人为他建立了性的联系，而他能够脱离被女人吞没的危险。我感到这个梦怀有一种希望，这个男人把阴茎放进费尔南多体内，这样费尔南多就获得了另一个男人的力量，但这正是费尔南多阻碍了的渴求。他既不能允许男人也不能允许女人进入他体内。也就是说，他不能体验到对男性或女性客体的欲望——以免他们掌控他。

这就是移情。在精神分析性的咨询室内，尽管我坐在他的后面，但费尔南多在情感上是在我的后面，他希望从后面偷去我的勃起，或获得亲密关系而不允许我进入他。通过进入我体内而不允许我进入他体内，他能从我这里获得他所需要的性交能力，至少他感到能借由我到达那个女人。经由我也过滤掉了与女性建立关系的渴望，他通过利用我与女性保持距离。我成了他所渴望的自体。

费尔南多仍没有实质性的勃起，甚至自慰时也不能。在分析治疗开始前的初始访谈中，测试显示他的勃起困难主要是心理上的。我对此怀疑。他在亲密关系上的能力最初是受限的，因此我们达成一致，在他能忍受亲密关系之前不使用任何躯体性的医学干预措施。在他离开其他男人的前几个月里，他对开始结交的女性是如此的恐惧，以至于他不能勃起。尽管分析治疗减轻了他的恐惧，他依然有勃起困难。费尔南多把此归结为对不能做到勃起感到的难堪。我仍对器质性的原因存有疑虑，于是说我认为是时候该第二次请泌尿科医生会诊，查找有无不能勃起的器质性原因。这次两位会诊医生都认为勃起困难有器质性原因。一位建议他进

140

行骨盆血管手术；另一位建议费尔南多尝试向阴茎体注射罂素碱，这是在近几年已经规范化的治疗方式（Virag et al., 1984）。费尔南多选择了注射罂素碱治疗，确实重获了勃起功能，即使不注射罂素碱，维持勃起的能力也有某些提高。

不久，费尔南多就与一名在他的生活中徘徊了多年的女性建立了性关系。他感到与她在一起时确实有勃起，但她不是他的意中人。他感激她与他建立了20年来他能忍受的第一段性关系，不过他还是与她分手了，他想要看看他能不能维持除性以外的更令他满意的关系。这次在扩展界限时，他感到了一种试探性的、受惊吓的希望。

成为本章焦点的这一个小时出现在发生充满希望的但不确定的转变的时刻。它始于一个梦，描绘了费尔南多把治疗性的抱持关系体验为一个能够工作和成长的成熟环境及我对他意味着什么。地平线上出现了一个新的女性，但当这个时刻出现时，仍不清楚他们是否能建立完美的亲密关系。这个新关系最终是成熟的。它发展为他生命中第一次令他在性欲和情感上都感到满意的关系。但在开始时，他并不确信这段关系会有所进展。在不确信时，他仍尽全力去盼望。

在随后的一次治疗中，费尔南多频繁地使用"你"这个字指他自己。因为在治疗室内，语法上我已是"你"，我相信他通过使用"你"来把我作为一个为他建立自体服务的客体。语法上的语义不明确包含着我和他之间的深深困惑，这是他寻找自体过程的特征。我已将阐明这个过程的时间部分用黑体标出来了。

费尔南多用梦开始了这一个小时的治疗："我梦到一个建筑，是我经常梦到的建筑，正在进行装修。那有个男人，是这个场景的一部分，安全的部分，与性无关。背景中他是助人的。我并没有好好地记住这个梦。"

"我对这个梦有两点想法。我怀疑是否因存在同性恋的成分，我压抑了它，所以我记不清这个梦。但也许这是个好梦，梦中的男人就是你。我与你有安全的关系，它使我快乐。装修是我对家的寻找，是心理上的装修，但我不知道是不是这样。这是我发掘出的，可能不是这样，但这是我想到的。"

我说："你在担心。你希望这个梦是正性的标志，希望它对我和你自己都是来之不易的好情感的征兆，但其中也潜伏着不好的情感，你怀疑有同性恋的成分，意味着你仍旧处于冲突中。"

他沉默了几分钟。"我接受了你的评论，好像我没有任何反应、任何感受，就是已经存在了很长时间的那种对你"没感觉"。我想我不想听到我还处于冲突中。我想脱离冲突！"

"我的朋友特德几周前失业了。他非常沮丧，昨天他妻子说她可能会提出离婚。他说他对妻子离开的方式深感悲伤，以至于他不能对眼前的低迷作出任何反应。我熟悉这种感受。**你对自己的存在方式是如此厌倦，如此不堪重负**。我读过弗洛伊德的文章，他说有时症状恰恰会因耗竭而消失，被消磨殆尽。我有时感到我就是这样。"

当他第一次用"你"指他自己或处于他的位置的某人时，我感到震惊，好像他已经进入到我的体内而获得了自体。随着他在接下来的几分钟继续讲话，我感到我几乎**成为**了他。

"我确实想扔掉这些负担，但这不是合适的意象。它就像……**你里面有个空间，充满了努力，充满了你为之付出的东西。努力就是引流管。或者那个空间充满了能给你能量的东西，给你给养，给予你力量而不是让你衰竭。所以，不仅仅要除去负担，还应代之以某些东西，能带给你积极事物的东西**。"

然后，有时他对我放手了，**对**我说对他自己的不明确，好像允许我再次成为我自己。

"我领会了与你的关系。我不断坚持，我个人性格中不具备能给我尊严的参照点。我缺乏那样一种榜样或标准。所以我所拥有的是一堆混杂物，我相信某些部分，不相信其他部分。有些东西通过不断重复变成了现实。"

"不久前的某个夜里，我向玛丽安承认我是块未经打磨的钻石。我没有宗教信仰，没有规则，没有判断对或错的原则。不，我有判断对或错的原则，但我不知道为什么会有这样的原则。所有的证据、所有的资源都在那里，但我却感觉不到它们。我不知道自己的体重、体形以及构成我身体的实质。我没有找到它们。我羡慕那些看上去拥有这些的人，当我是个孩子的时候就从未拥有它们而我成年后亦如此。这是我想从你那里或通过你——一个成人的参照点——获得的东西，某些能让我知道如何在这个世界上发挥功能的东西。"

现在，他再次开始用"你"指他自己，令人头晕目炫地在"你"和"我"之间转换。

"对我来说这好像实际上意味着寻找。我自信的匮乏，可怜的自我意象，所有都围绕着一个空虚的点。**你的人格始于何处？力量源自哪里？你的信念呢？你的自信呢？当你开始认真为我考虑那些时，它是空的！**所以我人格的这些部分像一只只饿犬围绕着一个空碗绕圈子——饥饿而迷茫。我猜想食物应该在那里，但那里却没有东西可吃。我有所有这些想法和自体的碎片，但没有东西能把它们结合起来。当我动摇的时候，没有什么东西可以让我组成一致的信念。我是有权选择，但我不知道要做什么。我会去教堂里寻求答案，但我也没有在那里找到它。"

"我很幸运能来这里接受分析治疗，寻找某些东西来填充它。我不是科学家，但我脑海中有个图像，松散的原子粒子在一个确定的空间里不协调地、不一致地曲折运动着。**然后，你对这个空间做了些什么，轰击（zap）它，给它秩序。然后，它们就建立了秩序。**我感到我是个原子，我被击碎了。所有的粒子都在旋转，不知道要做什么。"

我感到精疲力竭，惯于用自体"轰击"（zap）他，好像他已经用性爱的动作把他的自体从我身上吸取出去。

我说："我认为你没有注意到你在用'你'这个字来指你自己而不是指我。你感到你内心需要我来形成你自己吗？我是你那你想拥有其活力（zap）的父亲吗？"

他停顿了一下。"我有个基本的需要，需要一个中心，一个家，一个父亲——一个'家长的声音'，一个形象让我能感到我来自哪里！也就是说，一个父亲。我做不到。这就是冲突的来源。我竭尽全力地与父亲并肩而战，并为了父亲而战。我几乎不想像我的父亲一样，但我在许多方面都与他相像，我不喜欢这样，不想像他一样怯懦、被动。我不想那样。

"如果你对可能是你的来源的东西尖叫、斗争，你会做什么？你该如何停止斗争，获得你所想要的来源？你想构造没有他的生活，你根本做不到！我不必像他。但那个位置本该是他的，我又能把谁放在那里呢？"

我说："斗争并没有结束。如果我是你父亲，你的来源，你害怕我会掌控你，害怕我出于我的目的而使用你。"

"冲突还在，这是关键，**因为我不会像他**！我承诺不会像他，但我不知道除此之外我还能做什么。我如何把他排除在外，却还能保留某人或一个父亲应有的东西？或许我对父亲的指责太多了。我努力描述我想要的东西。但那可能也不是来自他。我猜你会认为它不是。但我不必认为我永远不会有自信。我在这里是因为我相信我不必像他。我能够胜任并有所成就。不过，我还不能解决这两个问题。我不能消除对于像他的恐惧。我不能放弃对父亲、对上帝的渴望，这是我去教堂的原因，是我所寻找的另一部分，只是还未找到。"

这次治疗快结束了。我说："对你来说，如何找到令你满意的自我意象仍是个难题。你仍感到你不得不找出你需要什么以及你需要谁来补偿你所没有的感觉——拥有你长久以来缺失的父亲。没有他，你找不到你自己，找不到那个能够令你为之形成一个整体的东西。你想从我这里获得它，但它令你恐惧。"

"是的！"他说。"事实上，我认为性能帮助我，像与玛丽安——一个关心我而我也能与她在一起、关心她的女人的性关系。随着时间流逝，它帮助我建立自我意象。去年，我和海伦分手前，我开始感到有这种感觉。分手前我和她有性行为，我开始感觉到有力量的源泉。我本没有力量的源泉。我和她分手是因为我开始感到我不再需要被我们两人人格的弱点控制。但力量源自我与她的性关系。我对和她分手并不后悔。分手是健康的，但它使我处于地狱的边缘。我还没有找到其他的力量源泉，可以取代在与她的性关系中获得的力量源泉。"

我们两人都体验到这次治疗是一种确认。在这个小时内，费尔南多总结了移情的最前沿——与父亲的关系，这是前面主要发生的事情。他用超出我自身的话语为我澄清了分析情境，然而这与我和他一起工作的体验是一致的。

这一小时的治疗开始于他的梦，梦中一个建筑在装修，一个男人——被看成是我——是背景中有帮助的一部分。费尔南多经常梦到建筑物，他把它看做是自己的人格、寻找他自己的意象。梦不够清晰，但随着他讲述梦，他清楚地说我就是那个助人的男人。他与我有安全的关系，这么多年来他对父亲或对我没有正性的情感体验，但现在他感到了戏剧性的转变。

这是他把我当作情境中的父亲而找到我时的描述，我被描述为一个能抱持并为费尔南多提供居住空间的父亲。这个发现令他感到快乐。

不过，还有一部分压抑的冲突。他担心有同性恋关系。在这一小时内，我思考这些年来他寻找父亲的努力，通过寻找同性恋

第七章 治疗中自体的出现

关系寻求一个身份。现在，他为这些渴望感到难堪，感觉受到威胁，但他把我感受为一个具有提供抱持特点的人。这次治疗开始时，他描述了朋友特德没有工作，没人关心他，以此描述了他自己的绝望，为了防御这种绝望，他把与情景中双亲的关系情欲化，对此他感到不满意，感到受到折磨。

费尔南多的绝望最初始于与母亲的关系，他感到一开始就受到了她的控制。他感到是她的侵入，剥夺了他的自体，挖掉了他自体的核心，同时不允许他接近那些可能会给他提供发现自体空间的人。在这种情况下，他在潜意识里发展出转向男人的策略，不仅是为了获得张开双臂的抱持——对此他不顾一切地向往着，而且为了能够受精，他开始感觉到需要产生补偿性的、新的自体。我相信，事实上他认同了母亲，她实际上也感到需要从一个男人那里受精，以形成自体。被动的丈夫令她感到受挫，可能在他之前是她的父亲令她受挫，她似乎企图通过拿走费尔南多的男子气和人格，内射性地从他身上吸取它们，试图从他身上得到一个自体（Bollas，1987）。我相信，费尔南多感受到的她的控制是她试图把他的活力吸入到她体内。然而，费尔南多感到被她控制。他感到妈妈试图浇铸他，令他僵硬得死去，然后从他身上偷走他的自体。

在这个小时内，费尔南多随后讨论了我向他提供的外部抱持带来的内部结果。他把这个内在空间描述为"充满了努力，充满了你为之付出的东西……或者那个空间充满了能给你能量的东西，填充你的源泉，给予你力量而不是让你衰弱。"这是创造性的蓄水池，在自体的里面，对应的是温尼科特的"创造性焦点"（1971b），是外部过渡性空间。在这里，费尔南多描述了来自外部抱持的正性的自体。他能识别出哪些正在自体内生长，尽管还不安全。一旦它生长得比较安全了，他就不会再用某种方式来描述它。接受分析的人在他们寻找自体的过程中是最富于表现的。

然后，费尔南多讨论了运用治疗师建立安全的自体。"我在与你的关系中领会了……我的人格中没有能给我尊严的参照点……一种榜样或标准。"

它仍来自外部参照，但外部参照越来越多地成为他人格的核心能内射性认同的，一部分通过治疗师稳定的背景性作用，一部分通过治疗师作为可认同的客体。但是也许还可以通过另一种方式，不仅是从治疗师那里吸收。费尔南多想找到他的自体，而不是治疗师的自体。这是他在与父母的关系中遇到的麻烦。他感到他保留着母亲的自体及她表现出的形象，他应把自己强加于、强加入这个形象中，这样她就能为她自己从他那里吸取自体。与此同时，他的父亲——一个世故的男人，这个家庭中害羞的紫罗兰——几乎没有给他提供可与之认同的地方。

费尔南多想要找到自己的自体，那些"通过不断重复变成现实"的东西。但要找到它，他需在稳定的抱持帮助下才能找到他们。在这一寻找的过程中，我是一个平台，他站在这一平台上面看到了展现的自体，他希望能组装它。现在，他以新的方式看到了自己，一种他曾不敢奢望有的方式，把自己看做"未经打磨的钻石"——只要能够被发现，就会有自己的结构和完整性的未定型的宝石。"所有的证据、所有的资源都在那里，但我却感觉不到它们。我不知道自己的体重、体形以及构成我身体的实质。"

让费尔南多前天治疗的是他拼命地需要依赖他人，依赖外部客体，以看到他自己。潜意识里，他幻想他所渴望的勃起是自体的明确的化身。现在，他不再把自体的意象转换到别的男人勃起的阴茎上，但他仍感到需要另一个男人帮助他看清他是谁。我们都需要外部客体帮助我们看到自己，并在一生中都成为我们自己。我们意识到，当费尔南多说这些时，太注重字面意思了。他还没有内化维持客体的功能，所以他感到他的内部客体必须有持续不变的外部供给，才能确定他的自体感。"这是我想从你那里或借由你——一个成人的参照点——获得的东西，某些能让我知道如何在这个世界上发挥功能的东西。"多年来，脱离身体的阴茎已经是他想像出的"成人的参照点"，是他料想到的他所要寻找的答案，是能进入他的中心的东西，并向他注入他构建自体所需要的东西。

因此，他告诉我们："我寻找的……围绕的是一个空虚的点。我的人格起源的地方是空的。"然后，他描述了他如何贪婪地寻找人格的水晶种子，他和许多人一样，把它视为食物："所以，我人格的这些部分像一只只饿犬围绕着一个空碗绕圈子，饥饿而迷茫。假定食物应在那里，但那里却没有东西可吃。我有所有这些想法和自我的碎片，但没有东西把它们结合起来。当我动摇的时候，没有什么东西能给我坚持的信念。"

149

建立可恢复的自体

费尔南多再次描绘了形成自体所必需的东西。他会不得不内射某些东西，如食物，以黏合破碎的、紊乱的、迷失的自体。在一段时间内，他处于饥饿中，因为他不能喂养自己，也不能与那些能帮助他获得内在一致性的人维持关系，这使他不仅依旧饥饿，而且内心贪婪，破坏任何到来的食物。

费尔南多仍缺乏从令他人满足的、以互惠的方式帮助他人建立自体中获益的能力。费尔南多的朋友感到实际上他确实滋养了他们，他比大多数的人都做得好——但他不能从这些关系中得到反射性的自体凝聚，因为他感到给予他人就意味着令自己空虚。它使他的自体变得空虚，因为他感觉到那是控制性的母亲的内在需要的要求。

在治疗接下来的时刻，费尔南多再次用绘图的方式显示出他的幻想，内容是我将会供给他何种凝聚性："我脑海中有个图像，松散的原子在清晰空间内成"之"字型，不协调地运动着，没有凝聚性。然后，你对那个空间做了些什么：轰击它，给它秩序。然后，它们就建立了秩序。我感到我像个原子，我被击碎了。所有这些粒子都在周围旋转，不知道要做什么。"

此处是另一个意象，给我们提供了线索，暗示对阴茎的性渴望，创造了自体的时刻是一场原子"大爆炸"。他需要我给他这场"大爆炸"，"轰击"（zap）他那紊乱的碎片。他对父亲的梦想就是这种形式，他是"一个中心、一个家、一位父亲——'一种来自家长的声音'，一个我能感到我来自哪里的形象！"但这个愿望也导致了他的恐惧，即他在向这个客体发出邀请，而这个客体会利用他的渴望进入他，在中心处控制他。此处，他在与父亲作战，拒绝像父亲一样被母亲控制。通过与某人建立关系而不是控制，他努力像他所渴望的那种父亲一样，而不与他感到他有的那个父亲相像。他告诉我他有多么想要我坚定，这样他就不会虚伪地吸收我，但是他也不想必须像我一样：

"我在竭尽所能地与父亲并肩而战并为了父亲而战……如果有些东西本来是你的资源，但是你抗拒它们，尖叫着为反对它们而战，你会怎么做？你如何停止作战，获得你想要的资源？你试图在没有他的情况下建立我生活的全部，你根本做不到！你不得不接受他的本来面目。你不像他。我不必像他！但是除了那个本来应该在那里的人，我又应该把谁放在他的位置上呢？"

如何与他人认同而不会具有他们的弱点，这个问题成了费尔南多无法逃避的难题。他以短暂的、匿名的同性恋情节否认了男人的个性，通过同性恋行为，他仍然绝望地希望获得"轰击"以形成他的自体。然而失败之后，紧随而来的却是绝望和无用感。

但是他发现了开始建立可迅速恢复的自体所需之物："我不能同时解决这两个问题。我不能消除会与他相像的恐惧。我也不能放弃对父亲、对上帝的希望。那是我到教堂的原因。我身体的另一部分在寻找我还未曾找到的东西。"

在这次治疗的最后几分钟里，费尔南多提到了他一直在寻找的两样东西。第一样是在教堂里。我想，这是真的，他向上帝终生探寻同样的东西：上帝的伟大之处在于能包容他、俯瞰他寻找自身，爱他而不会侵扰他，支持他寻找意义并将其持续投入到较高的价值之中并服务于他人，费尔南多便是这样的。

第二样发生在性的表达中。像约翰·多恩一样，他对宗教和性的渴望如此地缠绕在一起，以至于他神圣的和亵渎的诗歌既来自于性欲又来自于宗教。费尔南多卑贱地渴望在他可悲的生活中寻找一个更高的自体。在重新开始寻找一个女人——能给予他想要从父亲那里获得的东西——的过程中，他幻想他要成为一个能穿透另一个人的男人，能控制另一个人，像他所渴望的父亲一样，利用外部客体，他可以将其脆弱的自体形象真实地反映给他，并在她紧紧的凝视下整合它们。宗教与亲密的性关系都像是密集的治疗，使自体与它的客体有机会及时紧紧连接，同时也支持了各自分离的独立性。通过这种方式，它们证明了费尔南多对客体的寻找将帮助他在治疗范围之外成为一个个整体。

在随后的几个月里，在与玛丽安建立关系的过程中，费尔南多在相当大的程度上发现了这些领域，这极大的缓解了我和费尔南多的压力。

重新找到治疗师的自体

我们的工作的本质是，当进展顺利时，患者给予我们所需要的能令我们放心和确认的东西。在这次治疗中，费尔南多向我确认，在这些年的治疗中发生的一些事情，而这些事情使他发生了根本性的变化。他不是在我的意象中生成的——我开始意识到他和我都害怕的东西是唯一的出路，他在与我作斗争的过程中找到了自己。通过这样做，他帮助我找到我的自体——这个自体不必给另一个出现的人强加一个身份，而是希望他能过上更好的生活。一个不曾愚蠢的自体，因为我经常感到自己蠢。例如，当我们第一次见面时，我说："我不确定你是谁。"

他为我一直为之挣扎的那些想法给出了一个美丽的描述，这是我不曾寄予希望的。他向我描述了他需要有张开双臂拥抱他的父母，为他提供成长的环境。在治疗的第一年里，他感到父母是冷漠的，他对他们有戒心，但现在他对他们有温暖的感激。他想要被这样的父母养育，内心里希望被他们抱持，他想通过被"轰击"而注入使他的自体得以组织和整合的爱。

但这个自体也对父母客体感到困惑，他既想被他们爱，作为回报也想爱他们，供养他们。他想获得证明，同时不会感到被控制。

最终，聚焦的、爱的、客体关联的双亲——其在中心掌控并充斥着爱和意义——转变为情境中的、抱持的双亲。费尔南多开始治疗时所处的困境通过认识到可放弃我们所爱的人给予我们的定义而得到了改善。在这个过程中，我们发现了自我定义的情境。他们必须把我们的自体还给我们，我们必须把他们的自体还给他们。

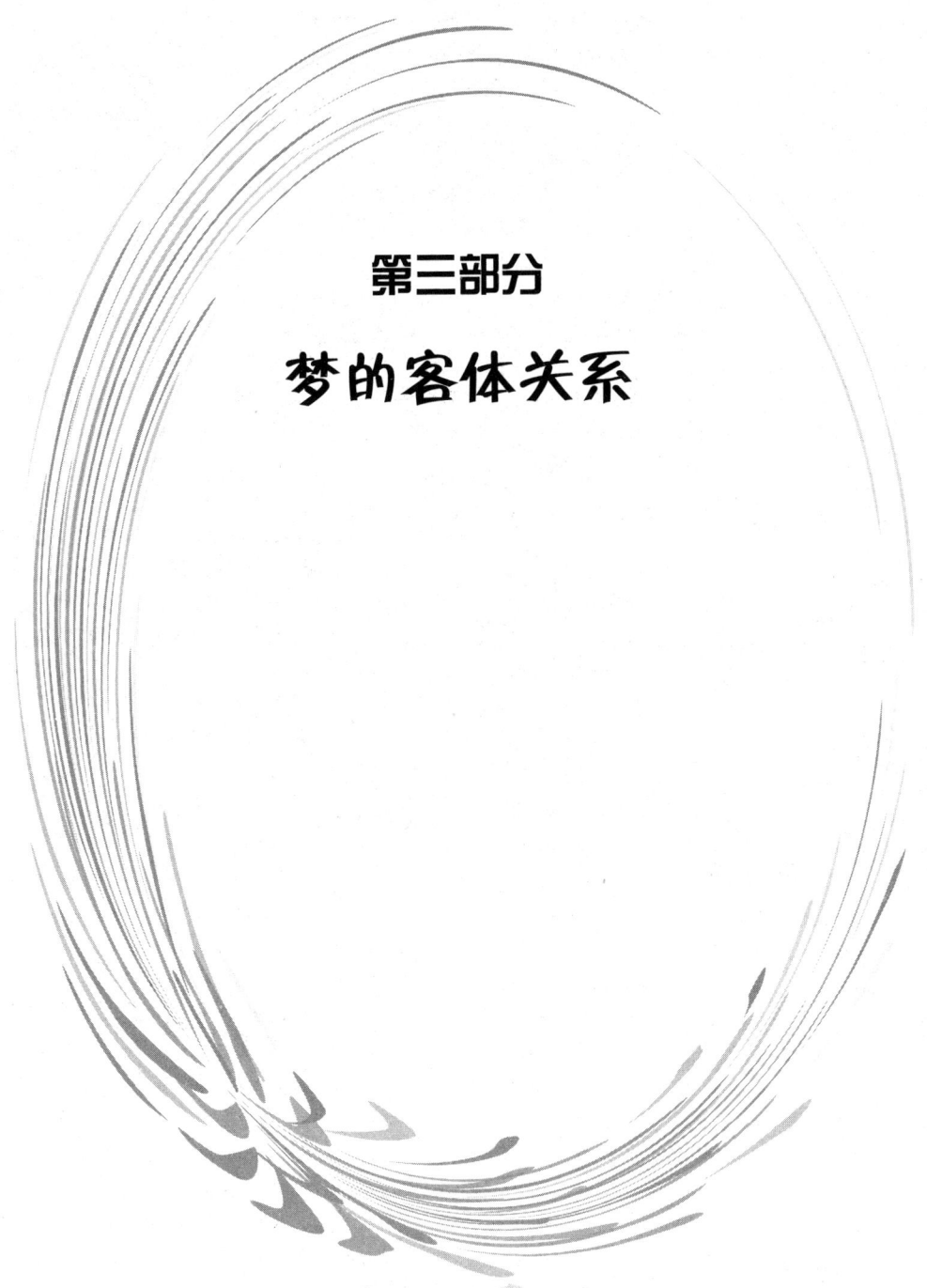

第三部分

梦的客体关系

第三部分

茶文化家的故事

第八章
作为自体和客体间交流的梦

在人际环境下讲述的梦会透露出潜意识新的内容：家庭成员知道一些做梦者不知道的事情。利用这种观点，我们可以将梦应用于家庭和夫妻治疗中自体和客体间的交流。

在做住院医生与分配给我的第一个精神病患家庭会谈时，我第一次有了这种将梦作为人际领域的一种交流的想法。朱迪·格林是一个第 14 次住院、行动化（acting-out）的女孩，被诊断为边缘性人格障碍。作为一个资历尚浅的精神科医师，我发现她非常有魅力。我单独治疗她几乎整整两年，直到后来她弟弟鲍勃出现的问题使得我开始对整个家庭进行治疗。到我在这里报告的会谈为止，我已经在近一年的时间里多次会见这个家庭。他们的治疗即将结束，因为我要从波士顿搬到华盛顿去了。

这个家庭包括朱迪的母亲和继父、17 岁的朱迪、12 岁的黛布、11 岁的鲍勃以及格林夫妇婚姻中唯一的小孩——6 岁的山姆，孩子们还有一个哥哥在别的地方上大学，没有参加。这个家庭作为一个整体对治疗相当投入。治疗开始时，格林太太说上周治疗后回家，当家人在车里指责 11 岁的鲍勃时，她感到内疚，随后做了一个梦。

格林太太梦见有一只友善的紫色狮子在她儿子鲍勃旁边。在梦里，她不确定狮子是否具有威胁性。她在想是不是要保护鲍勃，鲍勃在梦里是一个婴儿，或者她是不是需要评估一下当时的形势。她是如此地不确定。这只狮子真的友善吗？

格林太太将此梦与她对鲍勃小时候的忽视联系起来。她记得鲍勃两岁时，一次，由于没人看管，他自己穿着尿布跑到马路中间去了。

格林先生认为这个梦与妻子对男人缺乏信任有关，甚至包括对他自己的不信任。接着，格林先生——孩子们经常取笑他的蹩脚笑话——嘲讽说"狮子"（lion）可能代表"说谎"（lyin'）。他在此用这个双关语来支持他的观点，即作为经常不被妻子信任的他就是那只有威胁的狮子。

格林太太回应说，她觉得在梦里鲍勃被救了，尽管她自己可能不会被救。也许受到威胁的正是她自己。

一直安静坐着的鲍勃此刻对母亲的说法——之前他在家庭中受到了威胁——进行了反驳，称这只狮子事实上可能是他的小弟弟——6 岁的山姆，他才是这个家庭中的婴儿。这实在是一个非常有趣的想法，因为它与山姆在家庭中无忧无虑的生活明显相悖。其他任何人，除了鲍勃外，很少会把攻击的矛头指向山姆。

与此同时，山姆正玩得非常开心。当他妈妈报告完这个梦，他立刻就去画了一张这个梦的图（见图 8.1）。他问有没有人注意到爸爸的领带是紫色的。我们现在都能看到格林先生确实戴着紫色的领带。山姆画了一张图，叫"安迪——紫色狮子"。正如在家

第八章 作为自体和客体间交流的梦   129

庭治疗中许多最小的孩子一样,山姆拥有这样的能力,即他能够讲出真话而不会自责,且任何人都不会介意。丈夫一定是格林太太最初的"紫色狮子",她的梦揭露了她将其丈夫,也就是格林先生,看做是她和孩子们的威胁。她已经有这种想法好多年了,以前当鲍勃小的时候已经是这样,现在当山姆还是婴儿的时候依然如此。

图 8.1　山姆画的"安迪——紫色狮子"

同时,我自己的联想就是"狮穴中的大卫"。在那一刻,我完全确信"大卫"(也是作者亦即治疗师的名字)——而不是丹尼尔(Daniel)——是处于狮穴危险之中的圣经英雄的名字。忽然我意识到,我就像在狮窝里一样,格林一家对我构成了威胁。

当我在反移情上被这个家庭中的危险感和混乱所攫住时,朱迪——她最近常常扮演住院治疗师的角色——发表意见了。她认为这个梦代表当碰到困难时家庭指责爸爸的方式。现在,在治疗中,爸爸到底是不是坏蛋这一点并不是那么清晰。她认为正如妈妈在梦里感到困惑一样,他们所有人在治疗中也都感到困惑了。但是,他们这样困惑反而是好事。他们过去常常以无可置疑的口气指责对方，朱迪说，但是，现在他们并不是那么确信是不是真的有那么一只咆哮的狮子承担起所有的罪责。朱迪咧着嘴对他父亲笑着，用他之前那双关语的口吻打趣道，也许这只狮子正躺在他们每一个人的体内等着。朱迪的解释同时也让我放松下来。

在治疗剩下的时间里，我们更多考虑及讨论的是对鲍勃和格林先生的攻击性投射，结果这个家庭感觉不再那么像是"狮穴"了——对我以及对他们均是如此。治疗结束时，整个家庭一致认为"安迪——紫色狮子"确实变得友善多了。

这时，我知道这个梦是一种人际交流。它为理解这个家庭提供了重要信息。

随着时间的推移和经验的增加，我现在意识到，这个梦代表的是这个家庭对我的移情。他们知道，由于我马上要搬走了，我再也不能为他们提供足够的抱持环境了。这已经提前预示了他们的恐惧，这种恐惧很快就会在结束阶段浮出水面。在这次治疗中，这个家庭设法去应对对于我即将离开的共同愤怒，这种愤怒让他们都感觉到了威胁。

这个梦不仅仅只是报告了一种内在精神活动，也并非只是日间残留（day residue）和内部幻想的结合体，或是弗洛伊德最初在《梦的解析》（*The Interpretation of Dreams*，1900）中所描述的一种婴儿愿望的满足。它不是只代表着在记忆树新信息储存中起重要作用的匹配过程中的新旧情感经验的比较（Palombo，1978）。除了以上这些个体功能之外，这个梦也表达了家庭团体的一些东西，尤其是与治疗师的关系。

费尔贝恩发现梦描绘了自体和客体的结构

为了从客体关系理论的角度充分说明我在20多年前听到的、上一节中描述的梦，在这里我概要介绍一下梦在客体关系理论中的地位及其在客体关系理论中的延伸。

在费尔贝恩建立其人格客体关系理论体系的最后阶段，他提出精神结构的六部分模型：中心自我及其理想客体以合理的内部和谐为特征；拒绝客体和内部破坏者（后来他称之为反力比多自我）以愤怒、被害焦虑和挫折感为特征；兴奋客体和力比多自我以渴望和过度唤起需求的焦虑为特征（该理论见第三章，图3.1）。

这些内部结构建立在父母或其他主要客体映像的基础上，以后再通过与其他主要客体——如配偶或子女——的新经验而得到修正。在此种精神活动观点中，最重要的是自我的内部结构能够产生意义和行动，而且这些内部结构彼此之间处于一种持续的动态关系之中（Fairbairn, 1952；Ogden, 1986）。

以梦的角度来进行思考的相关发展始于费尔贝恩1944年的论文"从客体关系角度考虑的内部精神结构"。通过分析其被分析者的梦，费尔贝恩展示了6种内部精神结构的作用，并且得出结论：梦并非是作为愿望来理解的，而是内部精神结构的表达。因而，他能够阐述梦里所展现的各种精神成分之间关系的本质。例如，在一名女性的梦里（1944），费尔贝恩找出了她的中心或者观察性自体；在她与其丈夫的关系中一个相当合理的理想化客体；她丈夫作为兴奋性客体的另外一面；攻击她的母亲作为迫害性客体的映像。

在后来的一篇论文中，一个叫"杰克"的患者，现在认为是费尔贝恩的被分析者哈利·冈特里普（Hughes, 1989），梦见被诱人的但是却有毒的奶汁所诱惑，陷入到兴奋客体和迫害客体之间的两难境地。

在所有这些案例中，费尔贝恩并未说这些梦或者梦所描绘的内部客体代表着现实中的母亲或丈夫。他们只是这些人物痛苦的内部版本，是做梦者构建的产物，代表的是内部客体，而非现实里活生生的人物。

费尔贝恩推论说，梦若要表达愿望或者冲突，它们必定要表达来自这些愿望和冲突的精神结构。这让费尔贝恩得出这样一个观点，即梦本身可看成是潜在精神结构的表达方式。由于他将这些结构界定为由关系中的自体和客体组成，所以梦便描述了内部客体关系的本质，因而，梦本身就构成了精神结构。

梦作为人际交流的方式

如果我们接受梦作为个体内部客体关系表达方式的观点，那么当梦被报告给其他人听时，它将会传递梦者的内部客体关系。当格林太太在本章开头一节中所描述的家庭环境下报告她的梦时，她的丈夫和孩子凭直觉就能理解到它表达了在格林太太内心中所有其他人映像的存在方式。在描述她的内部精神状况时，格林太太描述的是其内部家庭，而她的内部家庭由其主要客体组成，这些主要客体则基于她对这房间里与她在一起的人——也就是其丈夫和孩子——的映像，其丈夫和孩子则承继了来自格林太太内部精神王国中于其原始主要客体的角色关系，这些原始主要客体则是基于格林太太与其自身父母的经验互动。所以，这个在治疗环境下报告的梦，形成了一种从格林太太的内部客体关系到她的外部客体之间的交流。

起初，这个梦是格林太太与她自己内部客体关系的表达。她一开始就考虑到与儿子鲍勃的关系，而鲍勃则可能代表格林太太自身贫困的自体。她将自身的"狮子部分"投射到丈夫身上，代表她自身的痛苦部分，这部分由其拒绝、愤怒或忽视的母亲组成。我们同样也了解到她在这个梦里作为一个观察者的身份，想给她的孩子鲍勃最好的东西，而鲍勃是她的理想客体。在梦里，鲍勃还代表了她作为贫困和兴奋的、渴望需求和保护的部分。她不确定在狮子——迫害客体的威胁下她能否履行父母的职责，但她同样也不确定威胁的本质：这只狮子是否在友善地观望，是否应该信任它。

父母般人物的威胁和信任之间的混乱是这个家庭的一个代际特征。此处梦里所呈现的是一个同时具诱惑和威胁的父母般人物以及故意朝另一边看的疏忽父母的结合体。格林太太的梦揭露了其内部关系，但却是她的孩子们将动力性结构之间这种未解决的冲突给行动化了：几年前，在这个家庭最痛苦时，朱迪和她的哥哥已经有过几次性交了。

家庭的客体关系

当格林太太报告梦时，梦便成了家庭成员间的一种交流。在那一刻，梦向其家人揭露了格林太太的个人冲突，并且在随后的讨论中，梦促进了自体和客体间内部关系影响家庭团体方式的表达。

当这个家庭听到格林太太报告梦时，他们就像是通过自身内部客体的"耳朵"来倾听这个梦的。家庭治疗环境下的孩子所在房间里的其他人正是这些孩子自身内部客体所赖以成形的对象。这些内部客体作为一种扫描装置（Ogden，1986）或透镜来感知外部的事件。所以，格林先生是以有关他的内容的角度来聆听这个梦的。他的理解是他被刻画成那个模糊的威胁客体。这使得格林太太成为指责他的人，正如过去常常发生的那样。他们以前的治疗工作已使得格林先生能够发展出一种中心自我的观察性部分，这样他就可以有足够的距离来看待此种情形并且应对它，格林先生是通过应用幽默这个防御的方式来做到这一点的。

鲍勃的理解是他正被放在一个受到威胁的位置。在某种程度上，他是被梦里无法保护他的母亲提供给狮子的。

而山姆对此梦的理解却是：梦里的那只狮子不是别人，正是父亲，同时山姆决意对父亲进行改造，使之成为一只友善且忠诚的紫色狮子。

而索引患者——朱迪，将此梦视为家庭投射性认同系统的图画，在此投射性认同系统中，她的母亲正将其自身的内部困惑放到其他家庭成员身上，这些家庭成员则出于自身精神结构的原因而内射性地认同这些来自格林太太的投射部分。

最后，尽管那时我并没有看到，这个家庭作为一个团体在让我知道他们对于我以及我将要离开他们这一点上所组成的联盟。

投射性认同和潜意识交流

对于个体而言，投射性认同是一种将自体中憎恨或威胁性的部分放入另一个体的心理过程，以此来防御自身的攻击性或者作为一种潜意识地控制自己从而控制另一个体的方式（Klein，1946；Segal，1973）。在这里，我们可以看看此过程被应用到这个家庭时的情况。在第三章中，我们回顾了投射性认同及其对应物内射性认同成为潜意识交流重要机制的方式，以及我们每个人是如何通过它们而潜意识地认同他人的。在夫妻或家庭中，团体分割了个体属性，将其或多或少的一部分放入一个个体，而将其余部分放进另外的个体（Dicks，1967；Zinner and Shapiro，1972）。

在这个梦里，尤其是通过朱迪对它的解释，我们可以了解梦的讲述是如何显示运行中的投射性和内射性认同的。房间里的所有家庭成员都会根据他们对格林太太困惑的理解而对这个梦作出反应。但最重要的是，他们每个人都会根据梦对其与格林太太关系的意义来解释这个梦。对每个家庭成员而言，格林太太都是一个主要客体，所以每个家庭成员的联想都必须要放在其对那个人内部客体关系和精神状态的含义中去理解。

梦的移情含义

最后，梦还带有移情的含义。从梦的内心角度来看，我们可以推测格林太太在治疗中感受到了威胁，而我则被当成是一只狮子。

这个家庭模糊的、混杂着希望和恐惧的移情首先由格林太太代为提出。但是，明白到这一点的其他家庭成员则努力修正她刚开始的言论，建立一种在对客体存有不确定的情况下更为成熟的希望观点。这个梦经重新组织后便属于家庭的所有成员了。整个团体，包括治疗师，通过共享对此梦的联想对其进行工作以揭开潜意识的主题，这跟在分析性治疗中梦者个人对其梦进行分析的方式是一样的。最终，人们通过梦获得了对家庭内关系本质的理解，并且同时也从中间接地获悉家庭与治疗师的关系。

梦作为个体治疗中的人际交流方式

即使是在个体治疗或精神分析的内心活动中，梦依然传递着人际的含义。以下3个案例强调了在精神分析或个体治疗中，梦的讲述是一种人际的交流。梦已成为治疗对话的一部分，表达了治疗师和患者之间的问题，同时也体现了梦者的阻抗以及精神结构的转变。偶尔，治疗师也会做有关他们患者的梦，这些梦表明他们已参与到治疗中来了，如以下案例。

一位男性受督导者报告了他患者的一个梦：

> 一个正在工作的家伙控制了我。他与另一个在他公寓里的女人参与了这场性虐待。他把我带到那里去。他抓住我的女朋友并且强迫我违心地与我女友做爱。他们脱去她的裤子，而我则因为期待着最终与我女友做爱而感到兴奋，尤其是当这件事并不是我的责任时。我将嘴凑近她的生殖器，但是那时我突然对那个家伙进行反抗，这样至少我女友知道我这样做也是迫不得已的。

在接下来的梦里，患者战胜了这个男人并将他带到警察局。在这个过程中，协助这个男人的一个小男孩被杀死了。

患者将这个施虐的男人与治疗师联系起来，他记得治疗师最近说过，患者将治疗师当成是一个"戏弄男人者"。患者和治疗师能够将患者对生殖性欲的矛盾心理与他对治疗的矛盾态度，以及对其治疗师既恐惧又兴奋的矛盾情感联系起来。

几天后，患者对此场景有了进一步的扩展，在治疗时间里，他幻想着驱车载着女友时发生车祸以及对一个儿时伙伴进行口交，但在幻想里这个儿时伙伴却没有反应。患者将这些幻想与对治疗师的情感联系起来。

那天晚上，治疗师也做了一个梦，他在督导中将此梦略带尴尬而坦白地报告给我。他说道：

我与一个婴儿在一起。我低下身来亲吻或者吸吮它那细小、收缩而柔软的阴茎。令人惊讶的是，我并没有非常反感，相反我有一种能够神入般地理解你和我正讨论的这个患者，还有我见的另一个同性恋患者的感觉。我想到"嘴对嘴人工呼吸法"，并努力想通过这种方法叫醒我的患者，而事实上我个人觉得这种方法挺恶心的。

患者的梦和幻想已经深入了治疗师的内心。某种程度上，这个梦是从治疗师到患者自身的一种交流，是瑟尔斯（Searles，1959）所报告的那种反移情梦。但是，治疗师的梦是以患者的语言来表达的，表明了治疗师对患者的内射性认同，并产生了深度共鸣，深深地打动了治疗师，同时也在督导中触动了我。治疗师的梦说明患者的梦和幻想已不仅仅只是报告患者的内心世界了。患者的这些梦和幻想已渗透到治疗师的内心，传递着改变治疗关系本身的信息。对于治疗师而言，患者客体关系梦的表象也是患者自体与作为客体的治疗师之间关系的一种交流。治疗师会觉得他对患者的理解改变了——正如治疗要进步这种改变必须发生一样，而且治疗师对自己的认知也改变了，能够更好地容忍对患者模糊的性的认同以及自身更为成功地压抑住的性变态冲动。治疗师自体映像的扩展使其能够更好地接纳患者。

以下两个例子重点说明在个体治疗中，梦作为人际交流的方式，及其过程的千变万化。

第一个病例来自于我在咨询中会见的一个女患者，在见我之前这个患者的女分析师自杀了。患者怀着悲痛和激动的心情向我讲述了对这位让她人生收获甚多的分析师的感激，以及对分析师实施自杀的愤怒。患者的母亲在患者3岁时死于难产，让她觉得有一种深深的、被抛弃的感觉，而这种痛苦的感觉在患者的分析师突然自杀后进一步加重了。

患者说虽然她自己从来没有想自杀，但却在治疗师自杀前几

第八章 作为自体和客体间交流的梦

周做了一个梦,一个让她觉得非常奇怪和陌生的梦。

梦里,我在开车。死神在后视镜里出现了。我回头看,看见它正趴在汽车的后窗玻璃上,它的脸紧紧贴着玻璃。

她将此梦报告给分析师,分析师坚持认为这个梦代表了患者的死亡愿望,尽管患者对此否认。

患者对其死去的分析师的认同是深刻的。我与她的工作首先侧重于分析她自己是否有对其分析师的自杀性认同。我开始相信患者内射了分析师坚决的自杀感,作为对分析师那正被谋杀性内部客体所猎取的自体的一种认同。后视镜里的死神同时也是分析师。患者的报告使我认为分析师在死之前一直在追逐着患者,甚至步步紧逼,将分析师自身的内部状态毫不自知地投射到患者身上。分析师的致命意图仍然像寄居在患者体内的异物般不断纠缠着患者,而无怜悯之心。我发现,在死去的分析师的一些临床记录的边缘处,写着,"我在想患者是否知道我要自杀的计划。"

很明显,患者的这个梦代表了对潜意识信息的高度准确的接收。尽管这个梦一方面说明了患者从其分析师处接收的潜意识交流,同时它也一定是患者想与分析师就分析中的情况以及分析师自身状态进行交流的那种绝望、懵懂的努力。如果分析师笔记边缘处的记录不是关于这个患者的,那么至少还有另外一个患者也已在潜意识上感受到分析师深度的绝望了。

第二个例子来自于一个分析性患者,保罗,他在某一阶段的分析中定期地报告他喜欢的一个女孩所做的梦。这个女孩拒绝与他有浪漫亲密或性方面的关系,但是却告诉保罗她生活里以及与其他男性关系的亲密细节。我对保罗详细而又不断地报告这个女孩的梦感到迷惑。这并不是说保罗不报告自己的梦,他也会生动地讲述他的许多梦。在与我认同的过程中,保罗有意识地扮演起这个女孩的分析师的角色,于是很重视她的梦。

他向我报告了这个女孩的一个梦,她梦见一个男人正在路上走着。她认为这个男人叫"戴斯特尼"(Destiny)——不是她的命运(destiny),而只是叫"戴斯特尼"而已。接着,有个皮条客正使劲将她推到一个男孩身上,而这个男孩将是她"终生的约会对象"。她将自己打扮得漂漂亮亮,当她走到电梯时,她感到奇怪为什么她的手被弄伤了呢?现在当她正用皮带牵着狗时,她遇到了这个男孩。在男孩的车内,她问是否可以吻他。他们接吻了,然后她感觉自己必须离开。当她离开时,有3个女人也在那里,还有那个叫"戴斯特尼"的男人。她从他旁边走过,她无视他,但却知道自己并不会离开。她的手再一次变得血淋淋的,这已经是第二次受伤了。

保罗努力地想与这个女孩就这个梦进行工作,告诉她梦里的狗象征着她的生殖器,表明她害怕如果她在性方面变得主动就会有危险。她最感兴趣的是梦里的三个女人,保罗认为这三个女人代表的是这个女孩的三部分。

治疗开始时,保罗就对他利用这个女孩作为其代理人这一点进行了讨论,即某种程度上他一直在经历着她的感受。然后,他自己对她的梦做进一步的联想。他将自己认同为梦里的皮条客。他正处于与这个女孩关系破裂的过程中。这个梦对他而言是痛苦的,因为梦提醒他,最近有一次,她傍晚与他在一起,但深夜却是跟另外一个男人度过的。他说这个女孩曾告诉他,她感觉是他强迫她到另外一个男人那边去的。

这个梦只是保罗多次企图通过代理而寻找自己的过程中的一次。一方面,他将注意力放在另外一个人身上可使自己远离分析性工作;另外一方面,对别人的探索确实促进了其对自身及其性身份的探索。就在报告这个梦之前，他提到他决定要放弃跟这个女孩的关系，因为他觉得他应该将注意力都放在与我的精神分析关系上，而且他认为我不想让他再利用这个女孩来作为一种外化了。保罗感到由此他便接受了我在治疗中提供的机会，而不是继续逃离它。

我给保罗的评论并非是要建议在他与这个女孩的关系以及关于她的梦这些方面保罗本应该做些什么，而是要说明存在一系列意识层面和潜意识层面的交流，梦在其中发挥着作用。当然，梦所起的作用是维持他们之间情感的亲密性，尽管他们在性方面保持疏远。我的患者对于这个梦对他的朋友而言意味着什么有许多可以说的，他将自己认同为这个女孩生活中爱管闲事的角色。他在性方面威胁着她，与此同时，他对于这个女孩在他自己的性欲方面所造成的唤起性影响感到了威胁。他也被她认同为一个女孩子，他说，"我觉得她想让我成为她的女朋友。"他对这种想法并不反感。

这个梦清楚地表达了这个患者认同的模糊特征，以及他反复地以此种方式来通过她发现自己。它同时也在移情中传递给我一种信息，就像通过他朋友的梦作为代理一样——这个信息是：性关系会伤害一个人。梦代表了他对与我的关系的恐惧，在我们的关系中，他觉得他像一个我可能会弄伤的女孩。这个梦是一系列与作为他客体的我之间交流的一部分。其中，它非常清楚地传递了一种信息，即患者的身份混乱——一种关于他自己的最根本的混乱。相较之下，他发现通过与客体进行认同更容易知道他到底是谁。

夫妻评估中的梦

在那些处理男女关系特定形式的治疗中，梦也是一种特别有效的潜意识交流工具。以下案例来自于某一单次咨询的一对夫妻。给他们做夫妻治疗的治疗师向我咨询了一个问题，如果妻子对性无兴趣，那么用性行为治疗是否会有效。

43岁的马特和36岁的伊迪已经结婚5年了,在过去5年里,他们一直住在一起。马特过去曾有一次失败的婚姻。当时,他与前妻的关系正在恶化,而且经济上已经很紧张。这时,他的前妻又一次怀孕了,她私自将避孕环拿掉且没有告诉他。他有种强烈的受骗感,因而很快离开了她。尽管马特仍继续支付两个孩子的抚养费,但是,自从18年前离开前妻后,他再也没有见过他们。他注意到再过两年他该付的最后一笔抚养费就会支付完毕,那时他将45岁。

马特和伊迪都很害怕那种承诺的亲密感。除了使得他们前来咨询的性问题外,他们还面临着生小孩的问题。以前从没想过要小孩的伊迪现在觉得她想要了。他们都认为养个小孩将会要求他们做出比以前更多的承诺。他们共同的这种对承诺的害怕体现在婚后伊迪性兴趣的丧失以及对性唤起的害怕。虽然她几乎从没有过高潮,但是她的性欲、性唤起的水平以及性功能在婚前一直都是令人满意的。结婚后她不仅失去了性兴趣,而且开始对性感到厌恶。这种情况并不少见,就在这次咨询前他们进行了一次比较满意的性生活,但这已经好几年都没有出现过了。

伊迪父母那种整日争吵、酗酒的婚姻成了她害怕婚姻承诺的内在原因。马特父母的婚姻也不幸福。此种经历再加上马特在第一次婚姻中失去家庭所受的伤害更进一步增加了他对于再次作出承诺的恐惧。

访谈快结束时,我问这对夫妻最近是否做过梦。伊迪最初是以她对未来希望的方式来回答我的问题的。她说她梦想着与孩子在一起以及过上幸福快乐的家庭生活。

然后,马特明白我说的梦是晚上做的梦,他说,"但是她做噩梦。其中有一次,她的脸正变成一块块的。"

第八章 作为自体和客体间交流的梦

"哦,是的。"伊迪说。"我正在失去一部分脸,脸一块块地往下掉。我的治疗师和我刚刚结束个体治疗,可能与此有关。我不明白,还是没搞懂。"

"你能弄清楚吗,马特?"我问道。

"不,我不知道。"他回答道。"她通常是做追赶的梦,并没有像这个的。"

伊迪说:"我经常做噩梦,但是这个梦特别吓人。在梦里,我通常在做爱,但是我在跟一个没有脸的男人做爱。有时,我醒来后会有高潮。那让我感觉到希望。如果我在梦里可以高潮,或许有朝一日当我醒着的时候也可以有高潮。"

我说:"我觉得那也是有希望的。"转向她的丈夫,我问道:"你的梦怎么样呢,马特?"

马特说:"如果我做了个性梦,我甚至不会去看一下她们是谁。"他大笑道,似乎是谁并无所谓。"她们根本没有脸或者甚至没有头,我只是跟她们的身体有性接触。"

这对夫妻还没有理解这些梦,这些他们以非常具人际交流方式报告的梦。让我感兴趣的是马特报告了伊迪的梦,这之后伊迪才详细讲述了她的梦。他们是一起完成梦的报告的。他对她睡眠状态时的梦感兴趣,然而她感兴趣的却是清醒状态时的生活之梦。当马特讲述他的梦时,他的梦与伊迪的梦出现了很有意思的甚至惊人的一致性。伊迪的性爱情境下无脸男人的梦刚好与马特那无脸、甚至是无头女人的性梦相匹配。

这对夫妻还未能像格林家庭(本章开头讨论的案例)在治疗快成功结束时那样理解他们自己的梦。然而,即使是在这样一次对共同治疗仍毫无经验的夫妻进行的评估性访谈中,我们还是能够将他们的梦理解为自体和客体之间的交流。

马特和伊迪都害怕承诺的关系,性疏远是一种回避某些方面亲密感和承诺的方法,因而这种亲密感和承诺须以其他的方式去寻找。性疏远同样也回避了生小孩的问题。这对夫妻都具有一个同样严重的问题，即自体的丧失。伊迪从马特处看到她自己，看到了她自己的丧失。通常，她的兴奋客体是没有脸的，但随着关系的亲近，她害怕自己的脸丧失。我所指的是她自己的丧失，既包括她的身份，也包括她内在凝聚性的丧失。自体或客体将会消失，而促发因素便是来自这对夫妻希望更加亲近、彼此更多承诺以及性亲密这方面意愿的威胁。迄今为止，伊迪是通过弗洛伊德（Breuer and Freud, 1895）和费尔贝恩（1954）均描述过的那种癔症性转换反应来维持自体的完整的。她表现得似乎威胁性客体——包括兴奋和拒绝客体——都包含在生殖器的相互作用之中。通过压抑生殖器性欲及其所包含的对伊迪而言坏的客体部分，她能够维持与马特身上好的、接受性客体的关系。伊迪用一种互动的方式来代替其内部问题，而她的梦则表达了隐藏在这种新的互动方式中的恐惧。她害怕她会丧失自己。

对于马特而言，有脸的客体也是一个最终具威胁性的客体。他的兴奋客体已彻底地从完整客体中分裂出来，以至于兴奋客体同时缺脸和头。我们可以推断，有脸的女人对马特而言是一个迫害性客体，这正如有脸的男人和无脸的女人对伊迪来说也是迫害性客体一样。

这些梦告诉我们其婚姻双方内在状态的一致性。在治疗中，讲述梦的方式告诉我们更多有关这对夫妻纠结身份的信息。梦透露出他们是如何在彼此身上发现自己的，以及如何共享那种因害怕伴有性的关系会杀死他们而产生的恐惧，不管是作为个体还是一对夫妻。在他们之间，他们通过相互的投射性和内射性认同将拒绝客体和兴奋客体分开来。伊迪呈现的是兴奋和拒绝客体的特点，而马特则承担起他们彼此都寻求的退缩性客体的特征（Guntrip, 1969）。在这种共谋的且由马特对伊迪的梦表示出的兴趣所进一步支持的分裂底下，我们可以看到他们本质上共享的精神状态。对于他们其中任何一个以及对于他们作为夫妻这一整体来说，同时包含脸和生殖器的完整客体会威胁到他们自体的存在。

最后，我们可以注意到马特和伊迪所共享的这个噩梦，恰好是在这次咨询访谈前梦见的，而这次访谈是在观众面前进行的教学性访谈。这个梦

第八章 作为自体和客体间交流的梦 143

向我和他们的固定治疗师传达了他们对于访谈的暴露性亲密感所带来的"脸的丧失"的共同恐惧。在这种情况下，难怪马特会对伊迪的梦有如此的兴趣。在婚姻中，他在情感反应方面通常依赖于她；与之类似在咨询中，他将伊迪的梦提出来作为与我的情感交流。

与类似这样的夫妻和家庭工作的经历表明，梦并非仅仅是通往弗洛伊德（1900）所描述的个体潜意识的捷径，同时也是理解共同的潜意识交流和相互投射性和内射性认同的捷径。在第九章里，在进行的夫妻治疗工作中，我详细地思考了对梦进行的治疗性工作。这将会进一步阐明在移情中，梦在夫妻之间的交流以及在夫妻与治疗师之间的交流中所起的作用。

团体和机构环境下的梦

在团体和机构环境下，梦同时也交流了个体内在生活的潜意识内容，使得这部分的潜意识内容能够呈现出来与整个团体其他成员的内部客体生活产生共鸣。当一个团体治疗成员报告梦时，其他的成员会以各种不同的方式去理解这个梦。这些理解的差异有助于扩大对梦者的理解，同时也能为团体澄清一些问题。同样，在工作团体中也是如此。以下例子来自于8位治疗师组成的一个学习团体，这个团体在高密集、高强度、为期一周的培训中学习客体关系家庭治疗的概念。此团体的任务还包括检视与这些概念有关的自身过程。

在一个小团体会议中，一个男人报告了他昨天晚上的梦：电话铃响了，电话那头是他那死去的父亲。这个男人醒过来了，有片刻的时间，他坚信他的父亲真的在跟他说话。

这个人是一位精神科医师，他在另外一个城市做家庭治疗。由于兴趣原因，在那个城市里，他感觉自己在同事间有点孤立。

他告诉团体说他的父亲是位商人，几年前去世了。他与父亲关系很好，父亲能够支持他，并经常给他提供建议。近来，他感觉他获得的成就已超越了父亲一生的成就。

团体中的一名女性成员说，这是一个成长中关于丧失的梦。这名女性成员一直在做另外一种不同的家庭治疗，与她在这里学的不太一样。她为新的精神分析概念所吸引，但是她意识到这意味着抛弃旧的概念，远离她过去的老师，她所尊敬的家庭治疗之"父"。她在想：梦里死去父亲的回归是否意味着这个男人在想念他以前的导师。

团体的其他成员反映说他们也感觉到家庭治疗领袖——如杰·海利（Jay Haley）和萨尔瓦多·米纽庆（Salvador Minuchin）等人——内在陪伴感的丧失。另外一名男成员说，他发现自己会回忆以前的老师和他们的理论来缓和学习这样一种新工作方式的压力以及给自体感带来的威胁。

此时，报告这个梦的人说，这些评论让他了解了梦的意义。在感觉被这个学院的新思想和新经验所淹没时，他一定是回忆起父亲的那种更为简单的安慰性建议，给他提供以旧方式的支持和安慰。团体对他分享这种退行性的怀念表示感谢，并继续回到原先在探讨的想法和临床经验上来。

下面的案例来自于处于重大改组中的精神科门诊，改组是发生在原先的主任辞职之后以及面临门诊管理可能无法胜任的指责背景下。工作人员正在建立一套新的治疗程序，3位临床医师正承担起作为治疗队伍新领导者的角色。

在新组建领导班子的首次会议上，领导班子由3位新近被提拔的临床医师、门诊管理员以及新主任托马斯医师组成。莎拉——门诊管理员——走进房间，笑说昨晚她做了一个梦。

我梦见邦妮（治疗团队领导者之一）想要对我为新程序准备而放在一起的笔记本进行重新安排。这让我很不高兴。邦妮想要将东西翻过来，这样空白页就在前面而我所整理的部分就在后面了。

报告她的梦之后，莎拉展示了3种装订得很好看的夹子作为她对本次门诊改组的管理贡献。3位治疗团队的领导者和门诊主任都突然大笑起来，笑称她害怕他们会破坏她的工作。

邦妮也做了一个梦。

门诊变成了一个巨大的蛋糕面包店。店的规模很大，有100辆左右的自动倾卸卡车，托马斯医生（门诊主任）正在监督整个运营过程。各色人等来来往往，规模真的很大。

团体成员笑得更厉害了。"大规模"提及的是被新主任的期望所搞混和淹没的那种共同感觉，而门诊主任则将垃圾"倾卸到"治疗领导团队身上，并期待他们能够用这些垃圾做出蛋糕来。

山姆——另一位团队领导者——说他的梦更尖锐。

电影《辣舞》（*Dirty Dancing*）里的帕特里克·斯威兹（Patrick Swayze）和一位无法辨认的女性名人变成我们的工作人员了，并且在看患者，全都是我的安排。使我感到万分惊恐的是我意识到我还没有派他们到治疗团队里或给他们任何的病例。全都一团糟。

这时，对于梦所刻画的他们对无法胜任工作的担心以及山姆梦里所暗示的糟糕的配对，团体成员再也笑不出声了。较之前面两个梦，山姆的梦更能表达对一些工作人员已经在做的、充满不当行为和疯狂的荒唐私生活的恐惧和指责。托马斯医生说这个梦让他联想到电影《辣舞》里的一个情节，在这个情节中，父亲在不知道孩子们之间发生了什么事情的情况下，不分青红皂白地进行错误的指责。

最后，第三位治疗团队领导者珍妮特说：

我做了个梦，但是我不能将我的梦与门诊联系起来。它很奇怪并且不确定。梦里可能有会死的人，但他们又是没死的人。一切都颠倒了且不确定。

托马斯医生注意到有一种将会发生致命错误的恐惧感。这让他想起珍妮特的一个患者最近必须住院，他在想他是否会被叫去处理工作人员中发生的意外事故。

这些在管理团队中同时出现的梦，即便是从其显性内容来看，也依然传达了门诊转变期间的共同焦虑以及工作人员的个人焦虑。所有这4个梦代表了指责、无能、疯狂以及患者死亡的威胁。这些梦反映了门诊改组气氛的日间残留，工作人员担心他们从杂乱中理出头绪来的努力会失败。在他们迅速着手解决眼前面临的实际问题时，这些笑声、玩笑以及梦的详细阐述成了团体承认并容忍焦虑的一种方式。他们的工作进行得很顺利，让门诊程序得到彻底改组，最终增强了门诊工作人员和患者的信心，促进了门诊工作的稳定和发展。团体成员彼此之间以及向新的主任讲述梦是一种交流和分享，通过这种交流和分享，他们可以从潜意识的混乱中建立起秩序来。

社会和文化交流中的梦

梦的大规模团体效应的最著名案例见于圣经。约瑟夫对法老王的梦的解释体现了埃及人和犹太人的国家利益。约瑟夫充分利用了这个地位格外重要的梦者个人的潜意识，因为法老王的个人利益体现了其国家的利益，因而对于国家十分重要。我喜欢这样想，约瑟夫认为国家在法老王的潜意识之中，而梦所代表的是法老王对此的超越其自身的理解。

更近一点的著名梦者当然是弗洛伊德了。他对我们的影响犹如约瑟夫对埃及人的影响那般广泛。弗洛伊德梦的细节以及在其自体分析中揭示的与其生活问题的关系令他的读者对潜意识的力量深深信服，而这是再多的理论也无法做到的。弗洛伊德的梦及其关于它们的发现，最初仅发表在专业性刊物中，而后到达那些将其普遍传播到西方文化中的作家们的想象中，改变并深化了我们的生活经历，同时赋予我们理解内在世界的最丰富工具。弗洛伊德的文学著作《梦的解析》(*The Interpreation of Dreams*, 1900) 可能是关于梦的人际效应最丰富和最具创造性的例子。奥登（W. H. Auden）认为，是弗洛伊德对梦的理解改变了我们的生活方式，弗洛伊德不再是一个人，而是"整个观念的氛围"。

我们生活在弗洛伊德"观念的氛围"中，且以一种对人格和发展的思考方式生活着，这种方式仍不断被修正着，但却是源自于一个男人的梦。再没有像梦这般的交流能力更令人惊讶的了，从一人涉及其他人，并且影响着我们的整个知识文化。

第九章 婚姻治疗中的梦

在本章里,我专门侧重于婚姻治疗过程中梦的应用,分析夫妻梦里自体和客体之间的相互作用,观察梦在理解夫妻对治疗师移情性关系中的应用。我首先是通过分析两对处于婚姻治疗僵局中的夫妻梦的工作来进行研究的。碰巧的是,这两对夫妻的梦都涉及代表了他们自身痛苦部分的婴儿。结尾时,我举了个夫妻治疗快成功结束时的一次会谈来说明,这对夫妻应用他们那交织的梦,进一步证实他们对婚姻的信心以及在治疗结束后已准备好处理他们自己的问题了。

克莱夫和莉拉:拉近距离

第一对夫妻长期挣扎于无法缩短彼此之间的距离。在夫妻治疗中,妻子比丈夫感到更舒适,且更善于应用内省力。在这个案例中,让我们分析配偶一方的一个梦在推动治疗进展中的应用。

克莱夫和莉拉前来治疗的原因是他们在婚姻中的每个方面都存在一定的压力。起初，克莱夫在性方面存在很多困难。他有意地与妻子保持躯体以及情感上的距离。当这对夫妻真的试图做爱时，克莱夫往往会无法勃起。结果，他开始逃避性，而莉拉则感觉不被关爱。

他们在很多方面截然相反。他比较实际，而她注重情感；他喜欢整晚泡在电脑、论文以及各种工具里，而她却喜欢与其他几对夫妻一起度过周末。尽管她喜欢积极的社交生活，但她并不介意独处。

在进行了一阶段之前描述的那种性治疗后（Scharff and Scharff, 1991），我们继续对他们进行婚姻治疗。尽管他们现在觉得能够在躯体上更亲近了，但是他们在情感上的距离却依然存在。现在，关键在于当莉拉想要更多交流时，克莱夫总是无法与之进行交谈，这既有日常事务方面的问题，也包括情感问题。这样一而再再而三地，克莱夫就沉默地退缩了。然后，莉拉使劲逼他，希望得到答案，希望能打开他的心扉。

随着我们每周一次的治疗进行了近两年之后，他们在很多方面都有好转了。他们彼此之间越来越能够进行长时间的交谈，能够一起安排好社交和私人时间，并为对方留下足够的独处时间。但是有个问题依然存在，那就是当莉拉感到与丈夫疏远时，她试图通过渴望靠近克莱夫来拉近彼此的距离，但他却总是以无语的退缩来回应。对我来说，让莉拉说话总是更容易些。这方面她很擅长，并且不介意参与进来。她所介意的是她与克莱夫在治疗中以及在家里总是很难交流。她会对我说，"要是克莱夫能交谈就好了！"克莱夫则只会耸耸肩，看着他的皮带，无语地回避她的恳求。

莉拉是一位很有魅力的37岁女人，过去是位非常成功的公益律师，年轻时专注于事业。那时，她有一连串令人心神荡漾的情感关系，但她以事业为重。快到40岁时，她开始感觉到孤独。在遇见克莱夫后，她觉得跟他在一起很安全。他也单身且对她有兴趣，并且他不会影响她的事业。

克莱夫一直是个坚定的独身主义者。在43岁时，他仍习惯于其单身生活，将大量的时间花在作为系统分析师的工作以及计算机的兴趣上。他并没有期望结婚。虽然他很高兴能遇见莉拉，但他经常觉得被她所限制。

直到最近在性治疗后，他们才提到生小孩的问题。莉拉以前一直以为她并不想做一个家庭妇女，但最近她开始改变主意了。克莱夫极度不愿意，称若他们现在都没有足够的时间给予对方，更不用说将来有小孩以后如何应付得过来。更重要的是，小孩是一种超出他所想要的责任。如果不能把事情做得恰到好处，结果可能会很糟。他一点也不确定他们是否能应付得过来。

缺乏对克莱夫内在生活的理解易于让我们的理解过于简化。克莱夫父亲在他6岁时过世了，留下克莱夫一人任由母亲和姐姐摆布，她们让克莱夫的生活痛苦不堪。从很早的时候起，克莱夫感觉她们的要求以及与母亲依附性本质的关系让他不知所措。他的童年是在孤独地逃避家庭中度过的，女性让他感觉尤其必须逃离。他是个过早独立的小男孩，一个不断逃脱女性控制的处于潜伏期的男孩，因为这些女人一有机会就会让他透不过气来。他很少能详细地记起与母亲和姐姐之间的冲突，但却能记得姐姐捉弄他的恶作剧。比如，姐姐派他去女性卫生巾店，然后取笑他跟店主的对话。他一点也不记得他父亲了，事实上，他从来没有谈论过他的死亡。

莉拉则有较丰富的内在体验可以分享。她记得她的母亲也很黏人且具侵入性。即便是现在，她仍然与她那具控制性的母亲保持着距离。她的父亲——一个躲藏在事业和书本中的被动男人——相对于母亲而言，看起来并不重要。所以，莉拉对克莱夫对保持距离的需要深有同感。

虽然他们在与父母的关系方面有着许多共同的经历，但他们在婚姻中却以持续、重复和相互投射性认同的方式扮演着各自截然不同的角色：一个渴望亲近，另一个则退缩。莉拉寻求亲近，而克莱夫则寻求逃避。我主要与莉拉进行解释性的工作，然而我发现自己会情不自禁地试图劝服克莱夫加入进来。在反移情方面，我经常觉得自己很难理解到底什么问题促使克莱夫总是这么逃避。我感觉克莱夫将我拒之门外，而莉拉则主动找我。他们以一种固定的模式将渴望和拒绝分裂开来，这常常让我觉得陷入困境之中。我想问——但是我没有问——为什么莉拉与克莱夫待在一起。总之，我认为自己知道答案，那就是莉拉没有他将会感到太孤独了。所以，莉拉变成了那个当自己还是小女孩时一直追着自己跑的母亲，渴望他那退缩性自体。与此同时，克莱夫则让莉拉成为他那追逐自己退缩性自体的母亲。

他们彼此都将躲避母亲渴望的那些部分放到克莱夫身上了。此外，当莉拉被克莱夫追逐时，她会躲避到克莱夫里去，而克莱夫也会退缩，代表着受到莉拉要求威胁的那部分自己。总而言之，他们共同形成了相互的投射性认同，使得莉拉扮演着那不断带着不满、饥渴般追逐的角色，而克莱夫则不断从这种被吞噬、被折磨的追逐中逃离。

治疗缓慢地进行着，反复地在同一个地方徘徊。治疗至多是一点点地瓦解横隔在他们之间的那堵墙。在一些比较有希望的会谈中，克莱夫会有所领会，而莉拉有时则能够明白自身焦虑或孤独的原因，明白她是如何将克莱夫追进兔子洞里的。在这些时间里，克莱夫又能对莉拉产生兴趣，让他们能够重拾以前曾共享的许多事情：学识情趣、朋友以及旅游的快乐。

会谈和梦

下面一次会谈发生在克莱夫和莉拉已接受治疗近两年时。

他们告诉我说他们吵了一架——事实上，上星期就已小吵了几次。莉拉参加了新工作的面试，事情进行得挺顺利，面试很快结束了，所以她比预料中的要提早到家。当她到家时，克莱夫并没有在家，他在办公室，莉拉却不知道。

她说："他为什么就不能在我之前到家呢？他一定会待在外面一直到我已经回家了，有时他会打电话来确定我已到家，或者告诉我到哪里去找他。哪怕就一次，我想要他在家等着迎接我。"

克莱夫说："我那时在办公室工作，电脑把我一小时的工作都给弄丢了，所以我必须赶着把它找回来。我知道这次面试对莉拉来说很重要，我也打算在她回来前到家，但当我抬头看表时，发现已经晚了。当然，然后我就担心她会朝我发脾气，因为我没准时到家，所以当我回家时，我想我比较急躁，后来果然就吵架了，但我们已把它摆平了。"

"是的。"莉拉说。"他那时真的很好，很体贴。吵完架后再加上刚刚从面试中解脱，我就哭了，他就抱住我。"

她说她很喜欢她哭时他抱住她，这正是她所想要的。但是，当莉拉继续哭时，他就变得心烦了。他觉得沮丧，他把自己挣脱开来，径直一人走到另一个房间去，开始看起电视来。

他说："哦，我抱着她一个多小时，我对她很好。但是不久我开始觉得她的情绪并没有改变，于是我认为我不管怎么做都不行，所以就走了。"

"但他做的是对的啊。"她说道。"他让我感觉好多了。当他开始担心我是否好些了时，我正哭得舒服呢。"

我首先评论说，克莱夫觉得受到莉拉哭泣的指责，对她哭得这么厉害、时间这么长觉得不舒服。他事实上已经花了比以前长得多的时间设法去哄莉拉。但是,她起初的情感指责是他需要"从家中逃离",所以我对此进行询问。

我从莉拉着手,并不确定这是否是最佳切入点,但似乎每次从莉拉开始都没错,因为她较能放松地探究情感原因。

莉拉说:"我觉得他不在家让我想起了很多次我妈也不在家里。从我出生起,我妈就一直将全部精力放在打理她开的那个店上。她让一个邻居照顾我。邻居人很好,但是我想念妈妈。当我放学回家时,我会打电话给妈妈,努力获取她的注意。她会把我打发走,说'你怎么不去做这个做那个,'或者'你怎么不去找邻居詹姆斯太太呢'。我就只想和我妈在一起!"

莉拉开始默默地哭泣,接着她就继续讲。"我妈总不在家,一直到我9岁那年我的两个双胞胎妹妹出生。在那之前,当人们问她怎么应付我时,她会立即开始说邻居如何把我照料得很好之类的话,但对我来说根本不是那么回事。然后,当我妹妹出生后,她就开始花时间在家了,我恨她,因为她从来没有为我这样做过。"

克莱夫聚精会神地看着莉拉,没有被她的眼泪完全攫取,也没有被吓走。在他的意识中,已不只是忍受,我能感觉自己与他的联系比平常更为温暖。

若是面对其他的夫妻,我会问丈夫在听妻子这样一种经历时的感觉,但换成克莱夫我有一种感觉,若这么做,我们会一无所获。他几乎从不曾回答感受方面的问题。他比较擅长讨论想法,或者对那些跟莉拉所追寻的想法相类似的方面进行工作,这些想法或许能够间接地表明他的反应或同感。此时,我会尽力控制自己在情感方面更为直接的愿望,因为我知道这么做必然徒劳无功。这种情况需要机智和时机,尊重他的防御,从而让他参与进来。在意识层面上思考如何处理这种情况时,我能够感觉到压力。

我正寻找一种让克莱夫参与进来的方法。所以我回到了克莱

第九章 婚姻治疗中的梦

夫自己家的情况上,那跟莉拉受到她母亲的忽视恰好相反。

我说:"克莱夫,你这边呢,似乎那个晚上的困难开始于你避免在家的模式。至少,莉拉是这样觉得的。"

"不!"他回答说。"我只是有工作要做。如果家里也有数据的话,我也能在家工作啊。"

"但是这个场景似乎又重复了你经常告诉我的在成长过程中你自己在家里的情况。"我说道。

"哦,是的。我告诉过你我会竭尽全力避免在家跟我姐和我妈待在一起。"他同意。"她们两个,就像一对悍妇,总是批评我,对我发火。"

"你现在想得起来当时有什么具体的问题或场景吗?"我问道。

"没有。只是在餐桌上,但我想不起具体什么事了。"他说着,摇摇头。

我感觉被克莱夫所筑的石墙和模糊记忆关在门外。我此刻正感受到莉拉所抱怨的,所以认同了她的挫折感。在这些互动中,我成了挫败性客体的搜索者,而克莱夫在治疗中则逃开了我。但是,今天我和他比平常更亲近。我能感觉到他的一部分,即使不是主动跟我联系,起码能够保持其观望退缩状态,并看看让我待在这么短的距离内是否安全。

我说:"你那时所逃避的事情正躲藏在你模糊的记忆之中,你所感受到的很多东西至今仍然是危险的。"

克莱夫点了点头。他无法描述得更具体,但起码他并没有排斥这方面的努力。

我继续说。"我在想你在抱莉拉后离开房间的方式。你觉得你安慰不了她,接着你想到了一些很难具体表达的东西。可以多告诉我一点吗?"

他在想。"哦,可能是'我什么也做不了',所以我离开了,然后去自己的房间了。"

"那么,莉拉,因为之前被他拥抱、支持,你感觉到被抛弃了,但是你想要更多？"

"是的。"她回应道。"我虽然还在哭，但是我感觉已哭得很舒畅了。但对克莱夫来说，这意味着他帮不了我。"

我曾有片刻时间与克莱夫产生认同，幻想着我正努力地帮助我妻子，但觉得力不从心。被某人抱怨不够好的指责就在眼前。事实上，我觉得，这跟很多时候我对克莱夫和莉拉的感觉并没有太多不同：我想帮助他们但却不知从何做起。什么都不够好。那么是我自己指责自己不够好了。

我跟莉拉说，但更多地是在心底对克莱夫说，"可能克莱夫觉得你迟早会指责他没有做对，然后会发火！"

克莱夫用力地点头，扮个鬼脸表示同意。莉拉则面带严肃表示同意，然后又开始哭了。

我知道我让克莱夫甚至我自己加入，一起指责莉拉，莉拉会因为克莱夫做错而对他发火。此处，她变成了他那可怕的姐姐和母亲。但是，我自己抓住克莱夫的感觉与那一刹那的胜利感有关，我觉得能够穿透克莱夫的皮肤，能够片刻地在情感上与他同在。很少有这样的时刻我能在情感上感觉到克莱夫做的是对的。只可惜这样的话会让莉拉受伤。我觉得她能够承受，因为伤害并非像确认她的经验那样由我直接施加。

尽管我有一种胜利的感觉，但我还是没找到让他们摆脱争吵的方法。我感觉自己就像一只等待反扑的狮子。我已经有了跟平常一样的小猎物，但是依然没有大的目标物。我觉得自己无法让克莱夫明白莉拉所要的那种亲密。在这种众所周知的僵局时刻，我能够感受到莉拉的渴望。起码我更近一步了，能感受到克莱夫对于莉拉会像他早年时的女人一般扑向他的那种害怕。

我问道："克莱夫，是不是莉拉要求你用正确的方式去安慰她，这让你想起了你那纠缠的母亲和姐姐呢？"

他点点头。

我继续说："当你感觉到这一点时，你就无法安慰她了。然后，莉拉，你呢，你是不是感觉克莱夫像你的妈妈一样把你打发给邻居太太照看,自己却没有关心你?"

"是的。"她点点头说道。

"她越使劲拉你,克莱夫,你就越感到处于被纠缠的危险之中?"

他也点点头,莉拉则做出了个嘴角向下的表情,似乎在说"又来了"。"还有其他什么是新鲜的吗?"她同意。"这是我们的死结。我们怎样才能打开这个死结呢?"

梦

我陷入了困境,尽管我们为之尽了一切努力,而这次会谈似乎也比以往都好!然而,我却不得不同意我们又回到了原来的僵局和重复的地方。可能是与克莱夫内心接触的希望让我问了个问题。

"你们俩最近做过梦吗?"

"当然。"克莱夫说。"很多。我这个星期就有好几次。比如,昨晚我就做了个一个梦,刚好是在吵架之后。"

"跟我讲讲吧。"我说。

"是一个有关婴儿的梦。这个婴儿在屁股上有个伤口。一个女人——我想可能是姐姐——本应照顾好婴儿,但她却什么也没做。我不知道她是不是不晓得怎么办。所以,我走进去,从她手里接过这个婴儿并照顾他。我就记得这些了。"

"你想到什么跟这个梦相关的人或事了吗?"我问他。

"没有。没什么特别的想法。哦,血的颜色很惹眼。血很暗,就像你在划伤时血还没碰到空气时的那种样子。所以,在它接触空气变成红色前,它是一种暗的深紫红色。"他边说边伸出食指触摸其他的手指,好像食指被划伤了似的。"当血是那种颜色时,你就知道伤口很深。所以在梦里,我摸了摸伤口然后想,'这伤口一定很深,比表面看起来的还要严重。'"

"那种情形让你想到什么呢?"我问道。

"没有！哦，刚才我脑子里想到的是几年前发生在纽约的一桩车祸。当时我在开车，一辆摩托车从我旁边飞速驶过。当我转到下一个弯道时，人们正停在那里。一辆汽车为了不撞到这辆摩托车被迫驶离公路，结果撞毁在一棵树上。一个人被扔了出来，那个骑摩托车的家伙正抱着摔断的腿，开车的那个人胸部猛撞到方向盘上，嘴里咕哝着，因为他无法呼吸。他看起来就像当场会死去一样。"

"没有一个人上去做点什么，只是在旁边围观，说'好可怕啊'，他们只是用手捂住耳朵。所以，我叫了几个人，说，'我们必须把这个家伙从驾驶座上弄出来'。然后我们就做了。我给他做了心肺复苏，然后派几个人去叫救护车。那家伙奇迹般地活下来了，不可思议。"

我能感觉到克莱夫讲述时的骄傲，以及对于那些站在那里"用手捂住耳朵"的其他人的轻蔑之情。在称赞他的同时，我有一种不舒服的感觉，觉得这种对其他人的轻蔑很可能是冲着我说的。这让我能够体会到当克莱夫轻蔑地对待她时，莉拉是怎样一种感受了。

莉拉此刻也加入到对克莱夫梦的联想中。"瞧，这就是了。克莱夫得包揽一切。他相当肯定没有其他人可以做得了。"

"那么，这个婴儿是谁呢？"我问。

"哦……"克莱夫说，"可能就是孩子了。婴儿！小孩！这将意味着多么重大的责任以及我对于生小孩的担心，因为我担心将必须为小孩负起全部的责任，莉拉不可能做好。"

"这让我明白了你为什么这么害怕生小孩。"我说。"如果你觉得一切责任都会落在你身上，那将是一个很大的烦恼。但是，梦显示你也害怕会有什么严重的事情发生，非常糟以至于你也无法解决。这可能发生在孩子身上，但我觉得也有可能是指照顾莉拉这一方面。当她受伤时，比如昨晚，你高估了伤害的程度——你害怕她所受的伤比任何人知道的都深，而且既然你是唯一一个能帮她的人，那么你会觉得这种责任超过了你所能承受的程度。"

我感觉到我们有希望建立起未来探索的新领域，即克莱夫停止害怕过度伤害。克莱夫的这种对引发伤害的担心可以解释他为什么要保持与莉拉的距离。克莱夫的梦所提供的机会使我感觉轻松了许多。

"是的。"莉拉说。"当他安慰我时，我正处于受伤的时候且必须告诉他，我还行。我必须安慰他说我还可以，他做了他能够做的。即使是我受伤了,想要从他那里得到支持,我也必须照顾好他,这样我就可以得到我想要的而不会让他感到负担过重。"

我对她说："这是因为他觉得事情太严重了，以至于超过了他负担的能力。其实他是跟你认同了，你刚刚告诉我说他是多么想帮你，但他过度估计了伤害的严重性因为他是如此害怕，如此与这婴儿认同，同时因为他感觉到责任如此重大。"

"关于这个梦你还有其他想法吗，莉拉？"我问道。

不寻常的是，莉拉犹豫了。她看起来有些困惑——不是关于问题本身，而是当时占据她的想法。

在她的困惑中藏着一些东西，也许是在想他们当中到底哪个才是婴儿。我不知道是自己说了些什么不对的话，还是她内心的一些什么东西被激起来了。这发生在会谈快结束时，可能会谈结束的压力让我问了这个问题，即谁将照护婴儿的伤痛？我做了非常长的解释，太长了以至于他们吸收不了，这可能代表了我自身的内在压力，即赶在治疗结束前充分利用这个新时机。事后想想，我觉得当时我对待这对夫妻就好像我是克莱夫一样，这一切都是建立在我拼命地想要从他们这翻车了的婚姻的驾驶座上探查出事故的受害者，这样我才能让他们获得新生，正如克莱夫在车祸事故中做的那样。

我回到莉拉对梦的困惑上来。最后，在我的催促下,她回答道："哦，是关于婴儿。他是不是在想我是这个婴儿？他必须照顾好它，但是……"

我说:"是的,他感觉你是婴儿。但是他被认同为你了,婴儿也是他。可能这跟你自己的创伤有关,克莱夫,当你还小的时候,你失去了父亲,这种伤害如此之深以至于你无法去触碰它,也就不能抚慰它了。"

克莱夫点点头,看起来他较平常更没有防御。"所以你认为我是这个受伤的婴儿?"他说。"可能是吧。"他咧着嘴笑,接着补充道,"当我这样想时,我将必须去舔自己的伤口。"

在本次夫妻治疗中,这个梦所起的作用与其在个体患者中的应用相类似。它为治疗师和患者描绘出僵局背后潜意识成分的生动画面。似乎这对夫妻的互动经由梦的潜在图片而呈现在画布上,而这张图片在之前是他们所不曾看到的。梦就像是对底下图片进行的一种 X 光摄片,永远地改变了表面上图画的含义。正如梦能够展示个体的潜意识一般,这里的梦揭开了夫妻共享的潜意识以及彼此的投射性和内射性认同。这个梦让克莱夫和莉拉看到了他们的内在世界是如何一次又一次地影响他们的,展现了他们个人以及共享的内在世界,同时也认识到彼此互动的阴暗之路。克莱夫能够看到——也许是第一次——他的这种对受困于女性的终生害怕是如何建构在其婴儿般的需要以及儿童期的丧失之上的。而莉拉也开始能够明白克莱夫的害怕及对她的感觉是如何进一步加强了她那种意识上被抛弃、被伤害以及需要的感觉,这些均可追溯到儿童时期。

在对梦进行的这项工作中,如同在其他客体关系角度的工作中,会谈中情感活动方面的线索植根于治疗师对这对夫妻的反移情反应。虽然我直到会谈结束后才能充分地表达并进一步阐述这些反应,然而它们在会谈中却像自动驾驶仪一般指导着我的回应和提问。在治疗过程中,反移情的接受和处理是治疗师加入夫妻间纠结关系的工具,以便能与他们一起打开它。在此案例中,这个梦是送给治疗的一个礼物,这在治疗中常常发生,它让我看到了躲藏于克莱夫那鲁莽的自立行为方式背后的这对夫妻共有的伤害和婴儿般的依赖。

雪莉和山姆：分析关联的梦

雪莉，34岁，是一名临床心理医生。山姆40岁，是一名律师。他们有两个学龄期的女儿，第三个女儿在两年前死于脑膜炎，年仅1岁。当他们开始定期将梦带入治疗时，我已给他们做夫妻治疗近6个月了，每周两次。我并没有要求他们这样做（虽然有时我会这么要求），但雪莉在个人心理治疗的临床训练之后便一直定期地记录她的梦。她对山姆的梦也感兴趣，有一次，她让他讲一个上星期做的梦。

山姆并不想谈论他的梦。在上一次婚姻中，他梦到婚姻死亡了，然后就真的发生了。他担心梦真的具有预测功能。雪莉报告了山姆的梦。

这是个噩梦。他在他新墨西哥州的住宅里，是跟我和女儿在一起。房子正处于火海之中。他讲了更多的细节。他唯一能寄予希望的是自动喷水灭火系统，这系统无法保全房子，但他有预感可以救我们。

山姆和雪莉对此梦均有联想：特别的房子，在其中他们的关系变得不愉快；雪莉喜欢的房子，但为了搬去和山姆在一起不得不离开她喜欢的房子；他们第一天搬进现在住的这个房子时，山姆第一次对雪莉不那么友善；一年前的一个周末，在这所房子中，雪莉感觉尤其受到忽视；而山姆对梦里住宅的记忆是当他父亲喝醉时会大发雷霆，有时还会打山姆和他兄弟。对梦进行工作涉及他们目前所住房子的状态，这是让他俩都不舒服的妥协方案，因而跟他们在婚姻里感受到威胁的方式有关。

当他们对此梦进行工作时，我感觉到他们之间长期的僵局才刚刚冒出

来一点点。我能够看到他们在彼此忽视和虐待中的投射性认同，这体现在他们都害怕他们的婚姻会像梦中的房子处于被烧毁的危险之中。

山姆和雪莉目前婚姻的困难不像克莱夫和莉拉一样是由于丈夫或妻子缺乏内省力引起的。相反，他们两个都很有心理学头脑——也许还过度了，但是彼此之间的距离感和缺乏理解仍一直持续着。

下面这一系列的梦出现于上面那个梦两个月之后的一个星期一。山姆说：

我的梦发生在房子后面荒山边的一块地上，我常常一个人去那里待着，这地方对我来说很重要。这个梦很滑稽。我正在被埋葬，还有另外一个有过抑郁发作的人也在被埋葬。我的葬礼是个闹剧，我能意识到我在观察这个梦以及意识到它不是真的。墓穴不够深，我的右腿总是搁到外面来。接下来出现的场景是：跟一个女人的大量性抚摸——那是一位律师合伙人的女儿，是个非常具有挑逗性的年轻女性——我跟她混在一起。

梦的工作涉及山姆的死亡感及其身份的分裂。他是这个埋葬他自身一部分的葬礼的活生生的被动观察者，这部分的他渴望一个旧的、舒适的地方。梦从墓地到床上，到性渴望，其中混杂着山姆自身混乱的身份。梦的大多数工作集中在山姆身上，而雪莉则偶尔会评论几句。

在这一周星期四的治疗中，雪莉要山姆给我讲述前一天晚上的梦。

山姆说："它跟我自己那个葬礼的梦是配对的。雪莉死了。不，她是被杀死的。梦一开始时我就目睹了她被杀。"

雪莉问："你只记得这个死亡场景吗？"

"下面还有很多呢。"山姆继续说道。

有个非常危险的男人。一开始他先杀了另外一个女人，接着我目睹了他用剑杀死雪莉。我去了一个修道院或宗教场所，那里放置着你的尸体。我能够看到遗骸。它是具尸体，但却很小——事实上几乎看不到什么，用一块白布盖着。

当山姆继续讲述时，我想到他们那两年前死去的婴儿，对于这个婴儿的死亡，他们仅仅抒发了部分哀伤。我突然看见婴儿的图像像干枯的遗骸般位于他们之间。他们还没有处理这个丧失，尽管他们第一次来见我时雪莉就已经对这个进行强调了。

山姆继续说："我心烦意乱，试图想跟那里的人谈论它，但是没人想谈论雪莉或发生过的一切。我无法跟他们交流说我也是那个杀死她的人。我就像在星期天晚上的梦里那样又被分裂成两部分：一部分正在被埋葬；另外一部分则是旁观者。"他身体前倾，用手捂住脸。"我看到了一些可怕的东西。"

"你现在所讲的有什么让你这么心烦意乱的呢？"我问道。

"我看见艾米莉亚了，我们的宝宝，她如此之小，以至于都看不见什么遗骸。这个梦比什么都更清楚地告诉我我对雪莉的伤害有多深。半夜，当我从那个恐怖的梦中醒来时，我还不明白我所做的一切。我就是那个伤害雪莉的危险人物！对于艾米莉亚的联想也让我心烦意乱。"

"你对山姆的梦有什么想法吗？"我问雪莉。

"我记得一些山姆忘记的事情。山姆告诉我的梦刚开始时是我们沿着仓库的楼梯在走，我感觉特别危险。我想让他跟我一起走，一起离开，但是他仍然独自走，然后就发生了后来的梦。所以，在他的梦里，我感觉处于危险之中，他拒绝帮助我，结果我就死了。这是我这些天的感觉。自从他今天早上告诉我这个梦之后,我一直觉得很难受,他的梦表达了我的感觉。我确实觉得像那个死人,感觉正被山姆杀死。但是,新奇的是,他将此梦描述成那个自己葬礼梦的配对。我觉得他那种死亡的感觉正是让我感到死亡的部分原因。"她停顿了一下,继续说,"顺便说一下,我也有个梦。"

我说,"你俩在这个关系中都感觉到死亡。你们常常谈到彼此是如何感觉到受对方威胁的,这个梦有助于我们去理解这种感受。山姆的这些梦以及你的反应说明了山姆内心的丧失和死亡感是如何让雪莉感到被杀死的。"

我仍在将这些死亡的感觉联系到他们对于那死去婴儿的死亡感觉上,那一个依然横亘在他们之间的未被哀悼的客体。尽管我在治疗中几乎能感觉到这个死去的婴儿似乎就寄居在我体内,但对于我的联想,我却什么也没说。尽管从此图像中我感觉到有一种沉重的悲伤感似乎已进入体内,但我宁愿去承受它,而不是将其掷还给他们,如果我太快提及我的联想的话,我会感觉我在将其推给他们。既然雪莉已宣布准备在山姆的梦之后报告一个她自己的梦,那么这一系列的梦可能会提供一个共同工作以及共享脆弱的新机会。当我在听时,我与这个死去的婴儿坐在一起。

"你的梦是什么,雪莉?"我问道。

"我醒来时自己名字正被拼错。我名字变成了 Ceryl Anika。"

"听起来像是匈牙利文或捷克文。"山姆说。

她继续说道:

我在一个为表彰艺术家而举行的礼拜仪式中。我也是个艺术家。一个著名的女艺术家也在那里。我的艺术正获得表彰——礼拜仪式的艺术专家组喜欢我做的挂毯。我对此记忆深刻,一个十字架位于颜色和质地属于中世纪的挂毯和夏卡尔之窗之间。有许多艺术家的个人简历,我的个人简历也被我的父母交上去了。上面的信息都是不对的。简历里附有一张照片,但是没人能告诉我谁拿走了这张照片。仪式结束时，一个神父想告诉所有人我们一定要敢于成为自己所梦想的人，但他却无法用言语传达，人们正不耐烦地离开。山姆现在也在那里，我正聆听着。接着，只剩下我一个人愿意听，神父也离开了。我妈妈向我走来——我正希望这样——唱完了他们一直在唱的歌。她想让我记住的歌词是"一个垂死的人定能选择他们自己的死亡。"然后我就醒了。

山姆很快就插嘴了，"我想指出的是我待得比谁都长，不是吗？"

雪莉问："你想要获得表扬吗？"

"正是。"山姆说。

"你对这个梦有什么想法吗？"我问雪莉。

"这是我能记得的最生动的梦之一。"她说，"让我印象深刻的是一个艺术家所提供的作品能获得他人的认可。我正欣赏但却嫉妒这个著名的艺术家，我自己也有值得认可的东西，但是我的身份被搞混掉了。那个艺术家得到全世界的公认，而我父母却居然连我的名字或个人简历都没写对。这是在一个神圣的场合，神父正在努力地传达信息，其他人却都没注意到。但是，我仍熬到了最后。"

"好的方面是山姆在那里待着，因为他在我梦里出现过一会儿，但他还是在结束前提早离开了。我妈妈讲完了我留下来要听的信息，是关于死亡的，听起来就像是短篇小说里出人意料的结局。我还没有做过走到那一步的梦。我能看到宗教场景、我自己身份的混乱以及死亡——但我受到了阻碍。"

我说："你们俩都创造了一系列的梦：生动的挂毯，夏卡尔之窗可以让一些光线照进教堂的地下室。这些场景互相交织——感觉受到父母以及你们彼此之间的忽视和虐待、你们身份的混乱，对死亡的同样的畏惧，而同时又已经感觉到死亡了。场景的重叠很重要。"

山姆说："在雪莉的梦里，我能看到她对身份和信仰的寻找。她的父母是让她烦恼的部分原因。他们在一些相当关键的时刻让她失望，就像雪莉对我的感觉一样。这个故事提醒了我，他们对她说过很多次的'要这样或那样去做'"。

我说："雪莉，你的父母不知道你是谁。他们把你的名字拼错了。这些日子你觉得山姆无法理解你，不知道你是谁。你可能就是个局外人。"

山姆补充道："我们说过雪莉很多年来努力让她自己成为父母所希望的那种人。我不想成为一个父母般的角色。如果你所做的一部分是将这个角色放到我身上来，按我的想法来定义你自己，我并不想那么做。"

我说："在一定程度上你感受到因让雪莉的个性屈从于你的愿望而带来的指责，但我认为困住你们两个的地方不仅仅在这里，同时还有死亡这个概念。我一直在想，你们那死去的孩子——艾米莉亚——依然留存在你们心中，你们活在她的死亡之中，她的死亡在召唤着你们，并在你的死亡诱惑之梦中得到呈现——山姆被一个女儿勾引入坟墓。同时，雪莉，这就是在死亡之梦中令你惊讶的结局，这就是为艾米利亚举行死亡仪式的教堂，这个仪式是你们从未有过的承认艾米利亚死亡的仪式。神父和你母亲正努力帮助你让艾米利亚死去，而这可能会让你活下来。你们都还无法通过丧失这一关，你们两个都觉得对方试图从自己这里夺去对死去婴儿的爱和奉献，强迫自己过着与你们那死去女儿有密切联系的生活。"

雪莉开始低声哭泣，无声地掩面而泣，这使人想起山姆也曾绝望地捂住他的脸。山姆挪动身体紧靠雪莉，抱住了她。

他们的哀伤开始了。我注意到我已不再感觉到那死去的婴儿在我体内了。我能足够温柔地将婴儿送回给他们，这样他们就能抱住这死去的婴儿了，看着她，抚摸她，感觉她的丧失，然后最终放手让她走，而不是觉得她一直埋葬在他们自己心中呢？

在接下来几周里，我们没有再刻意地提及这已死亡的婴儿，山姆和雪莉找到了回应彼此以及与我的评论进行工作的新能力。在我看来，很显然，他们已最终开始真正埋葬他们那失去的婴儿，拿回那些他们寄存在婴儿体内的自己失去的部分。

唐和玛姬：一对准备结束治疗的夫妻所做的关联之梦

唐和玛姬已经解决了他们在如何处理唐上一次婚姻中的小孩的意见上存在的分歧，而且对玛姬在与唐关系中的低自尊和抑郁也进行了相当深入的工作。在这次治疗中，就在他们意识到自己正做得很好时，唐报告了一个梦。

> 我梦见想和玛姬做爱。起初她看起来没有兴趣，但是接着她就穿着睡袍，显得很诱人、很热情。我们在一幢大房子里做客，可能是我叔叔和婶婶的房子，那是我长大时邻镇整个大家族圈子的中心所在，只是更具维多利亚式风格。我必须将一个想要闲逛的男人赶出我们的房间，然后锁上周围房间和走廊的门。楼上的门有玻璃，这意味着我必须将二楼的门都锁起来，以将他挡在外面。我看见一间小孩的房间，将起居室和我们的卧室分开。正当我把门都锁上然后准备开始做爱时，一队女佣进来打扫我们的房间，抗议说她们必须这样做但又不能被劝阻。我们的做爱似乎注定要落空了。

在联想中，唐想到他婶婶的房子，家族的中心，那是他遇见前妻并向她求爱的地方。玛姬认为家族圈子的想法似乎代表着唐目前工作中常有许多人到他们房子里去，而这些人将得以窥知他们的私生活，且干扰婚姻的亲密性。有时，玛姬对这种侵犯感到很不满。

玛姬也做了个梦。

我在一只木筏上，在观看鲸鱼。我们在看一头蓝色条纹鲸。它有蓝色和白色条纹，当它向你游来时，激起的波纹会让你感觉它正朝相反方向游走。接着我意识到，如果它看起来正在游走，实际上却是在向我游来。我想到："我有危险！我们不该在这样一只木筏上看鲸鱼，而应在大船上看。"然后，我意识到攻击我的可能是一只鲨鱼。

玛姬认为这头鲸鲨（whale-shark）让她想到唐，他们姓氏——威尔斯（Wells）——的双关语，以及唐在性交中将他那硕大、有点超重的身躯压着她身上的漫画形象，用他的需要和工作将她耗尽。他们前一星期在加利福利亚的海面上看过鲸鱼，导游说鲸鱼并排游着是一种难得的景象，看起来就像性交一样。玛姬幽怨地说，当她感觉从唐这里想要些什么（比如做爱）时，他可能会丢下她去关注别人的需要，而当她想暂时休息会儿时，他却来找她，要求做爱。

这同一个晚上的两个梦直指唐想要更多的愿望，以及他那精力充沛的、有时似乎是无休无止的渴望，但却受到唐自身努力的阻碍。玛姬羡慕地被唐的体型和特点、他的精力和迫切性所吸引，然而在唐想要更多的那一刻她却可能觉得应付不过来。这对夫妻为这两个梦如此契合而笑了起来，并且赞成他们在留意自己亲密和隐私的需要以及因唐的热情而造成的疏远方面可以做得更好。然而，他们喜欢自己房子成为圈子中心的生活方式，这是对唐婶婶的房子作为其温暖的大家族中心的一种象征性继承。他们讨论

第九章 婚姻治疗中的梦

了对这种模式的倾向性，同意为他们两个以及玛姬对私人空间的需要留出空间。

在这个案例中，梦描述了这对夫妻都熟悉的人格和需要方式。同一晚上的这两个梦的并列出现，所描述的冲突使得他们认识到彼此是如何让自身过度的需要妨碍了给予和接受对方的能力。梦的效果就像一幅画一样，抵得上千言万语，或者如同漫画般切中问题的要害，让人放松一笑。

这对夫妻能尊重彼此的愿望、恐惧和差异，能够对事件作出自己的解释，拥有各自的个人贡献，维持一种健康的视角，风趣幽默。治疗师发现自己的反应是一种非常泰然自若的反移情，这对夫妻并不需要积极的干预。一个月后，毫不意外地，这对夫妻又做了几次治疗后便定下了结束日期。

当在夫妻治疗中出现梦时，它们可以为自体和客体在几种层面上交流提供独特的机会。梦能够给夫妻透露有关彼此的内在自体和客体关系，并且为揭示出夫妻双方如何利用对方作为外在客体提供重要线索。尽管仅有夫妻一方分享梦的一次会谈也许仅能获知一方的客体关系，但是还可以沿着这个梦来进一步探索夫妻双方的类似问题。克莱夫和莉拉的治疗就是这样的。

当夫妻双方都能提供梦时，我们可以匹配和比较其内部客体关系，这好比将两张 X 片叠在一起，然后进行对比一样。山姆和雪莉就能这样做，他们的梦不断地给出动态的线索，即他们如何内射性地认同死去的孩子，如何通过投射死亡到对方中，后来又如何在治疗中投射到我身上，以摆脱他们自己的。玛姬和唐能够利用他们的梦来分析其客体关系的过渡性特点，彼此都觉得对方适应这种模式，这充分体现在他们的自体上，但是这种客体关系需要稍微修正一下。

最后，夫妻治疗中的梦对于其共同的情境移情是非常有用的线索。这在所有 3 对夫妻中均是如此。克莱夫和莉拉与治疗师在一起时体验到一种不舒服的渴望和侵犯感,这在他们那受伤婴儿的梦中得到体现。山姆和雪莉那死亡和误认的梦与治疗中痛苦的死亡感和被误解的感觉产生了共鸣。玛姬和唐在成长的状态下,逐渐感觉到他们的亲密性开始受到继续治疗的侵犯。

  梦在心理治疗中具有特殊的地位。治疗师经常感到弗洛伊德的那句名言"梦是通往潜意识的捷径"仍然是对的,即便或许通过梦的分析获得的内省也可以通过其他方法实现。夫妻治疗中梦的工作也同样如此。并不是说夫妻只有报告梦,治疗才能取得很大的进展,而是对夫妻的梦进行工作还是具有妙不可言的作用的。这些梦能让我们与对自体和客体关系的深度理解产生共鸣。

第十章
青少年家庭治疗中的梦

青春期是人发展中的一个特别不安定的时期。这是"第二次分离—个体化"(Blos,1967)和身份巩固(Erikson,1959)的时期,青少年特别将注意力放在与客体的关系上,而那些最初使青少年形成内部客体经验的家庭成员通常仍然存在,仍与青少年进行互动,仍能够促成青少年自我的演化。未解决的客体关系问题由父母及其他家庭成员携带着,继续影响着青少年。

反过来,青少年的成长也会影响父母的客体关系。父母希望通过与子女的关系来修复过去自身的自体和客体关系的缺陷,他们希望通过将爱的客体关系传递给子女来证实他们从自身父母亲客体处所接受到的东西。因而,儿童客体关系的困难对父母亲的自体具有深刻的含义。在自体和客体关系更新持续循环的背景下,家庭治疗对于促进父母和青少年的相互分化及修复客体关系具有独特的作用。

在对青少年的治疗中,青少年将其自体从客体中区分开来的斗争尤显剧烈和沉重。我们经常感觉似乎青少年要"跨过父母的尸体",从家庭中挣脱出来并获得自己的身份，使得他们的自体与现实的父母亲客体隔离开来，而且很可能与新的客体重复这种自我挫败的斗争。

梦在促成青少年这种自体和客体之间的斗争方面具有独特的作用。我们已经看到梦是如何游走于自体的意识和潜意识部分之间的，如何传达个体内部以及配偶之间自体与客体的关系。在青春期的变迁中，梦为自体和客体成分的交流和复合提供了一个特具流动性的媒介。

本章举了梦在两个家庭中治疗性应用的案例，可以让我们对两个截然不同的青春期女孩的自体在与客体相互作用下的形成过程进行研究。第一个案例展示了梦的使用如何巩固自体和客体、青少年和父母、家庭和治疗师之间那种不稳固的联盟。这个女孩与她的父母一起来见我，因为她拒绝独自接受治疗，在与她没形成任何联盟的情况下，家庭治疗似乎是取代住院治疗的唯一方法。第二个案例中的青春期女孩则充分配合治疗且对治疗很投入，在每周一次的家庭治疗后不久即开始定期进行个体治疗。她主动报告的梦不仅在家庭治疗同时也在其个体治疗中起到了促进作用。

不情愿的带入

坦尼娅·马修斯是一个来自中产阶级家庭的黑人女孩，她在15岁时前来接受治疗，原因是在寄宿学校第一年级时，她便因为吸毒和酗酒而被学校开除了。她的父母离异，且都是大学老师，在对她的照顾上意见还算一致，但是坦尼娅却设法利用他们自由放任的态度来追求堕落的生活，甚至在她离家前往寄宿学校前便已如此。我看到她的时候，她承认自己对学业没有兴趣，没有职业抱负，也没有生活希望。她酗酒，滥用任何可以拿到的毒品，只因为她觉得没有理由不那么做。她的冷漠是其严重抑郁的一种无力的掩饰。随着治疗的进展，她开始注意到4年前父母离婚所造成的丧失的影响。出于自我防御，她很快退缩到"我不在乎"的态度中去寻找庇护。

第十章 青少年家庭治疗中的梦

我开始了治疗，与坦尼娅和她的父母见面。对于这对离婚的夫妻能在治疗中一起工作、支持坦尼娅、能够正视他们以前均对坦尼娅日益严重的吸毒和行动化视而不见，我感到惊奇。我召开了一个全家会议，从学校回来的坦尼娅的三个姐妹也参加了。她们在高中时也曾吸毒、酗酒——可能现在还有，但是没有坦尼娅那么厉害。她们与坦尼娅及父母打了照面后，便迅速离开做她们自己的事去了。

刚开始两次与坦尼娅单独会谈的气氛很友好，但很快治疗便陷入了一种充满怨恨的沉默中，坦尼娅称她只是没什么好说的。起初，我会督促她一下。但如果我想让会谈一直进行下去的话，她便会愤怒地进行反击。她只是在她父母的坚持下才来的，并不想好好地进行治疗。在对这种抗拒性防御进行工作失败后，我建议进行包括一周两次的联合治疗，有些治疗让坦尼娅和父母的其中一方参加，而有些治疗则三个人同时参加。

我再次惊喜地发现治疗进行得相当好，尽管坦尼娅自己从不承认对治疗或治疗相关的教育计划有任何的兴趣。她被圣托玛斯学校接受，那是一所主要为具有情感困扰的孩子所开设的地方天主教学校。尽管一开始坦昵娅强烈抗议，但她比较勤勉且做得不错。她说她恨学校里的所有孩子，但是却逐渐地跟她们交上了朋友。她经常强烈抗议必须来接受治疗。治疗开始时，她常常会拒绝说话，而让父母带着些许痛苦费力地承担交谈的工作。接着她便习惯性地不情愿地对父母进行回应。

我在说到自己对治疗的效果和她的进步感到惊讶时，我的意图是想表达这样一种观点，即我对坦尼娅门诊治疗的有效性根本就是持怀疑态度的。在采用这项试验性治疗计划前，我已跟两位教育心理学家商量想把坦尼娅转诊到一所住宿治疗学校去。此外，她的持续性抗拒以及经常对我提供的东西不以为然——这种不以为然的态度重复了当她父母开始给她设立限制或条件时，她对父母的攻击——让我感觉自己长期以来不被欣赏，恐怕那些乖戾青少年的父母或者大多数青少年的父母对这种感觉都很熟悉。

然而，与坦尼娅父母日益增强的联盟却令我受到鼓舞。她父亲说，作为无监护权的一方，他感觉不到需要做什么，于是把它留给坦尼娅的母亲去做。他在青少年时也曾因为酗酒而被学校开除。虽然他认同坦尼娅的困境，但是他发现治疗有助于让他弄明白到底想从生活里得到什么。他知道坦尼娅需要更多的条理性，他也愿意更积极地提供帮助。马修斯太太说，无论任何时候，只要对坦尼娅说"不"，她就会感到内疚，因为她自己的母亲为她设立了很多严格的限制。出于害怕会像她所憎恨的自己的母亲一样，马修斯太太一直对坦尼娅放松管制。

我发现自己能够有效地与这对父母就干扰他们抚养女儿并为其设立限制的能力的主题进行工作，即使是坦尼娅坐在那里看着我帮她的父母获得共同合作设置限制的能力。我以前从没做过像这样的治疗，所以总是充满着疑惑。然而，坦尼娅的学校和社交生活继续在改善。

我这里要报告的那个梦是在治疗大约8个月之后的一次会谈上。坦尼娅和马修斯太太本叫我早点开始这次会面，但她们自己却迟到了10分钟。

坦尼娅一开始又有了新的抗议。"没有什么可以讨论的。我没什么话说。我觉得你也不必说话，妈妈，就这样消磨时间好了。"她耸了耸肩，嘲讽般地对她母亲做鬼脸，生气地看了我一眼。

马修斯太太说："顺便说一下，沙夫医生，坦尼娅的爸爸下星期要到外地去，我们可以只见一次吗？我不想自己一个人和坦尼娅连续来这里3次。"

我感到为难。我能理解马修斯太太想从为整个会谈提供所有能量的压力中解脱的愿望，但我不同意坦尼娅一周只来一次。我在处理坦尼娅在不情愿上的经验且马修斯太太的这种要求恰好给了我方便，结果我的这种矛盾心理进一步加剧了。由于下周时间表排得很紧，我选择了支持马修斯太太的要求。但我意识到，对治疗而言，此举设置了一个"不情愿"的主题，这与坦尼娅声称她没什么可说的产生了共鸣。我觉得还没到时候来面质她们的阻抗，这同时也与我自己感到必须非常费力地推动治疗有关。

马修斯太太现在试图谈论坦尼娅的人生观。

"坦尼娅，你坚持说命运决定生活，担心也没有用。很难让你以你自己的名义去做事情，但生活并不是那样的。"

坦尼娅一点也没放在心上。"瞧！你只不过是用讲话来消磨时间而已。"

马修斯太太说："我知道你不想谈。我想这就是为什么沙夫医生要你父亲和我一起陪你来参加治疗的缘故。有需要讨论的事情，当然也有工作要做。"

"我觉得我的人生想做什么跟你一点关系也没有。"坦尼娅说。"我应该可以做自己想要做的事。这是个自由的国家。"

讨论又一次地在母亲的主动要求下转到下一年度坦尼娅将去哪上学的话题上来。已经1月份了，坦尼娅必须想好新的学校，否则她将得待在现在这所学校里，而她还在说恨这所学校。

"明年我甚至都不用去上学了。我已经16岁了，你不能强迫我。"

马修斯太太在这个问题上表现得很强硬。"你要去上学。"

"我恨圣托玛斯！如果你非要让我去上学，那我就去。但是我想去别的学校。"

"比如哪里呢？"马修斯太太问。"你自己都还没想好呢。"

坦尼娅嘲笑她的母亲。"我知道。我不能有自己的想法。"

我能感觉到坦尼娅那生硬但却强烈的抗拒心理。在她母亲的推动下，坦尼娅似乎正从她所躲藏的庇护所中走出来。我突然将她想象成一条实际上会喷火的龙。我能感觉到气氛变得紧张，并且觉察到马修斯太太似乎想从被坦尼娅唤起的愤怒中退却下来。

"你想撤退吗，马修斯太太？"我问道。

"我当然想。"她说。"只要我一开始讨论现实问题，她就变得很不耐烦。但是，如果她现在不申请其他的学校，那她就没得选择了。她说她恨圣托玛斯。我不知道该怎么办，有好多次我希望自己可以不理这些事情。"

"哦，我快16岁了。你不能强迫我去上学。"坦尼娅重复道。

"这根本不可能！"她母亲说，看来她受到我的问题的鼓舞。"看看发生在迈克尔身上的那些事。那正是我所担心的。"

迈克尔据说是坦尼娅的男朋友，也是因为吸毒而在早几个月前被同一所学校开除的。迈克尔现在在新英格兰的一所寄宿治疗学校就读，但已经从那里逃出来了。最近，迈克尔给坦尼娅打过几次电话，还有迈克尔的母亲也给坦尼娅来电想找她儿子。

我将坦尼娅对于男友的选择看成是她缺乏自我形象的又一种表现。迈克尔似乎是她自己更为糟糕的一个版本，就像她的几个朋友一样——根据坦尼娅对她们的描述。听到马修斯太太以此种方式提及迈克尔，我感觉受到鼓舞，因为一直到现在，马修斯夫妇都还没有监督坦尼娅与这类朋友的交往情况，结果默许她更加行动化了。

迄今为止，我将此次会谈的内容理解为代表着她们共同的希望感。我在想坦尼娅的开场白"没什么好说的"，还有马修斯太太想要取消治疗的愿望。关于迈克尔的讨论鼓舞着我对治疗进行干预。

"这次会谈讨论的确实是关于你们俩都无法交谈的情况。"我说，"对于坦尼娅拒绝上学的讨论代表着一种底线的威胁，即坦尼娅已经足够大了，不可能让你，马修斯太太，还有她父亲替她决定一切。如果坦尼娅确实像迈克尔那样蛮横不受管制，那么你和她父亲就必须得决定你们自己的底线是什么，就像迈克尔父母做的那样。若非如此，我相信你的意思是，'就是这样。没有讨论的余地。你必须得去上学。'在这种'不予讨论'中，也许没有直接进行讨论的是坦尼娅喜欢你们两个更严格些。她可能害怕，如果你们不够坚决的话,她将会像迈克尔那样最终处于绝望的地步,孤独地游荡在外,甚至无法照顾自己。"

马修斯太太看起来很难过。"就像在我梦里一样。"她说,"我梦见一个叫艾米的女孩在迈克尔待的那所学校里,那里就像监狱一样。艾米是我大女儿珊德拉认识的一个问题女孩,她已在治疗学校里了。珊德拉有时也会谈到退学,尽管她已成功地从大学毕业且干得不错。但是,当她在坦尼娅的年纪时,也经常威胁说要退学。这就是梦的所有情况。"她开始哭了起来,从包里拿出纸巾来擦眼泪。"这给我一种感觉,似乎要控制坦尼娅,我就必须把她送到像我想到迈克尔或艾米时就会想起的他们待的那种监狱般的学校。"

现在,关于迈克尔问题的所有来龙去脉都清楚了。他的处境如此之糟糕,以至于他最后打电话给坦尼娅要信用卡——或者她母亲的信用卡,这样他才有钱买机票回家。得不到后,他便去找他的父母,而他父母说除非他回去学校,否则不会跟他谈论任何事情。一段时间里没有人知道他在哪里,之后,他又在寄宿治疗学校里露面了,且一直待在那里。

我说:"这个梦告诉我们你母亲和你自己的冲突在哪里,坦尼娅。就像她对迈克尔所担心的一样。过去你母亲不愿给你设置限制,因为她害怕你会恨她,但是现在她担心再不管管你就会让你变得孤独而迷失。她害怕你愤怒,担心坚持让你去上学就像是判你去监狱一样,但是如果她不这样做,她会担心你的安全和健康。"

马修斯太太仍流着泪,说道:"确实如此。你必须明白我是这么担心你。我不知道你是否能利用我能给你的一切,如果你不能,我会觉得很恐惧。但是,当我试图这么做而你却大发脾气时,我感觉你恨我,就像我恨自己的母亲一样,以前我觉得她就像把我关在监狱里一样,逼我做那么多讨厌的事情。我发誓我决不会那样对你和你姐姐,但是现在我认为你们两个都需要我更多的督促。

因为我害怕坚持我的要求，所以你们才都会出现问题。现在我明白了。相信我，坦尼娅，我希望你能有自己的人生，我担心你会发生什么事。现在迈克尔可能已经死了，而你自己还冒那么多的风险。我知道我无法永远阻止你，但是我的确想尽我所有的努力去做。我会竭尽全力，尽管这很不容易。"

坦尼娅沉默着，似乎在听着，而不像平常一样耸肩做鬼脸。

我说："坦尼娅，我觉得你担心你父母看不到在你愤怒和拒绝底下你有多么害怕。重要的是让他们知道当他们能够坚持对你的要求以及你所需要的限制时，你也会感到放松。此刻你是否喜欢你的父母并不重要，重要的是他们能够承受住你的愤怒，而不会对你那体内的龙要喷火的威胁感到恐慌。

"现在我也可以说，我们都同意取消下周的会谈是因为我们都害怕谈话以及努力谈话的痛苦过程。但是，这些事情都需要处理。我觉得下周我们应该按原计划见两次。"

"我能明白你的意思。"马修斯太太说。"我觉得我可以面对。"

坦尼娅出去时并没有谢我，但至少看起来没有那么不情愿了。

该案例阐明了青春期自体对客体依赖的一种特定方面。这个小女孩明显依赖于外部客体以定义其自体。青少年经常通过拒绝外部家庭客体以增强其内部客体、身份或自体感，建立起证实和考验这种新兴自体的新同伴关系。坦尼娅由于父母离婚便在过早的分离中丧失其自体感，而且由于父母无法成为其所需要的设定限制的合适客体以便让她中心自体的发展能够位于过度需求兴奋和拒绝的客体之间，结果进一步加剧了她的自体丧失感。

马修斯太太的梦让我们认识到，她的这种害怕成为坦尼娅的迫害和拒绝性客体，让这个青少年处于兴奋性内部和外部客体的混乱支配下，让她觉得孤独、迷失、镇静，而不是受到管束和限定。她那抑郁性的冷漠是她压抑对客体的渴望的一种表现。这可以让她在大多数时间里免于这种痛苦，但是当她受到这种痛苦的威胁时，她就变成了一条愤怒的龙，转而攻击他人而不是感受到她自己丧失的痛苦，这种丧失就是冈特里普（Guntrip, 1969）说的分裂态的悲剧下场——当没有客体来迎合力比多自体隐藏的渴望时所体验到的自体丧失。

这个梦让马修斯太太看到由于她自身对于攻击的害怕而以这种方式抛弃了坦尼娅。她仅仅只能将设定限制理解为是对孩子的一种监禁性攻击。她把设定限制视为监禁不仅仅是因为她自己在她母亲的照顾和控制下的感觉，还因为在她自身的内在孤独中，她想要坦尼娅紧紧地靠着她以至于可能会伤害到坦尼娅，正如她自己也因为母亲的类似问题而感觉受伤一样。这些问题都还有待于解决。同时，这个梦让马修斯太太能够包容坦尼娅的那种因缺乏抱持客体而感觉迷失的焦虑。在接下来几个月的治疗中，我注意到坦尼娅的一种发展中的积极而建设性自体的日益清晰。

"我成长时父母没有注意到"

萨莉·布莱，15岁，3个孩子中排行中间，被她父母带来治疗。她母亲是护士，父亲是郡行政官员。他们跟我说当萨莉告诉他们她性行为活跃且想去找妇科医生开避孕药时，他们感到十分震惊。他们不支持她这种想法，把她关起来直到她答应不再有任何的性行为。当他们第一次见到我时，他们固执地坚持这一点。此刻，他们无法以别的角度去看待问题。这是他们仅有的抱怨，因为萨莉是个模范学生和班级领导者，虽然不是什么运动员，却很讨人喜欢，如果有什么问题的话，也只是过度参加课外活动。在她18岁的哥哥扎克当时出现较麻烦的学习障碍后——他现已稳定下来过着还算成功的大学生活，萨莉学业上的表现和活动一直是他们夫妇俩的一种慰藉。她还有个弟弟，7岁的伯特，他们说他很活跃、可爱。

当我看见萨莉时，我发现她是个非常有魅力的女孩。她聪明、有趣、有深度。然而，我对于她父母担心她可能过早地进行性生活这一点不是没有共鸣。她看起来具有比其父母更灵活和更具思想的观点。她说她父母总是跟她说有问题应该去找他们求助，即使她认为父母不会同意她的做法。她知道他们不会同意她有性生活，但她所学的一切让她相信最好是告诉父母，得到合适的避孕措施，而不是冒险。她觉得她爱她的男朋友，并准备和他发生性关系，所以她认为她的行为算是负责任的。

但是，她觉得这类问题实际上更具普遍性。她说："他们不明白我已经长大了。在他们没有注意到时，我已经长大了。我觉得他们总是忙于争吵。我想念以前他们。我还有另一个问题，迄今为止，我还没找到一个女孩能够与她的母亲和睦相处，我担心这也会发生在我母亲和我身上。我母亲跟她自己的母亲关系不好，我姨妈和我表妹也不说话。所以我寻思着既然妈妈和我现在处得不是太好，再加上所有这些，我们友好相处的机会就不大了。而且妈妈和爸爸的关系也不好，所以更是雪上加霜。在某种程度上，我想去找我男朋友以便从这个家逃离。"

我被萨莉吸引住了，她的机智超越其年龄。我知道她的观点虽然比其父母的要有意思得多，但却不大可能是事情的全部，尽管如此，那种早熟的魅力还是很吸引人的。

在与萨莉及其父母工作的几个月里，我对于她的性活动和父母对她的管制保持中立的态度，我们对萨莉和她父母的疏远以及她从父母的争吵中习得的可怕关系模式进行工作。布莱先生和布莱太太对女儿管制的立场软了下来，他们三个开始谈论萨莉对于这些年来她自己和父母之间疏远的恐惧。

我也单独会见萨莉，部分是因为在家庭环境下她不愿过度暴露个人隐私，因为她担心父母会管制她。在个人治疗中，她很努力，开始看到她自己如何推开父母、如何重复地选择那些情感上受到忽视甚至虐待的男孩。她正重新评估对父母关系的观点。在潜意识里,她认为别无选择,然而却拼命地想改变它。随着对这些问题进行工作,她意识到她不仅想解决自己的抑郁问题,而且想在学业上维持最佳状态——尽管她学业上看起来挺成功,但实际上她经常破坏自己的重大抱负。

下面这次家庭会谈发生在治疗1年后。到现在为止,治疗还包括她的兄弟——因为布莱一家意识到他们长期的痛苦已影响到弟弟伯特的同伴关系——这使他产生了焦虑。哥哥,扎克也刚好从大学里回来了,于是也参加了治疗。

会谈是以讨论伯特的一些不寻常的粗暴行为开场的。伯特的学校举行了场典礼,他在典礼上获得了一个拼写的奖项。伯特对父亲说他不该在扎克面前谈论这个,扎克在家庭治疗中感觉有点不舒服,因为他只在从学校回家时才参加治疗。接着,伯特开始以某种方式在躯体上攻击父亲,他自己称之为"拥抱和激怒"的结合。他假装要掐他父亲,而他也真的使了一点劲。最后,布莱先生不得不紧紧抓住伯特的胳膊以制止他,这样他们都动弹不得而抱在一起。伯特继续这种行为,任凭家庭其他成员的反对以及惩罚的威胁。这种情况主导着会谈开始的几分钟时间。同时,萨莉紧紧依偎着母亲,而后者正在试图说伯特在学校里表现得有多棒。

搞不明白伯特的行为究竟是什么意思,他也没有停下来。其他人都在发表评论,说伯特多么渴望受到关注。

扎克说:"我必须从学校回来参加这个治疗吗?"

萨莉说:"看看伯特是怎么把一种愚蠢的逆反变成关注的中心的?"

布莱先生说:"哦,我觉得他是对成功感到不舒服。"

"可能。"布莱太太说,"他觉得这意味着他将必须保持下去,必须保持这么好,而他这时实际上宁愿去玩棒球。"

"但是你们没有一个认为你们真的能够理解他的这种破坏性。"我说。

"别说了，沙夫医生。"伯特说，"这事跟你无关。"他又开始不寻常地粗鲁起来了。伯特是个坦率的男孩，通常不会不友善。

布莱先生紧紧地抓住伯特并发表了意见，"我自己对待家庭成员的行为举止也不是很得体。我比较粗鲁，有点像我的拿破仑自我一样。事实上，我妻子认为伯特之所以会这样是因为这星期我状态不太好。昨天是我父亲去世一周年的日子，我一直很想念他。意识到这是他去世的一周年纪念日之后，我的神经不那么紧绷着了，对待其他人的态度也就好点了。"

"哦，这个星期他非常讨厌。"布莱太太说，"星期六我做了一道特殊的菜，他却不停地抱怨，我当时真想把菜扔到他脸上。自从我们意识到这可能跟他父亲的死有关时，他就平静下来了。"

到目前为止，我一直将注意力放在伯特的躯体行动上。在他紧紧抓住父亲注意力的背后的那股力量看起来似乎带有谋杀性质，但同时又自相矛盾般地具有嬉闹、亲近和表达爱意的味道。一直到其父亲解释丧失的那一刻，我才弄明白了伯特行为的含义。这也让我们理解了萨莉和她母亲在依偎中的那种情感，因为这可以让她们彼此都避免感受到丧失和破坏。

我对布莱先生说："认识到当你不知不觉地挣扎于父亲的丧失时你一直处于愤怒的状态这一点，让我们弄明白了伯特的行为，他看起来想杀你，但同时也让那种行为变得充满爱意。而萨莉和她妈妈的彼此拥抱也是同样一个道理。"

布莱先生转向萨莉。"你想把你的梦告诉沙夫医生吗？它对我很有意义，因为正是这个梦让我意识到我正挣扎于怀念父亲的情感之中。"

"好的。"萨莉说，"我梦见我在祖父母家的房子里，那所在我还小时他们搬离华盛顿之前住过的房子。梦里，他们正在搬家，在往一辆搬运车上装东西。让我吃惊的是，这辆车是来自联合搬运汽车公司的。他们上了车，由我祖父开车。车正朝着我开过来，就要从我身上碾过，然后我就醒了。"

我注意到，伯特现在已经不再跑来跑去，舒服而安静地让他父亲抱着。他的安静导致了整个家庭气氛的改变，这意味着我们现在正靠近潜藏于挣扎之下的情感问题。

"对于这个梦有什么想法吗？"我问萨莉。

"哦，我觉得这辆货车实际上是我父亲的车，一辆大型的红色货车。事实上，有时候我觉得我父亲自己就像一辆货车一样，因为他块头比我大，觉得他能够往别人身上碾过去。所以，我猜就像他往我身上碾过去一样。我认为这就是梦里的感觉，他通过离开而正从我身上碾过。"

"你觉得你父母联合起来远离你吗？"我问道。

"哦，不是这个星期。"她说，"最近他们有更多的时间在一起了，而我怀念我与妈妈的那种亲密感，但现在他们处得更好了。过去有些时候，当我爸和我妈吵得很厉害时，我跟我爸会有某种特殊关系。所以，我觉得我不得不说是。当他们俩更加团结时，我感觉他们在远离我。"

"萨莉梦里的祖父母是谁的父母，他们搬走了吗？"我问这家人，寻找此梦的附加客体关系历史以及目前的家庭排行。

布莱太太说："这是我丈夫的父母。他们住在这里一直到萨莉7岁的时候。爸爸退休后，他们就搬到弗罗里达去了。萨莉一直跟他们很亲近。当我在医院值班时，她会在放学后去找他们。当他们搬走时，我正怀着伯特，不久我就生产了，他们走后，我就整天忙着照顾伯特。当我照料伯特时，萨莉一直跟我说她好想念祖父母，她总满怀深情地想起他们。后来，她继续跟他们保持一种较为特殊的关系，尽管她常常很难理解为什么他们要搬走，要离开她。"

"这就是萨莉7岁时失去的祖父以及她爸爸去年失去的父亲。"

我说。"目前丧失正通过她父亲的行为攻击着萨莉。"

"对的。我觉得那就是了。"布莱太太说,"它就像一个幽灵般住在我丈夫体内,且通过他攻击着萨莉以及整个家庭。他一直沉浸在父亲的死亡中,无法关注到我们其他人。"

"她说的没错。"布莱先生点点头。"我一直反反复复地去想那些我与他共同度过的令人怀念而现在再也不会有的美好时光,根本停不下来。他是个不易接近的男人,我们从来无法拥有那种我们彼此都希望的亲密关系。事实上,过去几年里,我们的确谈到过一些这方面的问题,但却没怎么弥补。所以,我觉得可以这么说,我一生都被这种剥夺感、被他对我的远离笼罩着。可能我在萨莉这样的年纪时这种感觉更加强烈,那时在学校里已出现了一些问题。那是我唯一一次课程不及格并且需要帮助,他无法理解。我觉得我的问题困扰了他,而他退缩了,也许他觉得是他让我失望了。"

"我不知道你也有过不及格的时候,爸爸。"扎克说,之前他一直都很安静。

"哦,当时我有个女朋友要把我甩了,我身心交瘁,根本无暇顾及学业。"布莱先生继续说,"但是我爸爸显得很不高兴,因为我以前一直是个优秀的学生,现在却这么糟糕。"

"爸爸,可能你也是因为与父母在一起时感到孤独,所以才去找你女朋友的吧!"萨莉说。

"也许是吧,萨莉。"他承认道。"无论如何,你的梦这星期真的击中了我,真的帮了我一个大忙。它让我看到我对你还有整个家庭的所作所为,它让我又振作起来了。你同意自从我们周二谈过后我好多了吗?"

"是的,没错。"她说。"作为一个父亲,你一直都不差。在那之前,我觉得妈妈和我通过讨论关于你是多么难相处而变得亲近了。"

伯特之前一直安静地被他父亲抱着。现在他开始说话了,"瞧,就只丢下我自己一个人了。爸爸生所有人的气，而妈妈和萨莉则还有彼此相伴。"

"哦，伯特。"我说。"会谈开始时，我觉得可能你认为我正开着辆搬运车朝着你们家庭碾过去，而你正努力保护他们，因为你担心我会引起麻烦。"

"可能吧。"他说，他显得不是那么信服。

我继续说道："但我同时也觉得你想在你爸身上做个捉鬼的人。你一直想通过让你爸爸发狂来将整个家庭从你祖父的幽灵中拯救出来——想勒死那个离开你的坏爸爸，让你的好爸爸回来。在某种程度上，今天你确实做到了。我能看到你让你的好爸爸回来了。"

"是的。"伯特咧开嘴笑了。"好爸爸。"他转过身去，用力紧紧地抱住爸爸，而布莱先生则上气不接下气地用手势比划着。

萨莉个体治疗中的梦

"我们会在家等你，宝贝。开车小心点！"布莱太太边关我办公室的门边说，留下萨莉做她每周一次的个体治疗。

萨莉脱掉鞋，蜷缩在双人沙发上，放松地进入一种"真实"的状态，这样，她可以无拘无束地告诉我一些在家庭治疗里她不会说的事情——一些朋友告诉她的事，她去过的派对，偶尔还有些性事。

"一直以来，我担心自己会把事情弄得一团糟。"她说。"这是我在这里想要解决的，对吧？像现在，我有了这个我喜欢的新男孩，马克斯。他真的很正派。他理解我，不会给我压力，而且很有趣。"

"所以，你发现这样一个好的男孩有点儿让人纳闷迷惑？"我问道。

"对的，你说对了！"她说。"他人很好又风趣，而我不能喜欢他就像我过去喜欢克雷格一样，克雷格真的是在骗我而且利用我，我从心底知道他在利用我，就像马克斯邀请我去参加他的舞会。他在另一个学校，我真的想去，但我还没邀请他到我自己的学校参加舞会，因为我一直在想他虽然不认识我的朋友，但我知道他会跟他们玩得很好。

"让我告诉你一件事。马克斯和我星期六晚上本来有个约会。当时我在参加拉拉队长的选拔赛，选拔赛进行了很久。后来，我把车钥匙弄丢了，妈妈不得不来接我，等我到他家时已经是半夜了，我本来应该在9点到的。我告诉他我觉得非常抱歉，以为他再也不会想看到我了，结果马克斯说，'没问题。'他对此只是笑笑，说，'行，但我们必须出去喝杯可乐。'然后他把我带去美式餐车处，我们坐在那儿，玩了整整一个小时，非常开心。但我还是感到内疚，于是对他说，'得由我来埋单。'尽管我口袋里并没有钱。他说，'没必要。由我来付。'但我感觉我必须得补偿他。"

"我们一直在谈论可能你会被那种有点虐待性的关系所吸引。"我说。"现在我们看到了一些与此相伴的东西。实际上，当你跟一个想对你好的男孩在一起时，你感觉不舒服。你觉得你不该有良好关系的想法可能与我们前面在家庭治疗中所讨论的梦有关。"

"嗯。"她若有所思。"哦，在我看来，如果彼此之间没有一些争吵的话，很难想象两人的关系会有意思。这是这些年来我从父母身上看到的。我的意思是，他们并不会打架，只是有点讨厌，吵的比较多。"

"那么，失去你的祖父母呢？"我问。"我还不知道在你小的时候他们对你是如此重要。"

"我已经好久都没想这个了，你知道的。"她说。"他们已经搬走七八年了，有点老，脾气不太好。爷爷死后，我们去探望他们，奶奶很爱干净，对房子的清洁很挑剔，而伯特绝对做不到这一点！

我记得，以前，当妈妈去上班时，爷爷让我坐在他的腿上玩，而奶奶则喂巧克力糕饼给我吃。然后，他们搬走了，伯特也生下来了，而扎克由于有学习障碍总能得到爸妈的关注。所以，我觉得我很想念他们，就像爷爷死的时候爸爸想念爷爷一样。对我来说，那一定是一段难熬的日子，但我以前并不知道这一点。"

"我一直在想我们最初见面时你说的话。你觉得女孩子长大以后就不大可能会跟妈妈有好的关系。你一定觉得在你小的时候你失去了跟妈妈建立良好关系的机会，而不得不去找你爷爷奶奶。我想，为此，多年来，你对你妈妈有意见，但今天你在这里，依偎在妈妈怀里。"

"的确如此。"她说。"我们一向处得很好，比如拿我爸爸开玩笑。现在，我们至少暂时是好朋友。妈妈可能有不顺心的时候，但他们并没有让我们太多地感到受挫。而即便是我惹了麻烦或者出了些问题，比如在学校落后了，妈妈也不会真的责骂我。"

"所以跟去年相比，事情变得有点不一样了？"我问。

"是的。我想也许我们会处理好的。"她说。"但你知道，当你说我小的时候想念妈妈时，我记得那时有段时间她病了，住在医院里。当时我还小，他们把我送到贝斯蒂阿姨那里去。她这人很难相处，当任何人觉得需要什么时，她就会很厌恶，脾气很暴躁。我想有段时间我感到非常孤独，这些我只记得一点点。"

"所以，贝斯蒂阿姨就像你刚来这里时对妈妈的印象一样。"我说。"那个在人们需要她的时候不会去支持他们的讨厌女人。那似乎开始于当你妈妈不得不把你送走一段时间的时候，然后你可能感觉那时也是她抛弃你的。"

"也许吧。"她同意。"我现在想起来一些其他的事情。我不知道为什么，就像在自己的婴儿床里，我一直待到大概 3 岁能讲话的时候。我想让父母进来给我讲故事，他们若不进来，我就会哭整个晚上。我记得，有一次妈妈带我去学校，然后我不想让她走，结果她还是走了。我觉得那就像伯特出生时她将所有的精力都放在他身上的那种感觉一样。"

"这些事件与你的梦相吻合。"我说道。"这些时候，你无法拥有妈妈，所以感觉到的丧失。你有点想通过找爸爸又有点想通过找祖父母来处理你的孤独感。然后，当他们在伯特出生后搬走时，你一定会觉得没有人可以陪你了。有时候，祖父母是父母的理想化替代者。你认为祖父母的关系不错，不像你父母那样经常争吵。当他们离开时，你感觉生活也许不再安全了，'团结的'父母走掉了，而你只剩下不安全的父母——因为他们是分裂的。"

"给你加一分！"她说着，在空中做了个击掌的手势。"你知道，当我没完成作业，感觉受到如此虐待时，我觉得那是因为我对自己感到很抱歉，没有人关心我，就像那时候我觉得自己是个小女孩，想要父母来照顾我一样。"

"然后，如果他们没有或不能照顾你，你就会很失望，情绪低落？"我问。

"是的。然后我就想找个有问题的男朋友，这样我就能帮他了。就像克雷格那样的人，我能帮他改进。但问题是，他自己不一定想要被改进啊。所以，最后我就觉得他在欺负我，有点像那个开着货车从我身上碾过去的家伙。说真的，是我首先让自己处在那样一种境地的，就像我自己租了这辆货车，然后把他放在司机的位置上。说到底，可能我还是有点儿喜欢我爸爸，除非我找到个男孩来帮我。就像我是搬家公司一样，出去找那些不擅长开车的人，感觉自己能够教他们开车。然后，当他们并非真的想要学开车且把我撞倒时，我感觉这跟我没关系啊。但事实上是我雇了他们！我自己造成的！哦，哇！"

这个家庭和个体心理治疗案例阐明了费尔贝恩"内在破坏者"（internal saboteur）的概念，这次是在对萨莉梦的共同工作中发现的。这个家庭和萨莉在治疗中显然工作得很好，乐于发现其自身压抑和否认的部分，就像第八章里描述的格林家庭一样，每个人都能够审视自己和他人。

这里的梦是一辆探索丧失的"行进中的车"，而这种丧失已转化为几个家庭成员内部以及彼此之间的愤怒和拒绝性客体关系。所丧失的好的祖父母继续留存着，被认同为拒绝和迫害性客体，仍在影响着父母的自体。

首先，这个梦可被理解为对梦者"精神内部状态"的描述（Fairbarin, 1952）。梦里所呈现的内部客体关系观点并不真的是家庭环境，而是梦者内部所携带的关系模式。这里，萨莉梦见的不仅仅是一个拒绝的父亲，同时也是她的反力比多自我或者是与之相关的"内在破坏者"。梦同时还阐明了拒绝性父母客体，他们在梦里联合起来离开她，开着那辆"联合搬运车"凶狠狠地朝她碾过去。在一边讲述梦一边依偎在妈妈身上时，萨莉努力地想为自己重新创造兴奋性父母客体，以补偿她感觉到的拒绝。她的中心自我或自体是梦者以及梦的报告者，而理想化客体仅仅通过暗示性地提及她所感觉到的那种爱和接受性客体正在远离她而在梦里呈现。

然而，关于此梦更有意思的观点是，萨莉的家庭将之与萨利的祖父母在伯特出生时搬离华盛顿联系起来。那时，这个家庭在失去父母的体验上是一致的，而最近关于布莱先生父亲的死亡也是如此。识别出以各种方式呈现的拒绝性客体——如通过父亲的迫害性体现、通过伯特对父亲的攻击体现，让这个家庭能够看到他们作为一个整体是如何笼罩在迫害性客体之下且受其束缚的。他们渴望团结的父母，但却感觉到他们不可能让这种团结的父母安全地呈现在家庭内。他们无法想象布莱先生和布莱太太能够既是一对团结且相亲相爱的夫妇，同时还是慈爱的父母。结果，他们建立了替代性夫妇——伯特和父亲，母亲和萨莉，萨莉和她男友——努力地补偿在家所感受到的丧失感。通过对萨莉的梦进行分析，这种模式可以被探索并改变。

在这次会谈中，伯特起初的作用是保护家庭免于受到治疗师的侵入。此时，治疗师就像开着辆搬运车驶入他们中间。治疗师威胁着将这个家庭引向丧失和痛苦的体验。当这个梦被共享时，治疗师不再是团体的迫害性客体,而是家庭和个体活动的有益代言人。然后,每个家庭成员以及作为整体的家庭的自体和客体关系能够被探索和理解;接着,家庭继续它自身的发展过程。随着家庭成员重新找回他们丧失的客体,他们开始了重建其自体的过程。

第四部分

自体和客体

第四部分

日本家知林

第十一章 俄狄浦斯重返家庭

俄狄浦斯期不仅仅是个体心理性欲发展的一个阶段,还是孩子和家庭之间一次共同合作的阶段。弗洛伊德最早对俄狄浦斯情结的描述是指3～4岁孩子内驱力的一种自然结果,是孩子成长过程中必经的过程(1905b)。当我们从自体和客体不断相互作用的观点来看待这一问题时,我们看到的是孩子和父母、自体和外部客体、自体和内部客体间的相互影响。

俄狄浦斯情结是弗洛伊德对客体关系发展的一个贡献。他描述了孩子们在管理其内部世界时,如何吸收并改变他们和客体关系。后来,弗洛伊德(1923)又认为,俄狄浦斯期的直接结果是超我的形成。

费尔贝恩(1944)又对俄狄浦斯期的内容进行了补充。随着年龄的增长,孩子会发现,他们和母亲之间的关系是矛盾的,母亲令他们感到愉快,同时也令他们感到讨厌。在俄狄浦斯阶段,孩子处于这种三角关系之中,并努力解决同父亲和母亲之间都存在的这种矛盾。于是,他们根据性别把客体分为令人愉快的客体和令人讨厌的客体,把所有令人愉快的因素都归为一个客体,把所有令人讨厌的因素都归为另一个客体。

通常，对于男孩来说，母亲成为好的、令人愉快的客体，父亲则成为坏的、令人讨厌的客体。女孩则相反，父亲是好的、令人愉快的客体，母亲是坏的、令人讨厌的客体。

之前我介绍了婴儿和渐渐长大的孩子在成长过程中的四种发现，这四种发现最后都导致了俄狄浦斯期分裂的形成。费尔贝恩（Scharff and Scharff, 1987）首先对此进行了描述。在这里，我做一个简单的回顾，把处于俄狄浦斯发展期的个人与家庭关系整合一下，作为自体和客体间互动的一种方式。

婴儿在家庭中的发现

孩子具备了发现的能力

我们首先对温尼科特的孩子"发明"母亲乳房（1971a）的观点做一拓展，我认为，婴儿不得不去为自己发现家庭生活中业已客观存在的事物。在成长的过程中，孩子突然具备了发现的能力，这对孩子来说是一件新鲜的事情。其实，在孩子发现之前，这些早已存在。父母的关系就是等待孩子发现的事物之一。

孩子的成长改变了家庭

我们认为，孩子的存在和成长改变了家庭，给家庭中的每一个人都带来了变化。变化带来的不稳定性导致了一种错觉——孩子故意导致了这些变化。

退化的创造

孩子用创造性的眼光看待自己的家庭。以家庭中其他成员的眼光来看，这种方式是奇特的，但这是由孩子的年龄和发展过程中有限的思考和分析能力决定的。因此，在每一个阶段，他们都有新的发现，同时也受到各阶段主要的内驱动力影响。例如，在孩子2岁时，分离和独立是个突出的问题，而3～4岁的主要问题则是性别角色。

在每个新的阶段，孩子会突然碰到较先前发展阶段和客体关系来说全新的问题。对孩子而言，这就像刚学会代数或者刚学会简单的几何或算术题却要努力去理解微积分一样困难。虽然那些早期的规则给孩子提供了理解新事物的词汇，但是他所具有的语言体系却并不适合儿童。所以，必须歪曲这些概念以适应新的情况，而孩子们就是这样做的。在用这些过时的词语来理解自身成长的每一次尝试中，孩子们对新的步骤都应用了歪曲的方法，这是他们积极探索事件内在含义最初的手段。他们彻底改造过去的经验，以解释新的事件。所以，即使它基于同样的原则，这个解释仍是创造性的。在这个过程中，孩子会严重地歪曲事实，而这个歪曲会慢慢地被分裂，保持最初的状态并被压抑着，但是它却会持续存在，一个原因是因为它仅仅是被压抑着，另一原因是因为它是最初出现的，最初的模式总是有其顽固性。

这种早期的思维就像是躯体思维——即在思维出现之前，婴儿用躯体的方式来感受及理解体验。孩子的这种早期的体验是直接的，未经过思维和言语化的处理。

举个例子，一个小女孩对她的母亲说："我的外阴看上去就像鳄鱼嘴一样。"在这个例子中，小女孩的外阴和她对外阴的发现被以一种退化为口欲期的方式来理解。她对身体有了新的体验，即使用于解读的语言是旧的。这种退化的创造性同时也被应用于孩子对外部环境的歪曲，孩子会把已有的内部客体关系施加于新的外部环境。在这种情况下，孩子其实是用内部的客体关系对遇到的新环境做一个近似的比较。这种方式对于理解新的体验来说有保守的成分。虽然根据以往的经验来理解新的事物对于成长来说是至关重要的，但会不可避免地带来歪曲，有时，孩子会完全意识不到这是不同的东西。

成长带来了新的理解方式

最后，成长带来了新的理解方式。当孩子的认知能力提高后，他会重新回顾过去，重新解读这些事件。之前我描述的在俄狄浦斯期根据性别进行分裂的案例就是一个恰当的例子。这个案例是一个相反的过程，患者根据以往的思考方式来理解新的问题。在这里，以往的事件被孩子用新的理解力重新解读，而彻底改变了其含义。这能帮助我们理解梅兰妮·克莱因有争议性的观点，通过分析两岁半到3岁的孩子，她认为孩子在第一年就已经碰到俄狄浦斯情境了，孩子会幻想父母不停地重复愉快的口交。她的理论是源自3岁后期孩子的思维内容，而我认为，这个年龄段的孩子已经重新解读了历史。这些被分析的3岁左右的孩子已经理解了三角关系的情境，并在其中注入了性别角色的概念，同样，他们自身也因此被性别化。最近的研究已经表明，性别角色的发展是在两岁半到3岁之间，此后孩子开始带着性别的观点看待问题，这之前，孩子还没有性别的意识（Edgcumbe and Burgner, 1975）。

克莱因认为，俄狄浦斯情境发生在1岁左右是不正确的，因为她听到的其实是来自3岁的孩子对当时情况的重新解读。孩子在8个月左右就开始能够理解三角关系（Abelin, 1971, 1975），但是，他们要经过生殖器期并发展出性别意识后才能够根据性别来理解三角关系。

费尔贝恩指出，"孩子是出于自身的需要而形成俄狄浦斯情境的"（1944）。在孩子和父母的三角关系中，为了处理新出现的性别意识，孩子应用了分裂这一方法，由此创造了俄狄浦斯情境。这不仅仅适用于与父母的关系中出现的性别意识，而是普遍存在于各种关系中，这是被孩子内在的发展所驱动的。

由此，俄狄浦斯情境可以被定义为：首先是三角关系中性别意识的产生；其次是解决冲突的一种努力，孩子将父母客体中好的和坏的、令人高兴的和拒绝的特质进行分裂。

这样，就像先前所提到的，对于男孩来说，父亲变成坏的、威胁性的客体，母亲变成好的、令人高兴的客体。也有少数情况发生不良的俄狄浦斯情境，对男孩来说，父亲变成好的、令人兴奋的客体，母亲变成坏的、拒绝的客体。对其中一些孩子来说，很多因素——包括家庭的影响——主导了孩子主要的行为方式，并进入意识层面，导致了各种各样的同性恋和性变态的产生。

孩子对家庭的这四种发明共同导向了一个最终的结果：孩子会歪曲他人的形象，然后再以这种歪曲来影响这个家庭。这是客体关系理论和所有精神动力模型的一个基本原则，孩子根据先占的经验来看待生活。为了处理内在的客体关系，孩子发展出内部模式。这个模式对于理解外部的现实世界有独立的影响。这是精神分析中移情的基础。内心对外在生活的广泛影响是众所周知的，在此，我就不再展开，除非涉及孩子和家庭的相互影响。

内在父母客体

在俄狄浦斯情境中，还有一个很重要的元素，这就是孩子内射的父母的关系。孩子内射的不仅仅是父母个体的形象，还有父母的关系，包含性的和非性的内容。在俄狄浦斯期，这是一个很重要的内容。各种各样的父母形象会被孩子内射：相爱的父母、争吵的糟糕的父母，包括孩子和父母的关系。

所有这些描述都是来自孩子。在《客体关系家庭治疗》（*Object Relations Family Therapy*，1987）这本书中，吉尔·沙夫和我阐述了良好的父母关系对家庭成长的重要性。一开始，父亲和母亲期待着同时也害怕着他们想象中孩子的到来和随之组成的家庭。这也许可以称做是内部孩子和内部家庭。随着真的怀孕，孩子的诞生，每对夫妻在和孩子的互动中改变了对内部孩子和内部家庭的幻想。例如,孩子比想象中更活泼或者更不活泼，反应比想象中更激烈或更不激烈，对于父母及发展中的这个家庭来说都是对信念的不同挑战。如果夫妻俩原先想要个女孩，那么男孩的诞生对于他们幻想的假设就是一个挑战，同时也是对不同性别价值的挑战。

另一方面，孩子最早在 8 个月的时候就对父母的关系感兴趣。其实，正是父母的关系本身成为孩子主要的竞争对手，孩子会希望和父亲或母亲拥有更亲密的关系。

俄狄浦斯家庭

所有这些因素造成一种极度复杂的情况。为了扩展我的思路，我将引用索福克勒斯（Sophocle）写的戏剧《俄狄浦斯王》（*Oedipus Rex*）以及他的另外两出戏剧（这3部戏剧构成了索福克勒斯俄狄浦斯之环）。然后，我将附上一个临床案例。

当我最早在高中学习《俄狄浦斯王》的时候，我认为它是希腊人所理解的关于个人与命运抗争的故事。一个人必须从本质上接受在其身上所发生的一切，尽管在命运与宿命论影响下会有互相矛盾的信念。这在预言者提瑞西阿斯这个角色上表现得尤为突出，由于他与神之间的特殊关系，他能够预先知道很多未披露的真相。

当我还是青少年时，我对把悲剧定义为是对命运与宿命论的接受这个观点感到非常困惑。现在，作为一个成人，我开始思考宿命论的现代版——内部家庭带来的持续性影响。以这种方式解读，《俄狄浦斯王》变成了一种家庭化的寓言。罗伯特·戴维斯于1985年出版了著作《生就的本性》（*What's Bred in the Bone*），书名来自于一句谚语：生就的本性总是要暴露的。该书讲述了一个绝佳的虚构案例，说明个人的早期经历会在随后的整个人生中表现出来。这本书的某些部分读起来像是侦探小说，某些部分像是文学历史。

尽管会被每个后续步骤所修正，但早期与主要客体——父母——之间的经历仍然可说是最大程度上的"生就的本性"。人们很多早期经历虽然没有被从意识上认识，但它们仍决定着一个人的人格与发展。

据我所知，费尔贝恩是首位明确提出以下观点的精神分析师，即俄狄浦斯的故事是前俄狄浦斯期造成的主要结果之一（1954）。

一个值得注意的事实是，精神分析对俄狄浦斯这个经典故事的兴趣主要集中在该戏剧的最后阶段，而最初阶段在很大程度上

第十一章 俄狄浦斯重返家庭

被忽略掉了。然而，对我而言，心理学或者文学解释的一个基本原则是：一出戏剧应当被看成是一个统一的整体，从第一幕到最后一幕所引申出的意义是同样多的。基于这个原则，新的理解就显得相当重要：俄狄浦斯最终杀死了父亲并娶了自己的母亲，但是一开始是这个俄狄浦斯被遗弃在山里，在母亲是他唯一客体的阶段被剥夺了母亲对他的所有照料。

在戏剧《俄狄浦斯王》中，底比斯的国王拉伊奥斯娶了约卡斯塔为王后，他害怕关于他和约卡斯塔的儿子会杀死自己的一个神谕。为了避免预言的实现，他刺穿了才出生3天的儿子的脚踝，并让人把他送到一座荒凉的山上等死。俄狄浦斯被遥远的柯林斯国的国王和王后收养，现在，这个被遗弃的孩子长大了，他最终杀死了拉伊奥斯，只是因为他在路上碰到了拉伊奥斯，对方不肯给他让路。然后，他解答出"斯芬克斯之谜"（斯芬克斯是给底比斯城带来灾难的怪兽），因此成为这座城市的英雄，并娶了约卡斯塔——他所杀死的国王的遗孀，而不知道这其实是他的母亲。于是，在西方社会家喻户晓的这一出戏剧中，约卡斯塔告诉俄狄浦斯很多年前这个被弄残和遗弃的婴儿的事情。俄狄浦斯依稀记得自己的事情，于是回应说，他有个相似的模糊的记忆。阴影开始笼罩了他的心。

最重要的一点是俄狄浦斯被他的父母以一种完全和彻底的方式遗弃。他的脚踝被刺穿并被捆绑着，他被弃于山野等死。杀死婴儿的行为在古希腊显然是相当常见的，甚至时至今日在某些落后国家里仍然存在。或许这种行为在某些文化中是得到认可的，但即便如此，父母才是文化的传递者，是父母自己最终决定并实施这种行为，而且他们似乎对剥夺他们唯一的孩子生命的行为没有任何自责的表现。

让我们来看看被遗弃的俄狄浦斯，我们可以想到早年被遗弃的经历会导致人格的急剧改变。约卡斯塔告诉俄狄浦斯的故事使他心中闪过那"奇怪的阴暗的回忆"，我能感到这对他潜意识的唤醒有种模糊的刺激作用，这种现象在精神分析中常伴随着患者早期记忆的显现。

用现代的方式解读,《俄狄浦斯王》诉说了一个受到虐待的婴儿,他的脚踝被刺穿并被捆着,他被丢弃等死,然而两位心生怜悯的牧人将其救起并负担起照料他的责任,这个孩子最终被波吕波斯和梅洛比这对无法言说的"好父母"收养。据推测,俄狄浦斯对他的身世一无所知。然而,现代家庭理论和精神分析经验都指出,早期的事件会一直无意识地留在人们的记忆里,尽管他在意识层面上并不知道。再者,精神分析的探索和家庭治疗也经常证明,家庭成员所共同拥有的潜意识记忆与该家庭个体成员自己的潜意识记忆对个体或家庭的影响。

最后一点是,王后一直以来没有儿女也可能一直没有怀孕,所以国王和王后收养了一个孩子而能够隐瞒全体国民几乎是不可思议的。当我们考虑到这个普通的事实时,俄狄浦斯对被收养一无所知和他的养父母也一直未告诉他实情这两件事看上去就像是对现实的共同否认。俄狄浦斯肯定会听到养父母间的一些谈话,他对现实的否认难道不是已经导致了他的焦虑和对身世、命运这些谜一样的真相的苦苦探寻吗?就如同现代被收养的孩子希望找到他们的亲生父母,而这在某种程度上就和希望找到自己一样。

循着这种思路,让我对俄狄浦斯的故事提出一个基于家庭和客体关系的理解。

让我们假设一下,拉伊奥斯收到的他的儿子会杀死他的神谕代表的是他潜意识中的恐惧。这个假设是有依据的,约卡斯塔曾经告诉过他,最早发布这个神谕的人不是神明,而是他指定的先知。她接着说到,拉伊奥斯会被"拥有他的骨血和我的骨血"的人所杀死,我们难道不能认为就是这个旁听来的神谕构成了拉伊奥斯偏执的幻想吗?这个幻想是父亲们通常都有的吗?也就是说,俄狄浦斯的故事始于拉伊奥斯对他的亲生儿子会战胜并杀掉自己的恐惧,这是被神谕所揭示的。这很明显与他自己的幻想恰好吻合,而且他也不愿费神去核实神谕的真实与否,或这个断言是否有任何含义。我留意到,约卡斯塔并没有提到她是否曾经试图阻止拉伊奥斯的行为,她在这点上的沉默让她处于被动和顺从的角色——就如同现在,母亲的沉默时常会促使很多儿童被虐待和被忽略。按照现今家庭动力学的理论,我们能将这种情况视为她和她的丈夫共谋抛弃了她的儿子。作为一个母亲，她竟对他们唯一的孩子如此无情！

沿着这一点，剧情就以两条轨迹在两个相隔遥远的家庭展开。俄狄浦斯在柯林斯人中长大，在一次宴会中，一个醉汉叫嚷说他不是国王的儿子，他是国王从山上捡来的孩子。他的生活从此被打乱了。第二天，俄狄浦斯向他的父母提出质疑，他的父母仍然否认了这一说法，俄狄浦斯释怀了，但心中还是充满着疑惑。于是，他去德尔菲神殿寻找先知，也就是发布拉伊奥斯灾难性预言的人。先知解答了他的身世之谜，也同时给了他可怕的预言：他会和自己的母亲同床共枕、孕育儿女，并会杀死自己的父亲。

为了避免这些事情的发生，俄狄浦斯逃跑了，跑到离柯林斯很远的地方。但是接下来发生了戏剧性的一幕，几乎就在第二天，他碰到并杀死了拉伊奥斯——他的暴力的、拒绝的坏父亲。

从拉伊奥斯的心理上来说，这个对手是很有意思的——对拉伊奥斯，唯一的刺激就是俄狄浦斯正好在十字路口。他攻击俄狄浦斯仅仅是为了让俄狄浦斯让开路。于是，俄狄浦斯再一次象征性地挡住了他的去路，正如俄狄浦斯的出生一样。

拉伊奥斯的人格很有意思。我还没有看到关于他那两段简短描述的任何评论，他看上去像是残酷的、自我中心的、绝对的暴君。这似乎很符合现代自恋性人格障碍的诊断，充满了自以为正义的暴怒。俄狄浦斯也很容易生气，当被攻击后，他马上反击，杀死了拉伊奥斯和他带领的所有人，只留下一个活口。即使是这样，之后当真相解开的时候，他也并没有提及其实是父亲首先攻击了儿子。

我们看到的是一个自恋的父亲，从他儿子出生的那一刻起，他就把他看成是自己王国和妻子的竞争者，因此对其充满恐惧。我们在临床上经常可以看到这样的情况，父母一方把未出生的孩子看成是一个赢得注意和性的竞争对手。这些幻想中的竞争并不会等到孩子3岁以后开始有性别意识时才涌现，而是经常在孩子出生前就已经存在。

就像父亲拉伊奥斯一样，俄狄浦斯也很自恋。他也自我中心、自以为正义,同时充满自恋性的愤怒。约卡斯塔从来没有对此提出异议。他的命运、他的变盲和他的自我放逐都来源于他那自恋的正义、愤怒和冲动。在这出戏剧中,没有人能够改变他自恋的决定。他是他父亲的儿子,从戏剧展示给我们的简单的家庭历史看,我们可以用现代的观点来理解,就像那些和父母居住在一起的孩子形成的自恋的缺点一样,婴儿期被拒绝导致了一种自恋的性格。俄狄浦斯把他的愤怒和自以为的正义投向了身边的每一个人,投向克里昂,投向提瑞西阿斯,投向底比斯城长老们的那些臣民,最终投向他自己。我们也能够发现约卡斯塔把她的谋杀企图投射到她的两任丈夫身上,即使她总是表现得非常恭顺和崇拜他们。

降临在这个家族头上的命运可以被看做是一出现代心理剧——被描绘得具体而富有诗意。这是一出关于自恋性家庭的戏剧。一个父亲把他的谋杀意图投射到儿子身上,试图证明儿子是个威胁性的客体,并急于除掉他投射出的那部分谋杀意图,因此给儿子带来了灾难性的后果。虽然这个父亲是如此积极地拒绝他的儿子,并安排其死亡的命运,且母亲也没有做任何的反抗。但儿子还是被救了。无论是这对夫妻还是孩子都知道这种谋杀式遗弃的存在——这对夫妻在意识里知道,而孩子则是在潜意识里知道。我猜想,因为一个无法解释的足部创伤,这个孩子在潜意识里知道他的亲生父母对他的遗弃,至少在他成长的过程中,会想象来自父母的伤害,这可能是来自他的养父母,也可能来自他未知的亲生父母。

拉伊奥斯还是一个顽固的国王——一个放纵的、易怒的暴君。这可以以斯芬克斯来到这个国家这一灾难为代表。和之后俄狄浦斯的统治一样,一个病态的国王统治一个病态的国家。我觉得斯芬克斯的谜语还有另外的一层含义:"什么东西早晨用四条腿走路,中午用两条腿走路,而晚上用三条腿走路?"这个谜语直接指向拉伊奥斯的家庭和王国中的大的发展问题。人们不被赋予自由生长和发展的权利,先是四条腿,然后两条腿,再后三条腿。在这个专制的规则之下,行走能力代表的发展问题和拉伊奥斯加诸于俄狄浦斯身上的死亡宣判是一样的。他宣判了婴儿俄狄浦斯的残疾,所以他失去了行走能力!这种行为除了残忍,在表面上看来没有其他的意义，但从潜意识层面来说则非常有意义，它可以阻止俄狄浦斯的成长。这也说明了为什么拉伊奥斯要用了双重手段确保俄狄浦斯被杀死，确保他不会回来——就像被压抑坏客体的回归一样——杀死他的父亲，占有他的母亲。

但是，俄狄浦斯还是活了下来。他打败并杀死了他的父亲。他能够解答出斯芬克斯关于发展的谜语——因为他被分裂出来的好父母所救，他也能行走，但是他自恋的核心最终使得他的统治不会比他的父亲好多少。和他父亲的统治时期一样，在他的统治下，底比斯同样的"千疮百孔"，充满着不得而知的失落、贫困和暴力。这个城市映射出的是俄狄浦斯内在的客体关系状态和家庭。

《俄狄浦斯王》可以被看做是心理治疗中内部客体关系的典型。剧中真相的揭露更像是对糟糕治疗的悲剧的模仿，导致破坏的加剧，而不是怜悯和宽容。剧中最接近治疗师角色的是提瑞西阿斯，他经历了事件的整个过程，知道发生的一切。俄狄浦斯辱骂并威胁他。在威胁之下，提瑞西阿斯也投以自恋性的愤怒。俄狄浦斯对提瑞西阿斯进行投射性认同，于是提瑞西阿斯也变得像俄狄浦斯。《俄狄浦斯在克罗诺斯》（*Oedipus at Colonus*）中描绘的俄狄浦斯的死亡和《安提格涅》（*Antigone*）中描绘的他的孩子和兄弟的命运，表达的是无尽的苦难和客体关系在几代人间的转移。到他的下一代，自恋和拒绝仍充斥着整个家庭。《俄狄浦斯在克罗诺斯》中描写到，俄狄浦斯在年老失明的时候由他的女儿安提格涅照料，他的女儿把自己美好的人生献给了父亲。虽然俄狄浦斯备受崇敬和爱戴，他的行为方式仍然是愤怒而自以为公正的，威胁每个妨碍他的人。在复仇的最后一幕中，他拒绝原谅和他人争夺王位的儿子。

父辈的行为影响着剧情接下来的发展。俄狄浦斯一死，两兄弟就开始互相残杀。但是，这还不是这个被诅咒的家庭悲剧的终结。整部剧的最后一部《安提格涅》代表了个人道德准则和国家法律之间的冲突。1942 年，法国作家让·阿努伊重写了《安提格涅》这部作品，象征了纳粹时代的道德冲突。

但是，这个家族还在继续发生着悲惨的事情。安提格涅在父亲死后离开了他，之后她看到了舅舅克里昂颁布的法令：她的兄弟不能被安葬。为了表示抗议，她选择了自杀，她的未婚夫——克里昂的儿子选择追随她而去。她无法为她那不宽容的父亲默哀了，她毁灭了自己从而让俄狄浦斯拒绝庇护的儿子得到认可。她这样做甚至违逆了俄狄浦斯的意愿，成为维护她兄弟权利的一个见证人，给予她的父亲不想给予她兄弟的洗礼。她是整个拉伊奥斯和约卡斯塔家族毁灭的最后一环。从这一点上来说，戏剧《安提格涅》是描述自恋性人格的毁灭倾向一代代传承的心理学悲剧。安提格涅，带着她所继承的自我毁灭的倾向，不是好好哀悼她的父亲，不是带着为自己而活的信念好好地和丈夫一起生活，而是抓住克里昂的法令，付诸她自我毁灭的倾向，同时把未婚夫——克里昂的儿子也带上了同样的不归路。

在《俄狄浦斯王》中，俄狄浦斯的情境是源于整个家庭的行为模式，早在他出生前就已经存在，并贯穿他的一生。俄狄浦斯自己遭遇的"俄狄浦斯情境"主要是源于他早年的创伤，源于他父母的心理因素。最后，俄狄浦斯和约卡斯塔又努力给他们的三个孩子创造了同样充满愤怒的悲惨人生。

维勒一家

用一个临床案例可以进一步说明我的观点：整个家庭影响着俄狄浦斯征侯群。这个例子是来自对维勒先生一家的治疗，我用这个例子说明孩子在俄狄浦斯情境中的角色。这个例子使得我们可以探索家庭对于俄狄浦斯情结发展的病理学因素。在过去几年的治疗工作中，我会见了马克思·维勒和他太太金格·维勒，并为他们进行过婚姻治疗、性治疗和动力性个体治疗。之后，在家庭治疗中，我见了他们和他们的女儿劳拉。

维勒先生

维勒先生是被收养的,他的养父据说是在他 5 岁的时候死于和性有关的某种情况下。他被他骄傲自大的母亲当偶像一样崇拜。他的母亲在他十几岁的时候再婚。他对母亲第二次婚姻的印象是母亲完全掌控着她的丈夫并虐待他。现在他自己也结婚了,在婚姻关系中,他感到焦虑。他受困于早泄和一大堆事务。

维勒太太

金格·维勒有两个症状:她对性一点都不感兴趣,并且害怕自己 3 岁的女儿劳拉会取代她获得丈夫的喜爱。和许多癔症患者一样,金格的脑海中关于父母的印象是父亲更喜欢她而不是母亲,因此她可以污蔑和部分取代母亲。当她发现父母的关系其实比她想象的好得多的时候,她惊呆了,之后感觉到轻松。

夫妻关系

金格是马克思的婚外恋对象。在他们婚后,金格怀孕的时候,马克思潜意识中认为他会被排除在母亲—孩子的组合之外。当劳拉出生后,金格害怕马克思和劳拉会把她排除在外,就像她和她父亲把母亲排除在外一样。因此,金格总是担心劳拉会不喜欢她,并把她的恐惧转移到拒绝和马克思发生性关系上。马克思没有在意识层面感觉到自己的恐惧,但是代偿性地把自己置于一大堆的事务之中。

这对夫妻将自己对关系的恐惧带到婚姻中的方式是值得我们思考的。马克思用分裂关系来回避。他渴望但害怕依赖。他使用了俄狄浦斯期的分裂,把坏的客体隔开。金格同样也分裂和压抑坏的客体,把被压抑的坏的部分投射到她的外生殖器上,从而产生一种躯体状态——缺乏性欲——这其实反映的是关系的问题

(Fairbairn, 1954)。同时,她把客体好的一面投射给自己的女儿,因此她非常的恐惧。在围绕照料劳拉的问题上无法很好地合作,所以马克思和金格都存在的焦虑浮现了出来。

劳拉

我看到劳拉的时候她 4 岁,正处于俄狄浦斯三角关系中受威胁的状态下,因而压抑了对母亲和自己关系的担心。她和母亲在分离的问题上遇到了巨大的困难。当我让她画一张有关家庭的图画时,劳拉画了一张"空白的图画"(图 11.1),称有一只狗和一只猫住在这张图里,但如果它们待在一起,它们可能会打架。她没有办法为她的故事或者图画设置人物。她的家庭图画是空白的。因为对父母的恐惧,俄狄浦斯期的发展无法进行下去,从而表现为口头的攻击,而不是性别化的发展。她的父母在早期对自身关系的恐惧在她的身上结出了痛苦的果实。而且,她也害怕自身发展阶段的性关系。

我下一次见到劳拉是两年以后,她 6 岁了,她和我见面时很亲热,没有丝毫的恐惧感。在经过个体、夫妻和性治疗之后,她的父母现在也好多了。这些治疗把他们带到了一起,使其拥有了正常的性生活。劳拉玩好黏土后,碰碰我的手,以此来告诉我这是暖的,当她这样做的时候,她不停地朝门口张望,并问我是否会有人进来——这是很明显的一种表示,担心她的母亲会进来干扰这一俄狄浦斯的情境。在画家庭的图画时(图 11.2),她从天空和地面开始画,就像给她两年以前空白的图画搭框架一样,但这幅画多了俄狄浦斯的主题。象征阴茎的一缕烟将房子和天空连接,天空在最初被画成空白的乳房形状,之后开始填充成天空的样子。在房子的一边是三只小鸟之家,另一边是四条章鱼。这两年里,劳拉的妹妹(朱迪)诞生了,劳拉努力维持她在家庭中的地位。和劳拉的进步一样,她的父母也在温暖的包容、亲密关系和性生活上有很大的进步。我认为劳拉的进步不仅仅是因为这两年的时间使她更成熟，还因为她父母在关系上的改善。但是，劳拉仍旧恐惧和害怕被遗弃。

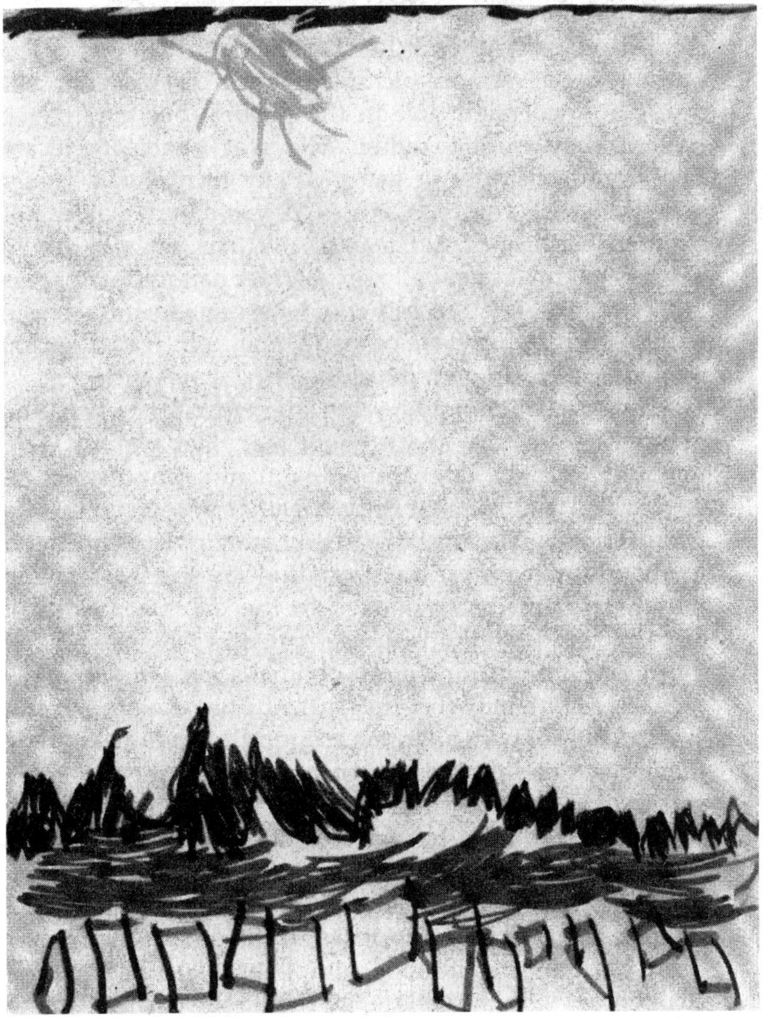

图 11.1 劳拉 4 岁时画的画

图 11.2 劳拉画的第一张家庭图画，画于 6 岁时的一次个体治疗

在一次家庭治疗中，所有的这些问题都显示出来，即使在整个治疗过程中，家庭总体上似乎体现出了一种温暖的氛围。这个两岁的小妹妹是所有美好感情的聚集点。劳拉只能用关注和照顾妹妹的行为来取悦自己的父母。

这个妹妹的诞生好像改善了所有家庭成员之间的关系，并且成为改善俄狄浦斯问题的一个要素。我认为整个家庭的模式对劳拉的发展产生有益的影响。

我让每个家庭成员画一幅关于家庭的图画。因为父母亲画的画都太过理想化（图 11.3，图 11.4），所以让劳拉完成了她的画（图 11.7）之后，我让她的父母各自重新画了一张（图 11.5、图 11.6）。两岁的小妹妹所画的画，正如她这个年纪所能画的一样，是一些乱七八糟的划痕（图 11.8）。

图11.3 马克思·维勒的第一张家庭图画

维勒先生最初的画（图11.3）用一种令人愉快的、性别化的视角来描述他在家庭中的关系。这是一张充满自恋的图画，一个样貌狡黠富有魅力的印第安人从角落里看着他的三顶帐篷，每个细节都提示他有一个女性化的内在。在第二张图里（图11.5），他画了一幢房子。在这张画里，当每个人都在睡觉的时候，劳拉瞪着大眼睛，惊恐地望向黑暗。这很清楚地表明，劳拉——这个真正的患者——吸收了整个家庭的焦虑，好让其他人能睡安稳的觉。

维勒太太的第一张图（图11.4）是一个理想化的场景：一个幸福的家庭在露营，她画的人都没有五官。第二张图（图11.6）则是一顿带火药味的家庭早餐，指向她和劳拉之间的问题。劳拉和母亲相互皱着眉头，父亲和小妹妹坐在她们的两侧。维勒太太的两幅画都和食物有关，她用食物来表达第一幅画中田园牧歌般和谐的家庭氛围和第二幅画的场景之间的分裂。在她们共同画的一幅画（图 11.9）中，我们也可以看到劳拉和母亲之间的这种模式。

图 11.4　金格·维勒的第一张家庭图画

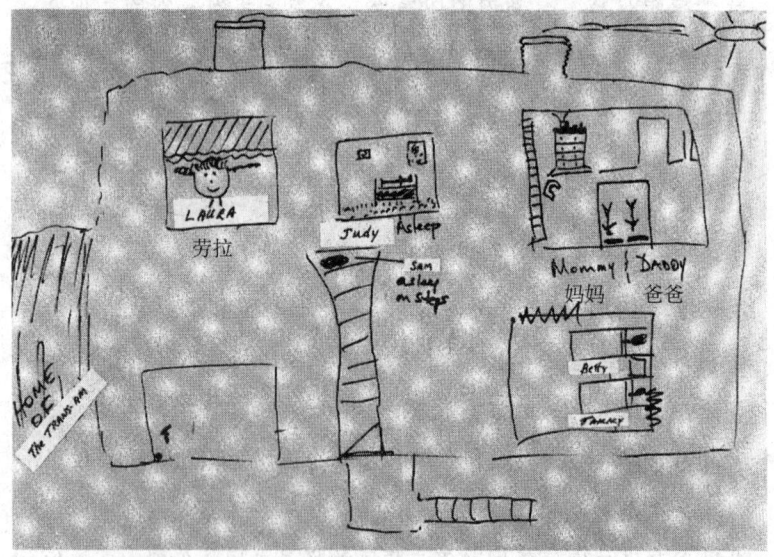

图 11.5　马克思·维勒的第二张家庭图画

第十一章 俄狄浦斯重返家庭

正像刚才所提及的,劳拉之前的画(图 11.2)画的是一幢像阴茎样的房子连接到乳房状的天空。在这次的治疗中,她画了另外一张关于家庭的画(图 11.7)。这幅画显示的是一个很明显的性别化的场景,劳拉对父母双方都有阴茎请求。她把自己的一只手画得变形了,看上去就像阴茎一样。位置在父母当中,而父母则离得很远。

她说她和父母围坐在游泳池的周围,我认为,游泳池和床是一样的含义。这幅画显示出劳拉对父母均衡的兴趣,而不是想要冒犯其中的任何一位,她想和父母双方分别建立性别化关系。在我眼中,这是一个很明显的俄狄浦斯宣言。

最后,我让整个家庭一起合作画一幅画(图 11.9)。在这个过程中,马克思帮助劳拉用画来表达和母亲之间的关系。这种现象的发生,是建立在夫妻关系的改善和每个家庭成员内部客体关系改善的基础之上的。但是,金格和劳拉的关系仍然很困难。

劳拉最先画(图 11.9)了一只狗想要吃点心,这是劳拉在通过动物剧表达自己想要在放学后吃点零食的愿望。在这次的治疗中,劳拉努力想让母亲在厨房里给小狗画点零食。

图 11.6　金格·维勒的第二张家庭图画

图 11.7 劳拉在家庭治疗过程中画的家庭图画

母亲的反应是劳拉应该知道,在放学后她应该吃的是水果和蔬菜,而不是糖果。劳拉想调和一下,于是,她画了一只香蕉,较之母亲给的胡萝卜条和芹菜,她更喜欢香蕉。但是,母亲完全忽略了劳拉所画的这些事情。父亲在填充厨房的背景色,并不干涉她们的互动,对整个过程保持沉默。

在诊断性家庭会谈之后,劳拉进行了个体治疗,也和母亲一起进行了治疗,处理她对于"巫婆母亲"和被遗弃的恐惧。劳拉的恐惧既和她投射的对母亲的攻击有关,又和内化的母亲对劳拉的攻击有关。她大部分内部迫害和遗弃的客体被投射到母亲的身上。但是,会谈也揭露出劳拉同时对父亲也感到失望。劳拉的这些恐惧大都源于害怕父母婚姻破裂,如果破裂,劳拉就会从父母身边被夺走。

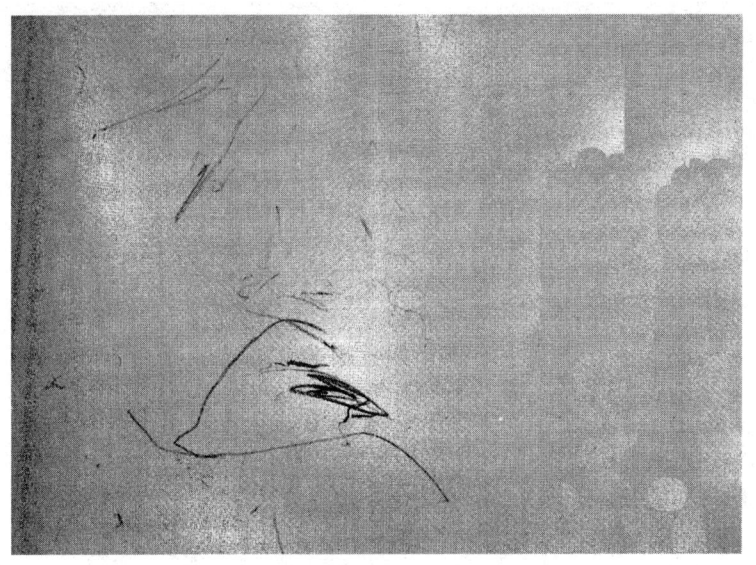

图 11.8　劳拉妹妹的画

劳拉内心恐惧的形象被展示在图 11.10 中，一个坏巫婆和一个专门绑架小孩的怪物。她所表达的俄狄浦斯征候群和恐惧是源于父母的投射和自身的发展经历。劳拉害怕会被抛下成一个人，就像图 11.11 中表达的一样。这种对被遗弃的恐惧出于她早期的经历：充满敌意的母亲和不稳定的父亲。她的恐惧也体现出父母带到婚姻中的他们自身的恐惧和想象——父亲的脆弱、带攻击性的自恋愿望、母亲与性别相关的同样带攻击性的特殊状态。母亲就像个害怕被拒绝的容易受伤的孩子。劳拉的症状表现出的是来自父母的投射和现实中对父母婚姻安全性的恐惧。这些恐惧和投射在劳拉的早期生活中一直都存在，但是到了俄狄浦斯期，她用这个阶段特征性的方式来重新理解了这些困难。

图 11.9　维勒一家一起画的图

劳拉和她的父母都需要帮助，来处理俄狄浦斯期不同程度的客体关系问题。他们都把来自母亲客体积极和消极的内容按照性别进行分裂。他们都把恐惧和拒绝投射到母亲身上，把愉快的东西投射给父亲。他们将俄狄浦斯前期被遗弃的恐惧和不正常的依恋方式用一种俄狄浦斯的方式来伪装，并寻找着一个令人愉快的父亲。他们三个人都对被父母抛弃后自己的状况担心，这种抛弃被他们理解为是孩提时代攻击父母的结果。

在劳拉成长的早期，这些恐惧妨碍了她在俄狄浦斯期的发展。后来，这些恐惧让劳拉找到了一个新的方式来理解家庭中的经历和伤害，劳拉害怕她新出现的对性别的兴趣会破坏父母的夫妻关系，而她的双亲在很多年以前都经历了相似的过程。

第十一章 俄狄浦斯重返家庭 215

图 11.10 劳拉的"巫婆母亲和怪物"

图 11.11　劳拉表达恐惧和被遗弃感的画

最后,我们可以看到正是父母的想象决定了他们对待劳拉的方式,之后,劳拉的成长和人格又影响父母的生活和整个家庭的生活。就像在《俄狄浦斯王》中一样,俄狄浦斯情境是一个家庭共同的问题。

俄狄浦斯情境,正像在索福克勒斯的戏剧中一样,无论在生活中,还是在治疗中,都是一个家庭问题,有着各种决定因素:在孩子出生前,在孩提时代,来自父母,来自前辈人,甚至是来自文化。这之中包含着孩子和家庭共同影响的结果,就像俄狄浦斯和他的家庭一样,需要纠正和改善早期发展中的问题和早期的关系。家庭影响着孩子,而孩子又在俄狄浦斯期前、俄狄浦斯期和俄狄浦斯期后影响家庭。

第十二章
孩子和成人在家庭中的角色关系

和孩子一样，成人也需要家庭，即使有很多成年人不是确定地居住在某所房子中。在这里，我不想讨论那些选择或者被迫单身的人，我想讨论的是大多数生活在家庭之中并且发现他们和所抚养的孩子一样需要家庭的人。

家庭无论对孩子还是对成人来说都是很重要的设置。他们都是从实际家庭生活或者内部家庭生活中获得经验，来构建他们的内心。成人和孩子在需要家庭关系这一点上是一致的，但是他们在家庭中的功能和需求的东西是完全不同的。这是显而易见的事情，无需多说。但是，这还没有得到充分的关注，一项关于孩子和成人与家庭关联方式的研究充分显示了孩子和成人相互关系的特点，帮助我们理解在生命周期中人的内心结构是如何形成的。

在这项研究中，我的基本假设是在成人与孩子相互作用的关系中存在着看似对等而又不对等的相互影响。

首先，在母婴关系中，母亲和婴儿处于平等的关系——都视对方为生活的重心，彼此会相互交谈、凝视和支持。如果母婴之间的联系方式不是这样的，那就不能建立正常的关系。当任何一方有缺陷或存在一些功能方面的问题时，举例来说，如果孩子或者母亲是盲人，他们仍然能够建立代偿性的方法来克服这一缺陷，他们之间仍然能够建立一种广泛的匹配。在早期接触的过程中，母亲和孩子都在寻找相互感兴趣的地方，学习最合适的表达和回应方式，学习如何去享受这种快乐，并了解对方的界限所在。

但是，从另一个角度来说，他们又是不平等的，母亲或者其他主要照料者在很多方面占有主导地位，孩子被动地跟随着这些方式。尽管孩子有天生的气质、节律、接受能力和敏感性，但是他们仍然是一个开放的容器，等待着在和母亲的互动过程中被填充、被塑形。他们从母亲或者父亲身上汲取养料，或者在和他们的互动中汲取养料。

和孩子不同，母亲（或者父亲）已经有了完善的心理结构，他们等待着和孩子互动的经验，以形成一个相对较小的潜在的个性空间，并重新定义自己的内部世界。在这个过程中，孩子能起到的作用是修改母亲的身份和她自身的特性，创造出母亲自体的一个新版本，而不是重建一个新的自体。

孩子从一出生就比我们所知的还要聪明。虽然如果没有母亲或者父亲，他就只能是一个空的容器，但是，最近20年对婴儿的研究发现，从一出生开始，婴儿就能对环境做出反应，并用这种方式，从根本上改变环境。同时，婴儿还是一个能够容纳很多东西的巨大的容器（Brazelton，1982；Brazelton et al.，1974，1979，Lichtenberg，1983；Sameroff and Emde，1989；Stern，1985）。

从另一方面来说，有了孩子以后，父母亲的生活就彻底改变了。一旦有了第一个孩子，女人就变成了母亲，男人就变成了父亲。随着拥有一个又一个孩子，父母的身份发生了重大并持续终生的改变。每一个孩子都会给父母带来不同的变化。不同的节律和不同的敏感性决定每个孩子和母亲关联节奏的不同。如果孩子的脾气很急或者很容易生气，母亲的心态会比较烦躁。如果孩子是个慢性子，很平静，母亲的心态也会比较平静。同时，母亲还会感觉到慢性子的孩子会比较淡漠、比较有距离感，而急性子的孩子则有很多要求，难以满足。如果面对一个哭闹不止的孩子，母亲可能会感觉到非常绝望。如果孩子心满意足地吃奶，母亲的心中则会充满爱意和满足。

孩子的反应会引发父母产生重要的再次回应。父母如果拥有良好的内部心理结构并对孕育一个胎儿有美好的期待，那么他们就能够适应孩子带来的这种影响。孩子可能是令人高兴的，也可能不是，父母感知孩子的方式受到他们预期的希望或恐惧的影响。举例来说，如果一个母亲原先想要的是女孩，一旦生了一个男孩，她会发现这个机警活跃的孩子常常让她很惊愕。她怀疑自己是否能满足他强烈的求知欲。有时，父亲希望有一个精力旺盛的男孩以满足自己早期的幻想，他希望这个孩子可以成为一个运动员就像他曾经希望自己能够成为运动员一样。另外一些父亲可能会对孩子在晚上对母亲及母亲乳房极度的喜爱和无度的索求感到疯狂的嫉妒，觉得自己被排除在外。孩子的诞生和需求的表达也给成人带来了生理上的根本变化。母亲荷尔蒙的变化伴随着情感的变化，乳房作为食物的来源，同时也是愉悦的来源，有时候会伴随着不适感、孩子啼哭时带来的刺激以及在怀孕、分娩和筋疲力尽照顾孩子的同时适应和丈夫间的性生活等问题。

父母会把孩子一些原始的、无特殊含义的反应根据自己的幻想进行释义，孩子的这些反应就在父母的解释下开始成形，借此建立起自己的意识或潜意识幻想。孩子对此可能觉得满意，也可能觉得不满意，这样，他们就成为前辈投射希望或失望的屏幕。孩子是一个崭新的被接受或被拒绝的爱的客体，是对母亲、父亲成为家长能力的一个测试，同时孩子会用一种共鸣的方式，感受自己作为一个孩子是否被父母和逐渐建立的内部客体所爱。因此，父母对孩子的体验是复杂的、多维度的。

在成人和孩子互动的早期阶段，孩子的笼统反应能纠正父母的一些具体的幻想。当孩子很警觉反应很快时，或是昏昏欲睡反应很迟钝时，或是索求无度容易生气时，或是微笑和满足时，最初的幻想就被纠正了，取而代之的是孩子真实的开始内化的人格特征。增加孩子和父母之间的交流会改变父母最初的那些幻想。

斯特恩（Stern, 1985）描述了在最早的阶段，孩子是从母亲的存在来发现自体的。奥格登（Ogden, 1989）认为，孩子用母亲的存在和陪伴从无生命的世界中塑造自身的过程是其自体缓慢、稳定的浮现过程。克莱因（Klein, 1975a, b）和费尔贝恩（Fairbairn, 1952）指出，孩子因为面对焦虑才被激发去学习技能。这些技能（第三章描述的）被总结为内射和母亲相处的经验，把愉快的关系从受挫的关系中分裂出来的心理机制。母亲做的对或不对，孩子在一定程度就能做对或者也做得不对。孩子给母亲很多机会，让她塑造自己，让她应用最有效的交流方式来弥补她的不足，并转化母亲所给予的东西。如果孩子有一个足够好的母亲，他就会很好地转化，会感觉满足和被爱，并发展出很重要的抗挫折能力，因为他知道一切都会好起来的（Winnicott, 1960b）。

所以，成人和孩子之间会有相同点和不同点。对于成人来说，孩子带来了新的改变内在经验的重要材料。对于孩子来说，虽然他们带着自身的倾向性来到这个世界，但是他们仍然需要借助和成人在一起的经验来建立起一个崭新的心理内部结构。

为了更具体地了解孩子和父母接触的本质，我们来看看在下面的3种母婴接触中发生了什么。

此刻的情感拍档

在孩子和成人的3种接触中，首先是分屏对话（split-screen conversation, Tronick et al., 1978），即母亲和孩子进行对话。正常情况下摄像机会向我们展示孩子是如何发起对话、母亲是如何回应的。信息的交流有很多的渠道：眼睛、声音、肌肉的位置、躯体姿势还有肌肤的触摸，体温很可能在传达对孩子的关心和安抚方面起到重要的作用。有些孩子一开始的时候信息接收能力是很局限的，之后却一下子开阔起来。在这些接触中，孩子决定着节奏。信号和回馈之间平均间隔时间是7秒钟，如果母亲能很好地领悟到孩子的意思，孩子之后就会没有焦虑地转移注意力，然后在孩子准备好以后他们就能再次开始对话。

当研究者让母亲没有表情地保持3分钟的安静时，孩子的反应方式让我们想起了抑郁的成年人。在实验室或在录像机里观看这样的互动方式，让大部分的观察者都觉得受到伤害，并感到抑郁。一个心理状态比较好的孩子会不停地尝试向母亲展示他的反应，但最后也会非常沮丧。在家庭环境中，一个健康的母亲是不会这么长时间地抵制孩子的努力的。实验室中的孩子面对母亲3分钟无表情、静默的实验说明，在家庭中，孩子如果面对一个始终抑郁、没有回应的母亲，给其带来的会是毁灭性的后果。这位研究者同时还记录了一位极端抑郁的母亲对她的孩子始终没有任何回应的影像，随后孩子对任何干预都非常绝望。同样，在实验室中或是在家庭中，当孩子没有热烈地回应母亲的行为时，母亲会报告说对孩子缺乏反应感到很沮丧。

影响是相互的。主要的不同之处在于母亲有期待，并有用语言表达和传递信息的能力。在母亲感觉到被拒绝的时候，她能够期待并唤起记忆中那个让人满意的孩子的形象。如果她还有一个养育孩子的帮手的话，她会对其倾诉，缓解自己的压力，重新找回力量。

成人早已形成自己的内部世界，其中充满了内在客体，充满了对关系、希望和恐惧的幻想，同时具备延迟满足、记忆和其他人分享——特别是和自己的丈夫、母亲或者其他的孩子分享——的能力。成熟的成年人在这一方面和她的孩子是完全不同的。

这个记录母亲和孩子内心改变的实验向我们展示了他们相对的平等，但同时也显示出他们之间的不同。孩子和成人的反应都源于他们的内心。从所谓"此刻的情感拍档"上来说，他们是平等的。孩子的反应大部分都是源自生物性的、模式化的——躯体或仅仅是气质上的，而没有形成具体的内容。内容——包括会随着时间、随着成人和孩子间互动积累的意义——主要由成人的内心经历所塑造。综上所述，虽然孩子给成人带来的影响是巨大的，但是成人是根据早已存在的内部世界将其内化的。然后，成人用这个扩展了仍很稳定的内部世界，并和孩子发生联接，为孩子内心的发展提供素材，而孩子用这些形成经验的原始分类，形成客体，建立自体的内心结构。

孩子是个还不完善的主体

玛丽·安斯沃斯（Mary Ainsworth）和她的同事（Ainsworth and Wittig, 1969, Ainsworth et al., 1978）设计的"陌生情境"实验，以测试依恋的安全性——在缺乏母亲的陌生场景下，孩子对这个场景及场景中陌生人的反应方式。一个有着正常依恋方式的12个月大的孩子在母亲在场的情况下，会更倾向去靠近陌生人。即使在母亲不在的情况下，他们也可能相处的很舒服。当孩子没有充分的安全感或是有焦虑的依恋方式时，孩子会对离开母亲和靠近陌生人感到焦虑。但是，如果是在最糟的一种依恋情况下——鲍尔比（bowlby, 1969）称之为"去依恋"（detachment）——孩子会不关注自己的母亲，而靠近陌生人，可能是一种对更好更安全港湾的盲目的寻找。然后，在最关键的时候，当孩子和母亲重聚时会表现出短暂的分离是否让孩子紧张了，这时他们的反应或是紧紧地贴着母亲，或是从母亲身边逃开。

这个实验场景展示了即使是发展完好的孩子，也仍是一个不完善的主体。孩子靠自己进行不成熟的冒险强化了这种不完善性，尽管发展较好的孩子在父母的陪伴下会展示出较好的完善性。父母对于孩子是现成的模板，在这种不平等的伙伴关系中，父母可以给予孩子判断的能力、盲目焦虑的能力或者依恋的能力。下面对这一点会有进一步的阐述。

父母是引导者

视觉悬崖实验是由昂德（Emde）和他的同事发展出来展示孩子社会参考现象的。这一实验是让孩子面对有视觉歧义的场景，孩子会参考或者询问母亲的意见来确定什么样的行为在这个场景中是合适的。这个实验让蹒跚学步的孩子站在玻璃平台的一边,母亲站在另一边。在玻璃的下面,地面看上去呈陡坡状,而通向母亲的路径其实是在坚固的玻璃平台上。在这个实验中,孩子们会不停地望向母亲,对这样的一条路径显示出强烈的焦虑,如果母亲微笑而坚定地鼓励孩子走过来,孩子会缓慢而警觉地前行;当孩子穿过玻璃走向母亲时,可能会先伸出脚试一下再缩回来,感觉一下这条路。如果当孩子望向母亲时,母亲显得很害怕、担心,孩子就会一下子哭出来并往后退,再也不敢尝试去穿越这个危险的视觉悬崖。

同时这个实验也告诉我们,离开了父母,孩子就不是一个完整的个体。孩子会让父母知道他们需要什么。孩子需要的不仅仅是一个具体的提示,还需要父母的引导。从这个实验中我们可以看出,母亲对孩子的影响有多么巨大。母亲和孩子之间的关系可以看做是在协商孩子可以自己掌控的哪些部分。

孩子和母亲之间的这种信息的交换提供了对周遭世界的一种更为成熟的理解方式,母亲和孩子共同商定了成人要扮演的角色。在最初生来平等的人与人交流的基础之上,这是在遭遇外部世界时被赋予的对领导者的概念。孩子和一般的父母都会理所应当地接受这些观念。

孩子和成人:相同点和不同点

以下是对孩子和成人在家庭背景下和在治疗中的基本相同点和不同点的总结。

主要的相同点

1. 无论孩子还是成人都需要有密切和相互支持的关系。当他们在一起分享共同的体验时,他们都需要有效的伙伴关系,都需要被看到、被了解。他们都是对方的客体。当作为客体时,他们可以帮助对方定义自身。

2. 无论孩子还是成人都需要两方面的基本关系：自身的环境和与客体间的核心关系。

3. 成人和孩子都需要可以依恋的家庭。他们都需要对方的支持，他们都需要家庭给予的内部工作模式以及在家庭中关系和角色的定位。(Bowlby, 1969)

4. 孩子和成人都有表达他们想法的能力，以此影响整个家庭的体验。无论是在日常生活还是在治疗的设置情境中，家庭中每个成员洞察的事物都需要用平常惯用的方法告知其他家庭成员。即使是婴儿也完全有责任让其他家庭成员知道他们的处境。

5. 孩子和成人都有不断成长的需要，他们都需要不断增加自身能力来升华和转移内在的需求。

广泛的人类共通点的基础构成了我们考察不同点的框架。这些不同点则基于由不同成熟水平决定的发展性的需要和角色。

主要的不同点

1. 成人和孩子之间有很明显的成熟度和认知能力的区别，这些差异决定他们在关系中有不同的责任。

2. 一般来说，在家庭中，孩子比他们的家长显示出更强的依赖性直到他们成年。这个早期的影响会变成持续的、预期的心理特征，会持续地产生影响。通常，到父母老龄化的时候，家庭生活的趋势会有一个突然的转变。

3. 成人应该具有一个安全的可以信赖的内部客体，而不是外部客体。孩子通常依赖他们的外部客体 (Bowlby, 1988)。孩子直到青春期之前都比成人更依赖真实的外部客体。而且，孩子会依赖他们的同辈人，作为之后依赖内部客体的一个过渡。和孩子不同，成人可以独自生活，不一定需要家庭设置的存在。那些曾经独立生活的成人对内部客体充满信心。

4. 父母对家庭具有绝对的责任。虽然，孩子被培养拥有对家庭的责任感，但是成人仍肩负着对孩子绝对的责任。
5. 成人在家庭中的关系是复杂的，较之成人，孩子是自我中心的，他们一般是对简单的内部需求和外部刺激做出回应。

成人比孩子更能理解复杂的家庭关系。和成人一样，对于孩子来说，也有一些关系是非常重要的。但是不可否认，人们认为对于3岁以下的孩子而言，这些和他人的关系没有任何意义，原因在于此时孩子的感觉器官还不成熟，他们的思考能力还没有发展起来，成长过程中的重要事件也还没有发生。

孩子和成人面对三角关系的方式是不同的。正像我们在第十一章中说过的那样，在孩子七八个月之前，他们还不能理解三角关系。而孩子在七八个月之后开始对父母的关系和其他人的关系（如兄弟姐妹和父母之间的关系）感兴趣。但是，直到3岁以后，这些才占据重要的位置。当这个阶段来到的时候，他们会用性别的不同来理解三角关系，俄狄浦斯的竞争关系迅速占据核心地位，随之而来的还有爱恨的冲突、性别角色和依赖关系等问题。

与此相反，成人在家庭中经常担心一种关系给其他人带来的结果。父亲会嫉妒孩子对妻子的占有，但是仍然希望孩子可以得到母亲全部的爱。母亲把所有的精力放在孩子上，同时也会把丈夫的需求放在心上。处于三角关系中的成人会考虑每两者间的关系，同时把家庭作为一个整体，而不仅仅只是依据性别的不同，他们会更全面、更多样、更灵活地看待关系。

孩子成为容器

对治疗师而言，成人和孩子在家庭中表现的人性共同点和发展程度上的差异，使我们面临一个问题：即在治疗设置中，最终要达到怎样的角色功能。

1. 在治疗中，成人和孩子几乎在所有讨论的问题上都存在发展水平的差异，同时，他们使用客体的方式也不相同。根据心理性欲发展的规律，他们在表达性和攻击的方式上也存在不同。
2. 治疗师需要使用不同的语言，从不同的理解角度，创造不同的交流方式。例如：成人主要是靠语言交流，而孩子则能在游戏中更好地交流。
3. 在家庭治疗中或者当成人带孩子进行个体治疗时，我们会希望家长安排好治疗的相关事项，说明需要进行治疗的理由，设定治疗的目标。但是，我们并不希望完全由他们来表达观点。也就是说，孩子和家庭中的每个成员都需要有表达的机会。在有问题的家庭中，成熟度之间的差异并不需要完全被揭示出来，也不需要完全纠正。家庭治疗或者个体治疗的目标之一是，达到并允许在成熟度和责任感方面存在适当的差异。

在家庭中，成人和孩子的相似之处还在于他们对事物的观察不但受自己内心的影响，还受到他们在家庭生活中扮演的角色的影响。他们都需要亲密的接触，都需要对方的支持。

随着时间的流逝，当孩子越来越大时，孩子与成人之间在成熟度和责任上的差异就慢慢地消失了。在孩子小的时候，成人是孩子年长的拍档，当孩子长大后，成人一样可以是他们的拍档。在有问题的家庭中，我们经常看到不同的情况，而且经常看到成人化的孩子（Whitaker and Keith，1981）。到目前为止，虽然对这种违反天性的角色反转的研究还不充分，但是在临床上却很常见，比昂（1967）关于孩子是容器的理论给我们理解这一反转提供了一种方法。父母在家庭中应该成为容纳焦虑的容器。当孩子不是被包容的对象而是成为这个容纳焦虑的容器时，家庭或者个体的问题就出现了（Muir，1989）。一般来说，给他人提供支持是父母的事情。出现反转的孩子会认为他们应该承担责任并通过这样来维护心理层面的父母的存在。而这样，这个家庭就陷入了憎恨、焦虑和不健康的发展之中。

小结

尽管成人在进入家庭互动时带着业已形成的自我身份，但是在之后和孩子或者配偶的接触中，这个父母的身份发生了戏剧化的改变。而孩子则是完全在和父母的接触中才慢慢形成自我身份的。被内射的不仅仅是客体形象——母亲的、父亲的、兄弟姐妹等的客体形象，被内射的更是互动本身——即关系本身。在关系中，孩子对自己的体验成为组成心理结构和身份的基本构件。

只有在孩子形成自己的身份之后，他们才具有能抵御父母影响的壁垒，但这形成心灵结构的构件也是由和父母的接触所提供的。无论是和父母之间的斗争还是父母对内部客体使用的攻击性的语气都起源于此。在每一个案例中，我们都会看到，努力认同或者反抗父母的要素的存在。解决的方式决定内部客体和自体的本质。在之前讨论自体和客体的复杂关系时，我们提到选择一个新的外部客体是认同的一部分。这个重要的人物可以是投射好或者不好内容的接受者，尝试性的投射认同是所有亲密关系的基础。

当孩子走出家庭开始和同辈、老师交往时，这些认同就表现出广泛深远的影响。在青春期，他们会变得更纯粹和更具体。对儿童的分析使我们有机会从他们身上追踪到，他们在成长过程中是如何寻找和选择合适的对象来表达他们的内部客体设置的。举个例子，在男性同性恋的客体选择中，孩子通常是拒绝母亲身上的一些方面，而吸收了其他人的，这作为一个整体在潜意识中被强烈地认同，通常还伴随对异性关系的偏见。这些孩子会厌恶内部吹毛求疵的、苛刻的母亲的客体形象，同时也强烈地与之认同。青春期的进一步发展会纠正或者巩固这一倾向，从而固定最终的异性或同性的客体选择及自我身份。

虽然父母会认同孩子就像孩子认同父母一样，但是父母早已存在的那些认同有着更持久的力量，孩子在这样的背景下长大，受的影响远远大于他们给予父母的影响。

辛普森一家

关于辛普森一家的治疗情况我们在之前已发表了案例报告（Scharff and Scharff, 1991）。这对夫妻最早过来治疗是因为性生活方面存在问题：辛普森太太讨厌性生活，辛普森先生则有早泄的问题。作为治疗的一部分，他们同意让我对他们进行家庭评估，我建议请家里年龄居中的那个孩子也参与治疗，来探索他们的困难。这是一个5岁的男孩，亚历克斯，他时常会将大便解在身上，性格非常软弱，在很多方面都存在发展问题。在评估中，我注意到，3岁半的珍妮特也同样有发展上的问题，过度兴奋，也许是过度的性别化。年长的男孩，艾瑞克看上去还不错，正进入潜伏期。

然而，在一年后的重新评估中，我发现艾瑞克内化了他所认同的攻击性客体。他用超人玩偶攻击珍妮特的一个无助的玩偶，并宣称超人变成了一股邪恶的力量。之前我并没有发现艾瑞克有这样的行为。一次治疗并不能帮助我理解艾瑞克的问题，但是我开始关注这些孩子，我希望他们能因为父母关系的改善而获益。在过去的一年中，这对夫妻的关系有了一定的改善。辛普森太太在我的一个同事那进行了一年高频率的心理治疗后，开始有了活力，抑郁的时间明显减少了，但是她仍然有很严重的退行问题，其中的两种退行问题导致在之后几个月多次进行短暂的住院治疗。虽然如此，辛普森太太仍然坚持做一份兼职的工作。一个最有戏剧化的转变是，辛普森太太现在对性非常感兴趣，她和她的丈夫已经很长时间没有再因为这个问题而吵过架。因为辛普森先生有早泄的问题，辛普森太太无法达到性高潮，所以他们仍然需要特别的性治疗，但是现在我们都同意最重要的是家庭治疗。

我在这里要报告的这次治疗是在进行家庭治疗大概8个月之

第十二章 孩子和成人在家庭中的角色关系

后。我还没有找到和之前的治疗相衔接的内容，但是在两周前的治疗中，我已经探索了母亲的抑郁在这个家庭中所处的核心地位，以及其他的每个家庭成员在其中所处的角色。

今天，在那次治疗后的两周，他们走进治疗室，和往常一样，孩子们急切地率先进来了。艾瑞克给我展示他画的变形机器人。这些机器人叫做破坏者，其中最厉害的是破坏王。然后，他开始玩彩色的积木，这是3个孩子都喜欢玩的东西，并常常因此争吵。亚历克斯开始画画。他的父亲建议他画只唐老鸭，当亚历克斯说他不会画的时候，他的父亲说："他能够变出唐老鸭，但是他却不会画唐老鸭。"

珍妮特吃着从口袋里拿出的糖果，亚历克斯画了一只米老鼠。他们都在窃窃私语，我问他们关于糖果和他们讨论的内容有什么秘密吗。他们说没有什么秘密，他们只是早到了半个小时，因为他们的妈妈吃抗抑郁药，嘴巴很干，所以就买了糖果。于是，他们开始谈论药物，并记起母亲住院的那段经历以及产生的恐慌。当她说话的时候，亚历克斯递给她自己画的鲸鱼，亚历克斯说这头鲸鱼吞掉了制作出皮诺曹的葛派特。珍妮特递给她母亲一幅画，她告诉我说这是三原色。

于是，我意识到那个时刻在治疗室中产生了回避，虽然在经过一次富有情感色彩的治疗并跳过一次治疗之后，像这次治疗开始出现这种情况并不少见。

艾瑞克现在在造一座楼房，他说这是博物馆。这次的建筑物和上次治疗中的建筑物是同一种类，而且他对我说的话也是一样："这没什么。"艾瑞克需要更多的汽车和材料才能完成他的设计。父亲和亚历克斯则努力说服他利用已有的材料进行创造，以免他拿走亚历克斯手里的东西。

母亲说："艾瑞克，如果你不能按你想的那样做，也许你可以试试其他的方法。"艾瑞克并不接受母亲的建议，不高兴地撅着嘴。

博物馆里都是带着步枪的士兵，所有的枪口都指向我。我笑着说："你说并没有什么事，可是我看到了这么多枪和这些枪所指的方向。"所有人都笑了。"为什么我是敌人？我可能会做出什么可怕的事情？"我问道。

艾瑞克现在拿着绿巨人浩克玩偶，这是一个巨大的、绿色的、带着敌意的玩偶，他威胁性地向我摇了摇。这是即将战斗的信号，我认为这个绿巨人代表着这个家庭的愤怒。在最近的一次治疗中，我们谈到当母亲想要好好地表现时，她总觉得自己是个无法自控的绿巨人，会给这个家庭带来破坏。

当我在玩偶堆里寻找、想要找到一个合适的玩偶来开启和绿巨人浩克的对话时，辛普森太太给了我一个小孩子的玩偶，说："大家都知道小孩子是凶狠的。"

我感到辛普森太太在表达她对艾瑞克行为的认同，并对艾瑞克对我的愤怒移情有投射性认同。于是，我把这个玩偶递回给她，这样我就可以检验这个家庭中愤怒移情的根源了。"也许，这个小孩子可以找出我做错了什么事情。"

辛普森太太很乐意地接过这个玩偶，并通过它对浩克说："好吧，浩克，我做了什么？"

艾瑞克用洛克的口吻说："我很生气，因为你不让我来统治。"

母亲说："你不能总是想做什么就做什么，这对你并没有好处。"这个玩偶和洛克争执了起来。

亚历克斯在旁边看着，尝试着打断这个场面："这个小孩子的尿布掉了，她要在地板上大便了。"然后，他走了过来，开始和浩克打着玩。

考虑到亚历克斯一直存在的大便问题，我说："亚历克斯说当浩克攻击这个小孩子时，她会大便失禁，当人们受到惊吓时是很难控制他们的大便，对吗？"

亚历克斯并没有回答我，过了一会，他停止了和玩偶的打斗，

第十二章 孩子和成人在家庭中的角色关系

拿起一部车,开始敲打艾瑞克建的博物馆。

艾瑞克被激怒了,同时很受伤,他说:"亚历克斯,你为什么要这么做?"他扔掉浩克,开始重建博物馆。

我说:"当亚历克斯处于浩克和这个小孩子玩偶之间时,他提及人们失去对大便的控制。但是,这次他的表现不再和小孩子一样,将大便解在身上,而是摧毁了博物馆。然后艾瑞克生气了,这和一般在家庭中发生的事情有什么联系?"

母亲说:"艾瑞克有攻击性,但是他却不喜欢你以牙还牙。他做所有的事情都是可以的,但是别人对他做这样的事情却不可以。"

我轻轻地触碰艾瑞克的肩膀来表示支持,因为我认为这个话题对他而言是很困难的。我说:"也就是说,你觉得艾瑞克希望他可以表现的像浩克一样而不遭受任何反对,如果有人生气,他会觉得很惊讶。"

我遭到了拒绝,艾瑞克说:"沙夫医师,请不要碰我,我这被太阳晒伤了。"我意识到,他并不认为我说的话是在表达对他的共情,他希望我离得远远的。

艾瑞克仍然在重建他的博物馆,亚历克斯则把玩偶一家人都放在车上,要载着他们去参观博物馆。艾瑞克让破坏王袭击了这一家人。

父亲说:"珍妮特和亚历克斯无法阻止艾瑞克。他根本无视他们的防守,他会摧毁他们。"

母亲开始发火了,她嚷道:"我受够了,每次当他这么做的时候,我都很生气,现在我想离开这个房间。"

我说:"可不可以跟我谈谈你的愤怒。"

她说:"我还无法谈论我的愤怒。我觉得即使你指出他的问题,他还是如此固执,这让其他人都很不开心。他总是独占那些玩具,我只想砸了那个博物馆。"她弯下身,用手背把博物馆的材料推散到地上。看到这一切,我目瞪口呆。

我转向艾瑞克,此刻我觉得自己很认同他:"艾瑞克,你现在的感觉是怎么样的?这样的事情在家里会发生吗?"

艾瑞克慢慢地点头,难受得快要哭了。

父亲说:"通常,当我妻子那么做的时候,一切都变得很糟。艾瑞克,来吧,把这些建筑材料分一点给亚历克斯和珍妮特。"

母亲说:"最后我们会介入,他会很难过,我们是在强迫他。"

父亲说:"然后,艾瑞克觉得我们更喜欢亚历克斯和珍妮特。"

"是这样吗?"我问艾瑞克。

他悲伤地点点头,把头放在桌子上,整个人看起来无精打采。

为了寻找这种关系的历史原因,我问道:"辛普森太太,在你成长的过程中,有什么事情和今天的情景很类似吗?"

"是我的父亲。"她说,"每次他一回家,我们都很害怕,他会让我们排成一排,朝我们叫嚷,寻找我们是否做错了什么事情。如果我们中的某一个承认做了什么,他会朝那个孩子开火。太可怕了!他必须控制好自己。他制定规则,其他人都不重要,我母亲并没有保护我们以免受他的伤害。就像我无法保护珍妮特和亚历克斯。"

"所以你觉得艾瑞克就像你父亲一样,非常具有破坏性?"我问道。

她点点头,开始抽泣。"当我那样想的时候,我就会对他非常生气,然后我觉得自己就像父亲一样,就像我刚刚摧毁他的博物馆。我最痛恨的就是这点。我讨厌那个人,但是现在我自己的行为就像他一样。然后我就会更恨艾瑞克,因为是他让我那样的。"

当我观察并身处其中时,我感觉到巨大的悲伤。由于艾瑞克一直趴在桌子上,父亲说:"儿子,到这里来。"艾瑞克慢慢地起身,接受来自父亲慈爱的拥抱。他靠在父亲的胸口上,而父亲则拍拍他的手臂和后背。这个画面看起来非常舒服,也没有妨碍治疗的

第十二章 孩子和成人在家庭中的角色关系

进行。

我对父亲找到一个方式安慰艾瑞克，使得母亲能够继续表达感到很满意。他通过支持艾瑞克支持了整个家庭，这让我可以把注意力集中在母亲的身上。通过这种方式，父亲支持的不仅仅是一个处于悲伤的家庭成员，他使所有人都得到了支持，对我的治疗也给予足够的支持。他对治疗的帮助是肯定的，他的举动开启了修复行为。珍妮特走向母亲，她爬上母亲的膝盖，开始安慰母亲。她这样做的时候，亚历克斯正在残留的博物馆建筑边玩耍，想给他使用过的车玩具盖一栋简单的车库。

看到这一系列修复举动的发生后，我对母亲说："当你感觉自己和你父亲一样坏时，你恨艾瑞克，但是同时你也恨你自己。"

"是的。"她抽泣着说："我觉得我对他的伤害就像我父亲对我的伤害一样。但是我就是没有办法不这么做，我找不到解决的办法。"

在这间房间里充满了痛苦。我责问自己造成了怎样的绝望。与此同时，我觉得很欣慰，在这绝望的困境中，这个家庭成功地保持着稳定的进展。

考虑到父亲之前做的一些干预，我想尝试着扩大这一客体关系问题，把他也纳入。辛普森先生几乎不记得儿童时期的任何事情，但是我可以很明显地看到此刻他的情绪反应是很强烈的。所以，我转向他问道："这让你想起什么吗？"

他说："我的童年时代没有那么戏剧化。至少我不记得有类似的事情。有时候如果做错了什么事情，我们会被父亲用皮带抽一顿，其他的事情我就记不起来了。"

我意识到，即使他说他能记得的东西很少，但其实他的确说了一些内容：他记得被抽的事情。我说道："不记得的事情是因为你想忘记，你是为了什么被抽呢？"

"我只记得一次。"他说："我被抽是因为我去了女朋友的家，

283 　大概是在艾瑞克这样的年纪，父亲用皮带抽了我。这让我感到很受伤！当我想起这些事情的时候，我就能理解艾瑞克的心情。"

"你知不知道你父亲被皮带抽的事情？"我问艾瑞克，他摇了摇头。

在接下来的时间里，我们明确了父亲回忆起的那些内容的意义。他被惩罚的事情是一件和性有关的事情，至少他被抽打的部分原因是因为一个女孩。这个家庭最早进行治疗的原因是因为夫妻在性生活上的问题，然后是他们持续存在的性功能障碍，包括珍妮特的过度性别化，我想起码这就是重要的原因之一！我不知道是否还有其他的原因。处理这个父亲在青春期性别身份形成的问题是处理这个家庭问题的一部分，必须等到几个月以后再处理。

现在我对他们说："辛普森太太，你对艾瑞克这么生气是因为他让你感觉到所有的这些东西。他让你想起你的父亲，然后你觉得你生气的时候是多么像你的父亲，而艾瑞克变得很有攻击性，他很绝望，不知道如何获得你的爱。所有的这些，辛普森先生都看在眼里，同样，他也很厌恶他愤怒的父亲——因为一次对女孩家的造访就抽打他的那个人。他讨厌你像个愤怒的父亲，这个父亲会因为性的兴趣而暴怒。你们两个有着同样的挣扎，所以就出现了性的问题。

"在现在的治疗设置中，孩子被纳入了，因此经常是艾瑞克为了得到他想要的东西而变成了那个可怕的坏父亲。他感觉很糟，因为他变成了破坏王——一个由别人控制的破坏力强大的机器人。但是，他这样做还有一个很矛盾的原因，他希望这样可以避免让自己把你，辛普森太太，看成是浩克或者破坏王。"

母亲说："是的，你是对的。我想要摧毁他的博物馆，因为我不想让他感觉那么高兴、那么强大。然后，我自己感觉很糟糕。"

284 　这时候，亚历克斯拿起车，摧毁了博物馆剩下的部分。我提醒自己他正在实施我所讨论的破坏性行为。

我说道:"这样的时候——比如现在——亚历克斯为你而对艾瑞克做这些事情。这就是亚历克斯强迫性破坏行为这么难以停止的原因。"

珍妮特从母亲的膝盖上爬下来,在博物馆的废墟中高兴地玩耍。

父亲轻轻地抚摸着艾瑞克的头。我问辛普森先生:"您有什么补充吗?"

父亲说:"艾瑞克感到很受伤。他母亲对他这么生气,这对艾瑞克来说是一件很困难的事情。他想要做得更好,但是他不知道如何改变。"

我问艾瑞克:"是这样吗?"

他点点头。

母亲说:"也许他恨我。"

我说:"所以你担心他会像你恨你的父亲一样恨你?"我觉得这是一个机会,于是补充道:"但除了这些,你对艾瑞克还有怎样的感觉?"

她回答:"我爱他!我真的爱他!他是这么好的一个孩子!在发生了这么多可怕的事情之后,我觉得很绝望。他已经被伤害了,是我伤害了他!我恨我自己!"然后,她又开始抽泣。

亚历克斯又开始为他的车子造简易的车库。

我问艾瑞克:"你是不是觉得想哭?"

"是的。"他说:"我很难过。"

"我知道。"我说:"这对每一个人来说都很痛苦,包括你的母亲。这就是藏在这么多可怕事情背后的原因。它妨碍了你们相互表达爱意。辛普森太太,在你原来的家庭中,你感到你父亲恨你,而你也恨你的父亲,但是你仍然希望得到他的爱。他和你之前的处境是一样的。你嫉妒他是这么能干,得到了这么多——甚至是从你这里——然后他还想要更多。这让你想到你曾拥有的是多么的少得可怜。于是，坏父亲就出来了，他摧毁一切，这让你们——辛普森先生和辛普森太太——怀疑自己是否能成为好的父母。你们两个人都认为你们无法得到足够多的爱，这个家庭中的爱并不够分。在这里，一切都体现出来了，如果有人想要得到更多的，就像他夺走了家庭中剩下的那些爱。我想你们两个人在性生活中也存在一样的情况。这部分内容我需要和你们个别讨论，现在最重要的是处理家庭中每个成员对失去的部分表现出来的愤怒。

这次治疗展现了成人和孩子在家庭功能中的一些相似之处和不同之处。显而易见，一些缺陷同时也造成了家庭发展的问题。从某种程度上说，更准确的说法应该是这个家庭的成人和孩子因为在家庭功能上缺乏应该存在的区别而出现问题。通过治疗，他们开始承担起自己的责任。当然，同时还会有问题和成长，在承担责任方面还会有很多次的反复，同时还有判断力和内省力的一些成长性的训练。简单地说，他们在解决自己的问题。

赎罪引导着成长和分化

在孩子和成人之间，因为成熟水平不同，所以检验治疗的目标也不相同。在这里，我主要关注艾瑞克和他的母亲的关系。

首先，艾瑞克和他的母亲都有被爱和被关注的需要。他们相互之间依恋的需要是非常明显的，而这正是导致他们之间所有问题的根源。他们因为无法建立充满爱的关系而哭泣，他们都承认对彼此的需要。艾瑞克和他的母亲在治疗室展示出代表性的一幕：母亲被艾瑞克自我中心的行为所激怒，摧毁了他的建筑。在家庭治疗中，我称这样的情况为：核心情感体验。当他们在痛苦的爆发后面发现了他们共同的需要时，那一刻他们重新建立起一种合作关系。在这种关系下，他们都能感受对方，同时被对方感受。

第二，通过探索他们如何变成对方坏的客体，他们重新成为对方亲密的、爱的客体。母亲明白了艾瑞克是怎么成为她的"坏父亲"的，而艾瑞克则明白了为什么母亲对他的需求那么不能容忍。通过互相了解，他们不但开始善待对方，同时开始爱对方。在这个时候，他们互相支持，共同修复了他们的关系。

第三，在这个过程中，他们发展出一种补偿的工作模式，在今后的生活中也可以以此来处理他们间的关系，满足他们爱和依恋的需要，正常表达攻击，帮助他们分化，使他们相互扶持。

第四，他们每个人对发生在家庭里的事情的认识能力都有了提高。作为家庭支持体系的一部分，他们开始对那些创伤和眼泪有了共识，这是他们的生活背景，是他们的核心关系，是客体母亲和孩子之间的关系。

第五，所有的这些导向重新认同。我展示的这次治疗说明了在内部客体和自体之间错综复杂的相互关系。自体在和客体的关系以及对其认同的过程中慢慢形成。在这次的治疗中，母亲和艾瑞克帮助彼此朝更好的自我形象发展，减少对其客体的伤害。在对外和对内投射性认同的循环中，他们把攻击性的坏客体投向对方。在每天的生活中，他们无法包容对方偏执的焦虑，并转而用分裂和压抑进行防御。现在，由于这个家庭的支持能力和追悼能力都有了提高，在其帮助下，这一循环变得对痛苦有包容力，变得具有补偿能力。当辛普森太太改正她对艾瑞克的投射性认同后，他不再是她的具有攻击性的父亲驻扎的那个坏客体，而有他自己的身份，作为一个有点攻击性的男孩，他就变得温和多了，同时他也变得更有爱心、更好相处。当艾瑞克觉得母亲的攻击性减轻了以后，母亲也觉得自己变成了一个更好的母亲，她的形象也变得更和善。

第六，我想到艾瑞克的游戏和辛普森太太说过的话，这整个家庭作为一个团体显示出升华和转移其内部需要能力的提高。亚历克斯的大便失禁——一种不成形的排空方式，是一种混乱的愤怒的表达——他的解决方式——在废墟上重建博物馆。先前家庭无法处理的失望和愤怒都能在亚历克斯身上体现出来。在这次的治疗中，由于家庭的转变，他的内心世界也在慢慢地改变着。

分化的要素

在治疗中,这个家庭显示出孩子和成人之间一些主要的不同。在成熟度和理解能力上,孩子和成人的确存在很大的不同。用他们的方式,孩子通过游戏诉说的内容和大人的一样清晰。但是,成人必须首先表达他们口头的谅解,就像孩子首先用游戏表达关于防御和关系的问题。

这个家庭表现得像艾瑞克和她的母亲处于相同的需要和成熟水平一样,但是只有艾瑞克能够首先带领这个家庭走出绝望的困境。艾瑞克曾被迫成为承载这个家庭数代人的失望的容器。在这次的治疗中,当母亲和父亲愿意重新领导家庭走向成熟并成为承担家庭焦虑的容器时,这个家庭就获得了成长。母亲和父亲之前表现得像他们无法承担母亲破坏性的愤怒,母亲被内心的情绪所掌控,而父亲无法控制住她。因为这样,他们表现得像艾瑞克必须为他的母亲和这个家庭负责一样,而不是他们为这个家庭和艾瑞克负责。他们让艾瑞克以为他有极大的责任并以父母的角色来为他母亲提供容器——而这反而是他母亲必须为艾瑞克做的。这种情况的出现是因为父亲无法承担他的责任,于是父母都转向艾瑞克,从他身上寻找这种缺失的男性元素,使得艾瑞克必须要承担他母亲的焦虑。当父亲重新确定自己有能力提供支持,而母亲对待艾瑞克的行为更为成熟之后,一切都好转了。她曾抱怨艾瑞克不负责任,就像他是那个在她的成长过程中具有攻击性的成人,然后她又觉得她自己是那个具有攻击性的成人。当她对问题有了新的认识,当她成为能够为艾瑞克和他自己负责的那个人之后,她重新希望能够让艾瑞克依靠,而不是让艾瑞克负责。她提供了一个让艾瑞克明显感觉更舒服的客体关系,从而她自己也会更舒服。同样的过程也出现在父亲与亚历克斯和珍妮特的关系中,这是这个家庭成长的一部分。

最后,我们可以进一步处理认同的问题。母亲和艾瑞克开始建立一种新的平衡,母亲更少地被内心的伤害感困扰,不把内在的客体投射出去,这样就可以更倾向改善的内部客体。在丈夫的支持下，她发现自己的形象有很大的改善。当她不再依赖艾瑞克去补偿内部客体的不足时，艾瑞克就能获得更好的与母亲的互动，就能重建他的内部客体形象。用艾瑞克的游戏来说明，一些士兵——他的愤怒客体——现在可以被放在他的博物馆的展览柜里了，更好的客体会被运用于生活中。

用这种方式，这个家庭通过治疗重建了一个支持性的环境，这不单单是给予孩子们的一个成长的环境，而且是给所有家庭成员的一个成长性的环境。在这样一个支持性建设性的环境中，孩子们可以自由地修正他们的内部客体需要。举例来说，艾瑞克可以承认自己的需要，而不是建一个博物馆来收藏那些剩下的旧客体。当亚历克斯在我们眼前变得越来越成熟的时候，他帮助这个家庭获得了更好的理解力。孩子不再需要成为病态的投射性认同和焦虑的容器，父母能为他们容纳一切。当父母和孩子表现出与他们的年龄和角色相符的功能、能够为孩子成长提供支持和适合的环境时，整个家庭模式就开始重新建立。

孩子和成人的内部家庭是不同的

对每个家庭成员来说，他们对实际家庭的体验是建立在内在家庭的基础上的。正常的情况下，孩子和成人与整个家庭的关系是不同的，他们在内部家庭中的位置也是不同的。孩子，即使是年长的孩子，也倾向于从家庭中寻找支持和养分。孩子的某些态度是从家庭中获得并衍生的。成熟的成年人，即使他们从家庭中获得很多东西，他们也应具备正常的给予家庭的态度，使得家庭可以从他们那里获得力量。孩子和成人主要的不同在于他们对外部家庭和真实家庭成员的态度。孩子和成人都需要从他们的内部客体中获得支持和养料。

这导向了一个最终也是最重要的不同。即使孩子和成人一样，生活在几代人的家庭中，即使他们的内部家庭由父母和同辈人组成，孩子和成人还是不同，他们是新的一代人，他们处于瀑布的底部。

成人（也曾经是儿童）在成长的过程中，那些重要的外部客体（可以比他们年轻，可以比他们年长）成就了他，他也成为了这样的人。这双重的身份（是孩子同时也是成人）能够概括在孩子和成人之间所有复杂的矛盾的情结——在这个真实的世界中，他们既是成人也是孩子。这样的成人，带着旧的或新的内部客体，于是他们有着比孩子复杂得多的心理结构。

当辛普森太太看到的自己是那个带着强烈情绪的女孩时，当艾瑞克只是她的充满暴力的或者理想化的父亲时，艾瑞克就无法成长。当她收回她对艾瑞克的投射性认同时，当她回到属于她的位置时，艾瑞克才能够自由地成长。

治疗师的角色和情感的位置

无论在家庭治疗还是个体治疗中，治疗师的任务之一就是修复每个个体对待和支持其他家庭成员的能力。这种修复只能发生在成熟的内部客体关系的基础上，并引导个体建立充分的自信。他们只有确信有足够好的内部客体，才乐意给他人提供帮助，而不是陷入内心无法弥补的失去或伤痛之中。通过这种方式，每个人不仅仅是一个帮助或者伤害他人的客体，而且是自体和客体无休止的相互作用形成的系统的一部分。在这个系统中，每个人在与他人的关系中开始形成、被赋予各种特点并被改变。这种能力的恶化会导致在家庭互动中不良的使用甚至虐待他人。当一个家庭成员认为其他成员只是围绕着自己打转时，这种情况就只能导致一种结果：他会迫使他人填补自己永远无法填补的内心需求。

当使用和回应他人的能力成熟之后，在成年人的引导和影响下，直到孩子慢慢地成长起来，家庭作为一个成熟的整体，才具有对每一个成员良好的关怀能力，才能促进每一个成员的成长，满足每一个成员的需要，家庭中每一个成员才能普遍地感觉到被爱和被理解。

治疗师的个人需要呢？按照很多文献，特别是早期经典精神分析文献的描述，好像治疗师只是空洞的父母的形象，没有任何依恋和亲密关系的

第十二章 孩子和成人在家庭中的角色关系

需要。当然，治疗师具有所有的人类需求。一个重要的不同之处是——至少是在治疗的设置中——治疗师能够也必须比他们的患者更依赖他们自己的内部客体。因为治疗的个体或者家庭不是他们自己的家庭，所以，他们能够让这些患者或者家庭自由地和治疗师的内部客体和内部家庭进行回应，在这个距离上进行改善。虽然我对成人位置的描述有点夸张，没有人在他们的家庭里能够或者应该拥有这样的距离，即使父母比孩子拥有更多的距离感。一些治疗师的个人需要一定要在与患者或者家庭的治疗中获得满足，他们需要在工作中发现一个能够修复他们的客体的机会，并挑战他们潜在的东西。在这个过程中，他们会找到来自他们的内在客体，包括那些来自过去的家庭、现在的家庭、同事和治疗生涯中的伙伴的支持。

正是因为治疗师需要和一个家庭中的成人一样拥有对责任的成熟的立场，所以患者——甚至是整个家庭——暂时地逃避责任、退化，即占据了孩子的位置，依赖别人而不是被别人依赖，直到家庭重组，成为一个功能良好的单位，有着清楚的角色关系。

一般情况下，成人和孩子在使用内部客体和与外部客体的关系上有重要的不同，这些不同源自于他们在家庭中不同的角色，并影响着他们在这个家庭中的角色，从而影响整个家庭。个体治疗或家庭治疗的目标都是纠正不平衡的地方，都要依赖治疗师在探索和整合个体或家庭内部时，容纳焦虑的能力。

第十三章
生命发展中自体与客体的交织

家庭中每个人都是其他成员的主要客体。不仅父母是孩子的主要客体，孩子也是父母双方新的主要客体，潜在地加强了夫妻间的联结，因为父母把孩子当作照顾和关心的客体，同时也是内射的客体。如同孩子把父亲、母亲或父母双方都内射（Scharff and Scharff，1991），每位父母不仅内射性地认同了孩子，也认同了与另一方父母建立了关系的孩子，即母亲接受并领会了女儿，认同她是成长中的女孩及潜在的女人，但她也内射了女儿与父亲的关系体验。在这个过程中，她有机会修复与她父亲的内部客体关系。

奥格登（Odgen，1989）描述了孩子形成对父亲的第一表象要通过了解母亲的内在客体群，其中包括她自己的父亲。也就是说，孩子俄狄浦斯情结的初次体验是通过内射性认同母亲的自体和她的父亲的客体而获得的。我认为，在家庭中，对父母双方几乎同等重要的是，一些孩子对父亲的投射和从母亲客体里获得的内射性认同，及那些与男婴、女婴与年幼孩童进行的无意识交流。

家庭内的成长还有另一方面，我在一本关于青少年发展与从学校向工作转变的书中第一次描述了这一内容（Scharff and Hill，1976）。此处我提到这个内容是因为它与我现在的观点一致：个体发展依赖于家庭成员及其他与个体有主要关系的人。

它就是：精神分析和动力性发展心理学对不同生命阶段的详细描述永远在增加，技巧也在增加。但是，他们还没有描述个体的发展与家庭内其他成员交织方式的复杂性。我发现这种交织是普遍存在的。幼儿最初关键的发展步伐是与其父母的关键发展步伐交织在一起的，父母因孩子的出生而成为父母。或者，如果是生育了第二个孩子或再后来出生的孩子，父母又成为正在成长的家庭的父母。如同每一个父母亲都知道的，仅仅是孩子数量的增加就会显著地改变家庭经历，甚至不用等到我们开始考虑到每个孩子独特的个体贡献。

孩子发现他们的家庭体验是由出生顺序和同胞数量决定的。随后出生的同胞显著地改变了家庭体验。孩子相互作为对方的主要客体的作用被大大地低估了，仅在此时此刻说明他们对此缺乏理解。例如，Bank 与 Kahn（1982）指出，在家庭内部，同胞间常有最密切的关系，自童年期后，他们在生命周期结束阶段共渡的时光比从童年期以来其他任何时候都要多。在当代，离婚是破坏家庭形成的突出因素，因为孩子们常常在两个家庭间穿梭，对这些一起在两个家庭里来回奔波的孩子而言，同胞可能是他们唯一不变的客体。

然而，在所有这些错综复杂性的关系中，孩子的生命发展转变发生在与之生活在一起的成人的生命发展中。当我们承认并探究到成人处于发展危机同时也使孩子处于发展危机中时，我们必须考虑随之而来的复杂性。

埃里克森（Erikson，1950，1959）独创的 7 个发展阶段描述了 7 组发展任务。埃里克森看到发展如何始于童年期，从童年期的依赖、青春期身份认同的挣扎到成年期发展出的亲密性、繁殖性，再到最后维持完整性，这将持续人的一生。

现在，我们能够补充的内容是，婴儿、儿童和青少年面对自己的发展任务的同时，成人在形成客体时也面临他们自己的发展任务。当孩子们面临成长危机时，成人也以复杂的、互惠的方式面对自己的发展危机。这些过程互相交织，互相影响。在许多情况下，成人的危机被孩子的发展阶段所触发或相当大程度地突出了。

例如，司空见惯的是，年轻人获得的亲密关系会不时地被第一个出生的孩子、家庭规模的增加或第一个特定性别的孩子的出生所打断。父母挣扎于他们从未预期到的亲密性和养育后代之间的冲突中，并遭遇孩子们的俄狄浦斯抗争和花招。相应地，父母可能会以鼓励或干涉的方式使有关亲密性与性关系的挣扎扩展至孩子。在整个发展的阶段都可见到这种情况。有身份认同冲突（包括有性别身份冲突）的青少年可能会发现他们内射性地认同了父母，这些父母也正苦苦挣扎于中年阶段的自我能力和价值的问题之中。下面举例说明这种情况。

法国女孩奥维莉特

以下的内容讲的是一个15岁的法国女孩，她是3个孩子中最小的一个。带她来治疗的父母50多岁。他们提出进行心理治疗是因为女儿打算节育，准备与一个23岁的男人频繁发生性关系。父母对此很震惊，也非常难过。在与父母的初次访谈中，我们迅速发现，这对父母自己已多年没有性生活了。法兰西夫人从未对她爱着并深深仰慕的丈夫有过激情，因为她在20多岁时出于安全、非情欲的原因选择了丈夫。她这样做的原因是她仍然爱着幻想中的男人——一个令人兴奋但不可靠的艺术家。另一方面，法兰西先生选择她作为妻子是因为她的美貌和社交魅力，考虑到他是个尽管聪明但笨嘴拙舌的学者，而且自己又没有吸引力，所以他愿意放弃性关系以拥有她。现在，25年后，他们的婚姻活力和性亲密受到了危害，法兰西夫人因子宫纤维瘤而切除了子宫，象征性地丧失了性欲。法兰西夫妇都投射性认同了奥维莉特花季般的性欲，只是发现其性欲之强令他们惊慌。

对奥维莉特来说，母亲对性的抵抗态度令她暴怒不已。她潜意识地接受了父亲慷慨给予的爱慕和令人备受鼓励的喜爱，受此鼓舞，她希望在与一个年长男人的性关系里找到同样的东西。因此，她急于寻找性亲密，这是早熟的表现，企图补偿源自不育关系的养育。父母发现他们与奥维莉特之间在理解上的差异威胁到他们对生养后代的信心。对此的另一种说法是中年危机（Jacques, 1965）和成人转变（Levinson et al., 1987）。在努力帮助奥维莉特成功渡过青春期发展阶段的同时，父母双方也在渡过自己的成人发展阶段，但之前他们在建立亲密关系的整合能力的失败危害到他们获得养育后代感及从中发展出整合感的能力，他们对女儿健康的考虑进一步侵蚀了为人父母的胜任感，而这本是组成繁殖性的一部分。

霍姆斯一家

第二个案例来自于我对处于学校和工作之间过渡阶段的青少年发展的研究（Scharff and Hill, 1976）。霍姆斯一家是由其家庭医生转诊到我就职的伦敦塔维斯托克诊所青少年部的，因为有两个家庭成员出现了症状。这两个家庭成员一次恰巧在医生办公室相遇，而彼此都不知道对方在经历困难，他们为此感到惊讶而担忧。

16岁的男孩基思由于在工作上"紧张不安的感觉"而被送到医生处就诊。他在高三那一年离开学校，去当一个制图学徒工，学习职业课程对于那些非学术性学生而言并不少见。这份工作还提供一周一天的大学继续教育学习机会，他期望能够在四年后获得制图学方面的文凭。基思在高三发现学习存在困难，而现在他的大学生活又出现了问题。他害怕在课堂上被叫起来当众讲话，这种害怕在他高中时便开始了。让他感到吃惊的是，他发现这种当众讲话的恐惧很快便蔓延开来。他突然发现自己害怕使用电话机，因为他担心他可能会被要求在电话里读信，而他却不能做到。他开始拒绝上班时接电话。由于他的工作经常需要电话来往，他越来越害怕工作，担心万一他将不得不去接电话或者说明原因。正是由于这种原因，他才去找医生求助，就在那时他遇见了他的父亲。当医生将基思转介到塔维斯托克诊所时，他建议整个家庭跟基思一起去。

霍姆斯先生也是由于其焦虑症状而去看医生的，而他的焦虑也是跟工作相关的。霍姆斯先生的职业生涯充满波折。他没有大学学历，但是却通过自己的努力逐步晋升，一直到在一家大型的印刷公司里获得中层管理职位。然而，到目前为止，他已经很多年没得到提升了。在这家公司搬出伦敦后，他上下班得花很多时间。在感到文凭的缺乏意味着自己的职业成长事实上已经到头时，霍姆斯先生最近决定与妻子一起对附近的乳品和报纸商店进行投资，这家商店以前是他岳父母的，干这行将更赚钱，尽管他们对此不那么专业。然而，在这段转型期，由于放弃其原先职业上的焦虑，他开始失眠了，就在那时，霍姆斯先生去看家庭医生，结果在候诊室里碰到了基思。

当我见这个家庭时，一种全家性的危机出现了。这家人正忙着准备搬到商店上面的公寓，而这意味着自从霍姆斯夫妇20年前结婚以来，他们第一次跟霍姆斯太太的母亲住得这么近。此外，在个人会谈中，基思透露说他的家庭有一个他不应该知道的秘密：霍姆斯太太的父亲死于晚期梅毒，梅毒是在他年轻的时候感染上的。外祖父母很显然相处得并不好，丈夫的梅毒成了基思外祖母晚年的最后打击。这在基思外祖母与丈夫长年累月争吵的怨恨中更添羞耻，而基思的母亲显然也对父亲的行为感到羞耻。

前来参与家庭治疗的除了基思外，还有他母亲和父亲、6岁的弟弟以及即将结婚的18岁的姐姐。显然，基思的母亲承受了更

300

多的家庭负担。她一直都扮演着更为积极主动的家长角色。一般来说，待在家里意味着由她给孩子们立规矩，并且照顾他们，而霍姆斯先生负责赚钱养家糊口。随着他们对乳品店的新投资，霍姆斯太太便成了家庭的主要经济支柱，也只有她知道如何经营这家乳品店，因为这店以前是她父母的。她从来都未能远离自己的家庭。之前，当霍姆斯先生公司的总部搬出伦敦时，他们没有跟着搬家而是决定让霍姆斯先生在公司和家庭之间来回奔波，就是因为霍姆斯太太不能或者不喜欢离开她的母亲。乳品店上的新住所意味着他们就住在霍姆斯太太母亲的跟前了。

霍姆斯太太在分离上的困难影响了这对夫妇最近所做的决定。我们可以看到她的分离焦虑跟基思在课堂上的发言困难是相呼应的。当众讲话具有与家庭分裂并且跟课堂上沉默的众多同学区分开来的潜意识含义。他退学去找了一份工作与他父亲因职业生涯的中年失败而被迫转型不谋而合，而其母亲与自身家庭的分离焦虑使得问题更加复杂。

霍姆斯先生也讲述了自身发展过程中出现的一个问题。在年轻时，他曾克服了当众讲话的恐惧。由于无法在甚至是一小组员工面前发言，他曾担心自己的职业前途会因这种当众讲话的缺陷而受到损害。他用一种自己设计的脱敏治疗方案来解决这个问题，并有意地规划组织宗教论坛，这样他就可以在台上发言。只有通过这种刻意的努力，霍姆斯先生才能够克服他的儿子基思目前也面临的类似恐惧感。霍姆斯先生来自英格兰北部的一个矿工家庭，他在商业方面的兴趣被他的父母，尤其是母亲，视为是危险的，因为这样一来他就变得跟大家太不一样了。当他讲到这时，霍姆斯先生流着泪承认道，他的父母担心，他独立的职业发展会使他们失去这个唯一的儿子，他们想紧紧抓住他不放。接着，他意识到父母的婚姻里有太多愤怒的争吵，但是他们为了他而一直在一起。19岁时，他结婚了，并且随公司搬到伦敦去，此后一直为这家公司工作，从那时起他的生活似乎已走出了父母的圈子，而他的父母在他走后总是郁郁寡欢。我们现在可以看到霍姆斯先生当众发言的恐惧表达了其家庭在面对他的青少年分离—个体化以及所带来的丧失时存在的困难，而他对这种恐惧的自我疗法代表了他跨越自身发展僵局的创造性工作。

根据霍姆斯先生对他年轻时恐惧的描述及其所表达家庭问题的方式，我在想基思那愈发严重的工作焦虑，如害怕课堂发言和使用电话机，是不是一种客体关系问题的传递。当霍姆斯先生和霍姆斯太太面临职业和家庭地位的转变，即霍姆斯太太现在在家庭经济方面起着主导作用时，家庭危机出现了，而家庭危机与基思的个人危机产生了共鸣。他父亲对于自身职业困境的痛苦以及家庭模式的转变，即"将所有焦虑都让妈妈承担"，与基思在追求新的职业生涯包括学习、升职以及渐进的独立和责任感时日益增长的焦虑是相一致的。跟父亲一样，基思追求的是一种非学术性的职业，但这种职业却提供了社会和专业发展的机会。他并没有意识到父亲在家庭内所感到却没有承认的痛苦或焦虑。基思意识到的只是他自己的严重症状，这种症状很可能会让他在职业生涯的初期就失去工作。

我们对家庭模式的探索是从理解父母承认焦虑家庭史所代表的含义开始的。我们将此与父亲现在的失望和痛苦联系起来，同时还有霍姆斯太太即将成为一家之主所带来的威胁，而这超过了其丈夫和儿子所能忍受的范围。霍姆斯太太也担心她与原生家庭的分离焦虑会使她疏远丈夫和儿子，正如这种分离焦虑也曾让她的父亲疏远她的母亲一样，而霍姆斯先生尽管不知道这种分离焦虑，却意识到他担心基思的独立进步会让他失去儿子的陪伴，他自己在基思这个年纪时也是拼命地想要离开自己的父母。基思在进入工作和责任世界上的不确定性体现了他自身青少年分离和个体化的焦虑，同时也表达了其父母客体关系问题的历史。

交织而强化了的家庭场景出现了。霍姆斯先生能够明白他所担心的那些人生问题并非一定会传到基思身上。他和基思开始一起努力以缓解彼此在工作方面的焦虑，而基思很快就发现自己能够用电话了，能够承担更困难的任务了，同时在学校和工作上都表现得更为自信和出色了。

与此同时，霍姆斯夫妇意识到他们被霍姆斯太太家遗传下来的秘密抑制了。霍姆斯太太从其母亲处吸收了此种恐惧，即分离，包括让霍姆斯先生去充分追求他的事业，可能会在他身上激起一种乱交的性欲，而在霍姆斯太太和她母亲的想象中，霍姆斯太太的父亲年轻时就是沉迷于这种欲望之中。基思的青春期再次在她母亲身上激发了这种恐惧感，而基思姐姐的青春期却没有带来这种恐惧感，因为她是个女孩子，没什么大的抱负，且一直都跟她母亲很亲近。

这对夫妇在现实世界中活动范围的受限使得他们彼此都希望基思能够达到他们所无法达到的那种自由表达的高度。然而，潜意识里他们又害怕这种自由还将包括那些危险的性活动，像霍姆斯太太的父亲染上了梅毒那样。基思害怕用电话不仅仅干扰他工作的能力，它还有更多含义。如果他不能打电话，那么他就没办法去跟女孩们建立性的联系。这种抑制同时还解除了基思父母对他的担心，因为它还阻断了父母对他超越因他们的客体关系问题而给他带来的发展限制的希望。

此外，我们得知父母的性生活在这段危机时期变得更受限了。这部分是因为丈夫对受她妻子支配的焦虑，霍姆斯先生丧失了平常那种对性的积极兴趣，使得霍姆斯太太更为焦虑，担心自己到底是作为一个女人更有价值，还是只有在成为奶品店的老板和负责人时才会被欣赏——即成为这个家庭男性的无性欲的母亲。由于基思的姐姐已经出嫁了，霍姆斯太太便成了家里唯一的女性，她开始担心大家是不是都会依赖她，而忽视她自身的需要，包括她是不是仍在性方面对丈夫具有足够的吸引力。

父母发展障碍在青少年身上的重复

在前面所讨论的两个家庭案例中，青少年的发展危机与父母的中年发展挫折问题重叠在一起。用客体关系的角度来理解家庭，青少年的焦虑可以被看成是由成人的问题所激发的——既包括父母每一方各自的问题，同时还有作为夫妇的父母所面临的中年危机。父母现在通过自身及其彼此之间关系的种种限制而体验到其早期发展受限带来的意识和潜意识层面的代价。这种成年发展阶段问题的成功解决需要新的个人成长。青少年的性和工作身份发展问题在将父母推向自身生命中的危机上起着重要的作用。维奥莉特试图过早地进行性生活以表明自己具有性的能力，部分是由她个人的、与年龄相符的需要所驱动，还有一部分是因为内化了其父母的潜意识愿望，即他们的女儿能够创造配对的性组合，从而代替他们自己性亲密方面的缺乏。她的行动促使父母进一步关注自身中年亲密性的需要问题，他们要能够利用自身关系的抱持功能让女儿以青少年合适的方式跟他们分离。

对霍姆斯先生和太太而言，当女儿准备结婚而基思变得自立时，他们的性问题才被触发。但是，他们危机表达的地方主要是在工作方面。基思害怕在课堂上当众发言以及害怕使用电话所体现的是其家庭无法压缩并去除对于男性通过职业和性而进入更广阔世界的恐惧，以免广阔的世界击败他们的能力以及对于亲密的渴望，且在中年和青少年时均如此。

两个案例都表明：成人的发展需要继续为青少年的发展提供环境；青少年的发展会激发出父母在成人发展中新的需要。

青少年的自体必须能够体现和包容其成人客体的问题，恰恰是因为成人自身的发展运动无法为青少年持续的成长和分离提供最佳的环境。与此同时，成人自体将这些问题放到他们子女身上，也正是因为他们在自己的自体和关系中无法解决或者包容它们。在潜意识里，他们希望通过与子女的投射性认同来解决他们的这些问题。由于父母与青少年的投射性认同，当青少年达不到父母潜意识的期望时，他们被认为是个人的失败，也被当成是家庭整体抱持功能的失败，并且会作为一种共同的无能感而被家庭团体携带。

这两个家庭案例表明，每个家庭成员个体的发展必然会以一种持续交织和相互依赖循环的方式涉及并挑战其他家庭成员以及作为功能整体的家庭的发展。

第五部分
通过重寻客体找到自体

第十四章 治疗师的客体关系

在心理治疗的督导过程中,我们对许多方面都很感兴趣,从技术细节到移情和反移情。对于不同阶段的受训者而言,最能促进其成长的地方之一便是其个人问题与来访者问题之间的互动。在客体关系治疗中,我们将精力重点放在此方面是因为通过这种互动我们能够从来访者与我们自身客体关系的共鸣中去理解他们。同样,在做督导时,我们侧重于受训者的问题与其来访者问题的相通之处,因为我们在其中发现了治疗师的优势和弱点因治疗工作而得到淋漓尽致的体现。

以下的督导案例可以让我们看到在患者和治疗师之间产生共鸣的这种互动,同时这种互动也发生在治疗师和督导师之间。

米尔斯太太和史密斯家庭

米尔斯太太是位挺有经验的儿童和成人治疗师,然而她在有小孩后的前五年里一直未从事她的职业工作。她通过参加一个客体关系家庭治疗的培训项目而重新进入其职业领域。

我负责督导米尔斯太太对玛丽·史密斯（一名20岁出头的女性）及其家庭的治疗。米尔斯太太定期与这个家庭见面，偶尔也会单独约见个别家庭成员。几年前，米尔斯太太刚刚获得执业许可时，曾见过玛丽，那时的玛丽是个无家可归的青少年，因为叛逆行为而被父母逐出家门。在接下来的几年里，玛丽断断续续地与米尔斯太太保持联系。到督导开始时，玛丽与史密斯先生喧嚣吵闹的婚姻已经维持四年了。她的丈夫（史密斯先生）还有个跟前妻生的11岁女儿，而史密斯夫妇自己则有一个3岁的男孩。在此次治疗前，史密斯家庭的悲剧主要围绕在他们那不满一岁便夭折的孩子上。这个婴儿在两个月大时得了一种快速进展型的恶性变形性肿瘤，5个月大时死在家里。从那以后，本已处于飘摇中的史密斯家庭几近崩溃。史密斯先生和史密斯太太互相抱怨，11岁的女儿感到愤怒，而3岁的儿子则对婴儿的死讲个不停、控制着这个家庭。然而他却是唯一一个能够直接谈论婴儿疾病和死亡的人。

米尔斯太太很担心这个家庭，他们没办法去讨论死亡。她时常希望他们离开治疗，尽管她觉得自己有责任帮助这家人。到以下故事发生时，丈夫和妻子之间的愤怒已即将失控，对米尔斯太太而言，史密斯先生的愤怒尤具威胁性。当米尔斯太太觉得史密斯先生可能出现暴力行为时，她在家庭治疗培训项目的团体督导中汇报了这个案例，她汇报案例的方式让其他同事全都认为史密斯先生很可能会失控，不仅仅会伤害妻子，而且会伤害治疗师米尔斯太太。在他们的鼓励下，米尔斯太太将本已安排好的与史密斯先生的个体治疗地点从她自己的固定办公室移到有其男同事在的另一间联合办公室里，她的男同事也在那里做治疗，这样她有种受到保护的感觉。在督导中，我从患者的材料里及其过去史中均找不到米尔斯太太产生这种现实恐惧的依据，所以我试图将

第十四章 治疗师的客体关系

她的恐惧理解为反移情——尽管与此同时我对她这种保护自己的需要表示支持。很明显,治疗师的这种对于自身安危的恐惧将损害其为这个混乱家庭提供包容的能力,而这些恐惧在此阶段尤为明显。

混乱继续着。玛丽·史密斯又开始像以前一样企图自杀。有一次,她带着3岁的儿子气呼呼地冲出家门。几天后,在一次家庭治疗和一次夫妻治疗后,玛丽回来了。夫妻治疗能够让史密斯先生探索和表达他对于妻子"将所有事情都怪在他身上"的愤怒。看起来似乎治疗师在会见史密斯先生时对自身生命的担忧代表了与其妻子的过度认同。史密斯太太称丈夫会对她采取暴力行为,我认为这是史密斯太太自身愤怒的投射,而米尔斯太太在其与史密斯太太的认同中却看不到这一点。我问米尔斯太太关于她在试图包容这种混乱、投射的愤怒以及家庭在哀伤婴儿死亡中的困难时所呈现的自身脆弱性方面是否曾发生过什么。

米尔斯太太告诉我,在17岁时,她曾因胸部肿瘤而接受急诊手术治疗。她确信自己快死了。父母都跟她一起待在医院里。她那平常很稳重的父亲坐在手术室外哭泣。肿瘤不是恶性的,但由于外科医生无法将其全部切除,所以他们考虑给她再做一次手术。她生动地回忆起被推进一个"有上百个医生"参加的案例讨论会房间。

我们一致认为她被这个家庭无法消化处理的生命威胁所认同。当米尔斯太太初次见到玛丽·史密斯时,玛丽16岁,被父母抛弃了。当玛丽的父母因恐惧而感到受挫时,这个女孩的年纪和她的孤独感与米尔斯太太青少年时期在外科手术威胁下的焦虑产生了共鸣。

到下周督导时,米尔斯太太已对其自身的外科手术和对玛丽的认同有了更多的思考。她意识到她的父母在她手术期间也处在巨大的压力之下,这导致米尔斯太太担心其父母婚姻的存亡。那一周，米尔斯太太报告了一个梦。

在梦里，我本应过一会儿再进行手术，但现在马上要进行了。我对医生说，"等我写信给我的孩子们后我才会让你们动手术。"我给他们每个人都写了信，包括我的婴儿，告诉他们说他们是多么的特别，回忆我与他们共同度过的特殊时刻。

米尔斯太太以前说过与这个家庭工作非常困难，因为她总想起她自己健康、年幼的孩子，而且这个家庭会让她想到那些她想忘记的事情。现在，她记起来那时她参加了史密斯家婴儿的葬礼。米尔斯太太那时并没有给这个家庭做治疗，但玛丽在其婴儿生病期间一直跟米尔斯太太有联系。看着棺材时，米尔斯太太产生了幻想，她似乎能看到棺材里的婴儿以及他那张因肿瘤而变得扭曲的脸。米尔斯太太的心被一种悲伤感占据着，悲伤的程度就个人而言似乎甚至超过了史密斯家悲剧场景本身所带来的悲伤。

我说我们都看到她与史密斯太太产生了认同，成为那恐惧的青少年以及年幼孩子的父母。米尔斯太太同时还与她自己的母亲产生了认同，这在史密斯太太作为死去婴儿母亲的身上可以看到。我说："你自己在青少年时期因患肿瘤而和死亡仅有咫尺之遥。"

米尔斯太太拭去眼角的几滴泪水。

过了一会儿，我说："我觉得这个梦意味着你对死去的婴儿产生了认同，也许你之前无法去面对那些东西。"

她说："我觉得自己从来都不曾理解我是多么害怕死亡。我只是对我的父母感到十分愤怒，因为他们非常沮丧，以至于我觉得他们将我抛弃在医院里了。我无法理解他们对于我将会死去的担心。"接着，米尔斯太太抽泣了几分钟。

回过神来，米尔斯太太继续谈论抛弃的话题，这种感觉在意识层面上一直占据着她对自己青少年时期手术的体验。她说玛丽·史密斯的妈妈在玛丽4岁时离开了她们，留下了7个孩子。史密斯太太一生中一直有种强烈的被抛弃感，并且青少年时被父亲和继母逐出家门再次演绎了这种感觉。我们可以这样认为，死去的女婴代表的是史密斯太太幻想中的希望，即能够给她的女儿以她自己以前缺失的爱和关怀。由于它是玛丽的第一个女儿，因此这个女婴比其儿子更多地承载了玛丽的这些希望。通过与这个女婴的关系，患者希望能够补偿她自己在母亲那里从未得到或者未能给予母亲的东西。

我说事情似乎比我们原先所理解的还要复杂些。米尔斯太太与玛丽产生认同，而玛丽自己则与她死去的婴儿产生认同，同时玛丽还对婴儿的死亡感到内疚，似乎她自己就是那个在她16岁时抛弃她的母亲。

米尔斯太太对此表示同意，认为这可以解释为何玛丽在其婴儿死后会出现自杀的想法，并且在婴儿死亡一周年时再次出现自杀念头。我们现在可以追溯患者与其抛弃性母亲的矛盾性认同所造成的影响了。婴儿的死对她而言一定是再次激活了这种绝望性困境。

我们同时也可以看到这整个动力过程是如何与米尔斯太太自身的经历产生共鸣的。正如史密斯家现在的这两个小孩无法从他们那抑郁的父母处获取所需要的东西，正如这对夫妇之间脆弱的联结被其婴儿的死所撕裂般，这样米尔斯太太就无法为史密斯家庭提供有效的抱持，因为她不能忍受自己作为死亡客体的想法，而且米尔斯太太经由与母亲的认同而加入到史密斯家的困境。对于米尔斯太太而言，史密斯家庭本身也成了即将死亡的婴儿，而她自己则变成了无法忍受丧失和失败的母亲。

我们在督导中共同形成的认同现在可以作为理解史密斯家庭

的工具，尤其是玛丽的困境。它使得米尔斯太太能够推进治疗为这个无法为其自身提供抱持的家庭提供抱持。

治疗师独特经历的作用

米尔斯太太那时提了个问题，引起我们的极大兴趣。"但是，如果我自己没有经历过那次手术史，我怎么会知道所发生的一切？"

答案是我们每个人都有自己独特的经历以及内在客体，都会以独特的方式与我们患者的处境产生共鸣以提供我们所需要的线索。问题并不在于治疗师是否曾做过手术或者是否曾面临过死亡的威胁，而在于米尔斯太太个人遭遇的具体事实提供了一种她个人的方式来参与这个家庭以及与我的工作。她的梦为我们提供了反移情的线索，这些线索与我们目前所了解到的其他线索是一致的。

例如，米尔斯太太不想思考她自己的脆弱性以及过去的处境。与此同时，她对治疗这个家庭感觉越来越恐惧。在督导过程中，我一直努力地去包容她对于这个家庭混乱的无望感。当我力劝米尔斯太太继续坚持给这个家庭做治疗时，我感觉自己似乎在残酷地对待她。我对于治疗的信心以及能否通过督导帮助米尔斯太太愈发持怀疑态度，这点让我感到痛苦。我在想是否会因为我质疑她对史密斯先生潜在暴力的判断而将她暴露于危险之下，这让我深受折磨。

米尔斯太太在试图帮助这个家庭时觉得个人安全受到威胁，这一方面是由她自己以前的生活经历所引发的，另一方面也与玛丽及史密斯家庭本身特有的因素相关。这些因素的共同作用给治疗以及治疗师的训练带来了危机。米尔斯太太开始怀疑当她重新进入心理治疗领域时，是否还依然可以是她孩子的好母亲。在这里，她与史密斯家庭的生存恐惧产生了共鸣。米尔斯太太怀疑自己是否能够照顾到自己以及孩子们的需要，因此，她觉得也许她将不得不牺牲自己的专业自体。

治疗师的梦主要是她个人挣扎的一种表达，她将此梦体验为是受到这个家庭以及我在督导中的折磨。我力劝她继续给这个家庭做治疗让她感觉到似乎我就是她青少年时期的医生，即将给她施行危险的手术，威胁到她现在生存的手术。当她在手术开始前想写信给她的孩子们时，实际上她是在通过督导移情告诉我，她对于我让她坚持工作感到很危险，我们的督导工作和她的治疗工作让她害怕会远离她的孩子们。我所给她的建议让她感受到与多年前那次威胁到生命的手术产生了共鸣。

很长一段时间以来，我一直觉得米尔斯太太在督导反移情中如此地受到威胁。我也感受到了威胁。我得承认我对风险的担忧以及对自己督导的怀疑。对此梦的工作让我们从反移情的各个层面上理解了米尔斯太太自己作为学生时的恐惧是如何与这个家庭本身的内部风险产生共鸣的。梦使得我们能够去理解患者、治疗师以及作为督导师的我对风险的内部体验所产生的共鸣。梦的工作给了米尔斯太太以新的支持，使得她能够继续给这个家庭做治疗以及重新进入分析性心理治疗的领域。我作为她的督导师，在修通这一点后也感觉好多了。

我们每一个人在进行一项新的冒险时，个人安全常会面临着威胁，然而某些工作却会戏剧般地突出这种危险性。正如医生是通过潜意识强调对自己个人安全的关注来应对严重病患的固有风险所带来的威胁一样，那些学习如何处理高风险患者的心理治疗师一定也会以一种与自身脆弱性产生共鸣的方式去作出反应，并不可避免地以自我保护的方式去行动。同样，当看到子女的进步和痛苦时，父母也会以崭新的方式去看待自己，体验到对其自尊产生的威胁。脆弱性的个体经历此时被激发了，那些个人处境危险的受训心理治疗师最易遭受到更严重的危机。脆弱性的程度取决于治疗师本身的脆弱性以及患者或来访者群体所施加的外部压力这两个因素的混合。

治疗师全都是通过治疗患者来寻求其身份的确认的。所以，治疗师客体关系和患者潜意识之间的互动反映了这种修复客体以及帮助我们的依赖性客体成长为一种表达我们自身成长和生存期待的重要希望。只有当客体被变得"足够好"时，我们才能驱散对我们的嫉妒、贪婪、愤怒以及自恋所造成的伤害的恐惧。对患者修复的失败，就像是躯体疾病患者的死亡或小孩的跟跟跄跄一般，用他们自身破坏性的证据威胁着治疗师。这种修复努力的失败同时也使得我们丧失了某一原本可以反过来证实我们价值的个体形象。没有客体可以防止我们经常可能发生的那种幼年破坏性和无助感的再现，以抵抗瓦解的力量。

脆弱性和学习

心理治疗的受训者如同医学实习生一样，觉得其自身的生存是与患者的生或死相联系的。这种脆弱的情境同时也是一种非常好的潜在学习时机。作为心理治疗师的督导师和老师，我们有很多的机会去直接加强学生的脆弱性。有时候，我们通过传授技术或分析移情，而有时则通过促进分析治疗师的个人经历与患者或家庭治疗情境的相关性——正如我在米尔斯太太案例中所做的一样——以此来达到这一目的。不论什么时候，我们都是受训治疗师的模范，因为他们会吸收我们与未知事物、焦虑以及督导关系工作的方式。

对督导师而言，存在着反移情的复杂问题。我担心我可能会危及受训者的安全。我会将她推入一个危险或无望的境地吗？然而，同时我还担心除非她能建立起对这个家庭的理解以令她足以继续坚持治疗，否则，我可能无法教她任何值得了解的东西。我的反移情矛盾之处涉及的是她的安全和成长之间的平衡问题。当我在挣扎斗争的时候，我所遭受的是对于她以及我自己不抱希望的痛苦。

当我们对那些碰到处境危险患者的治疗师进行督导时，我们都得忍受这种情况。当我们支持他们以面质其内在危险，尤其是当我们通过面质自身的危机感而这样做时，我们提供了一种经常能够将过去的脆弱性转化为崭新优势的机会——既为我们的受训者，也为我们自己。

第十五章
客体重寻及自体重建

桑德拉

在结束分析前几个月的一次星期一治疗中，桑德拉一开始便讲了一个梦。

我和理查德在爬山，那是一座坐落在偏僻、荒凉地方的山。一个女人在一座小凉亭里等着我们。我对理查德说我觉得有很多人曾经来过这里，但他说"几乎没人来过这里"。它有种孤寂和荒凉的感觉。

当桑德拉快结束5年的治疗时，她的那种害怕孤独和害怕失去我的感觉包含于这个梦里，表现为与理查德——比她大15岁的前男友，1年前死于慢性肺病———起行走在一处孤寂而荒凉之地。

在听这个梦时，我感觉到了我对她的前男友的认同。一阵刺骨寒风呼啸而来，我的内心也充满了那种孤寂感。这个梦有种怪异、神秘的感觉。与她的癔症性格相一致，桑德拉的梦通常比较具体，且常带有性色彩。然而这个梦却不一样，令人费解。她觉得，理查德代表了我，梦里的另外一个女人是她母亲。然而在我心里，却是我自己的母亲会如此明显地不友善和不赞许。

在后来的治疗里，桑德拉报告了周末的另一个梦，这次这个梦则是直接关于我们两个的：

我惹上了某种性方面的麻烦。你对我说："你难道不知道当你搞上这些乱七八糟的事时，我的心会渐渐死去吗？"

我感觉被卷入这个梦里，它似乎是跟在第一个梦之后的。我听着她的联想，这些联想毋须激发便源源不断地涌出。我的思绪停留在她的想法、过去的经历以及她对我的影响上。在进行分析前以及分析的早期阶段，桑德拉的生活一直处于一长串的性问题中：在高中，寂寞时她会引诱男友们做越轨的性行为；在婚姻期间以及后来她会与那些有些虐待她的男性发展婚外情；在接受分析治疗的早期阶段她会带有性色彩地嘲笑我。在分析早期，她跟我说，"我还从来没碰到过一个男人无法让他跟我上床的，我不明白你有什么不一样的地方。"在她一生中，她一直用性来与男人和女人建立关系。经过分析后，她在我们的分析工作以及现实生活中能够逐渐而痛苦地跨越这些行为。她已变得注重气节，能够关心自己和他人，并深深地感受到她以前一直在逃避的那种孤独。在这次治疗中，她的悲伤被唤起，荒凉山上的阵阵空洞之风此刻吹到我们心里。

桑德拉说："真奇怪，在梦里你说当我搞得一团糟时，你的心也渐渐死去了。"然后，她又像过去一样变得做作。她用一种夸张而腼腆的表情一脸无辜地问道:"我看起来像是那种会杀人的人吗?"

我想起了伊丽莎白时代爱情诗歌中将死亡和高潮联系起来的"死亡"双关语。

随便你怎么称呼我们,我们是如此地由爱做成;
就叫她飞蛾吧,而我则是另一只飞蛾,
我们也是小蜡烛,在我们自身照耀的光芒中死去。
——约翰·邓恩,"封圣"

我还想到了罗密欧死前最后几句话中所包含的有关性渴望和死亡的内容,他说道:

为了我的爱人,我干了这一杯!啊!卖药的人果然没有骗我,药性很快地发作了。我就这样在这一吻中死去。
——莎士比亚,《罗密欧和朱丽叶》第五幕:第三场

尽管在这两个梦里都包含着对谋杀的"坦白"以及死亡的感觉,但我感觉到的是性兴奋而不是被杀害。瞬间,我瞧见了那一闪即逝却相当生动的我与桑德拉在床上的情景。然而,这个情景却立马被另一幻想打断了,在这一幻想中我正被一位在我的分析训练中督导我对桑德拉治疗的资深女性分析师所责备和"击败"。她的形象也让我想起桑德拉第一个梦里的"另外一个女人",我感觉这个女人就像是我那严厉的母亲。我注意到我并不担心妻子对于我与桑德拉发生婚外情的幻想的感觉。那种恐怖的情景是被一位年长的专业女性、一位督导师所阉割,因为我对一个患者有性反应而犯罪。我自己并没有充分意识到这一点,即我的女性客体映像已被分裂成具性诱惑力的女人(桑德拉)、严厉批评的女人(督导

师）以及善解人意的女人（我妻子）。

过了一会，桑德拉说："星期六早上我通过手淫解决了我周末的孤独。"

她一说到这个，我就感觉我们具有同样的想法。我被她从自己的幻想中拉回来，这个幻想是对桑德拉压抑的性兴奋的回应，通过此幻想桑德拉进入了我并握住不放。我承认自己在未能识别这种压抑的性兴奋的情况下从桑德拉处将其吸收过来。当她认识到这一点时，我感觉这种压抑的性兴奋将我放开了。

桑德拉提到，她大半生都无法用手进行手淫，相反，她用的是自来水以及12岁开始时用的震动器。她用的第一个震动器是她母亲的身体按摩器。在分析中，我们逐渐理解到这个震动器不仅仅代表她母亲的兴奋物，还代表她兄弟的阴茎，这一阴茎将她兄弟与母亲联系起来，同时震动器还代表其父亲的阴茎，而这一阴茎是她母亲所控制、桑德拉所渴望的。桑德拉第一次使用这个震动器时是在她家人在隔壁房间看电视的时候。桑德拉在感到被家人拒之门外时，用她母亲的震动器进行自慰。这发生在桑德拉骚动的12岁，那时，几乎在同一时间里，她还为母亲做了子宫切除术以及父亲做了胆囊手术的事实深感恐惧。

此刻，当桑德拉回忆起她用她母亲的震动器时的兴奋和恐惧时，我脑子里也在想这个故事。"虽然我担心会被发现，但用她的东西的念头让我如此兴奋，也就顾不上小心了。"

我的那些与桑德拉在一起的性幻想再次出现，它就在我自己反对性行动化的价值观面前飞舞着。我的下一个想法是，如果我们真的发生性行为，那么，我们再也无法恢复精神分析工作或者我的职业地位了，这倒不是因为会对抱持性环境造成损害的通常原因，而是因为我们的行为将会被发现的那种怪异的原始原因。在我的幻想中，我们已经被捉住了，已经无法挽回了。

第十五章　客体重寻及自体重建

我们的厄运注定了。

部分的厄运幻想来自于我与督导师的关系。我直觉感到——不管是不是真的——她对于我利用自己的原始幻想作为工作的一部分这一点并没有像我一样感到那么舒服。我想象中的这种存在于督导师和我自己之间的分歧成了我的一部分幻想，我将她幻想成将会谴责我的内在客体。

突然，它朝我涌来了。幻想中的这种移情和反移情的性重演，代表桑德拉对于失去我的恐惧，以及我自己的丧失和失去她这样一个重要患者即将面临的孤独感。我正以一种我从桑德拉处吸取过来的模式体验着这种共同的丧失——认同了她那种感受丧失和威胁的方式。在混乱的挣扎中，我感受到唤起和威胁，而谴责来自于严厉的母性超我的那部分，它攻击着我的渴望，正如在桑德拉映像中，不满的母亲经常攻击着她的渴望一般。

桑德拉继续说，在她孤独地过周末时，她以为在垃圾桶里找到了一个震动器，就像很久以前她母亲的那个震动器一样，结果却是个动物剪毛器。原先震动器的念头让她感到兴奋，但现在她只能失望于没有震动器而进行手淫了。当她用手手淫而无法达到高潮时，她用了一种电动牙刷的底部。她幻想着将这把电动牙刷底部的金属末端插入阴道里，就好像它是一根从身体上切下来的阴茎一样。接着，她想这将会撕裂她的阴道黏膜。她羞耻地注意到，她感到兴奋正如她过去常常对那些痛苦折磨的故事感到兴奋一般。

此刻我再也没感到唤起了。突然之间我觉得泄气了，迷惑了，对那种内部切割和流血的景象感到烦乱。我想起了英格玛·伯格曼的电影《呼喊与细语》(*Cries and Whispers*) 中的一个场景：一个女人在她阴道里打碎了一个玻璃杯。这不禁让我想到一根阴茎被插入到那个场景的阴道里，被那只碎玻璃杯割破。我感受到危险。被另一个女人谴责的想像现在让位于突然受到桑德拉直接攻击以及生殖器被她所伤的感觉。

桑德拉继续说:"在一份剪报上,我曾经看到一个男人杀死数以百计的女人,然后与她们性交的故事,有些甚至是在砍下她们的头之后。好可怕——跟死人做爱。"桑德拉停顿一下,然后说:"我也感到生气,但不知怎么,我却无法说出来。所有那些变态的性让我感到恶心,看上去很残忍,跟手淫不一样——手淫有点儿像照顾我自己。跟你发生性关系将会破坏我们的工作。这会将我们两个全都杀死。"

现在我渐渐恢复了。我感觉经由我自己的幻想而领会了,在这些幻想中,我的内在客体不仅仅被分裂成不同的女性部分,同时还被分裂成谋杀性关系中空洞的身体部分。我觉得我现在可以有把握地说,"这些梦还有剪报上的故事都将死亡和性结合起来。你的牙刷,你将它当成你母亲的震动器来用,是从我身上切下来的阴茎。你'砍下了'我的阴茎,拿给你自己用。"

她说:"我想拥有一个性用品商店里的阴茎。那是我利用男人的方式——作为阴茎来使用。震动器让我想起了这点。是我想要伤害你,想要切下你的阴茎。我自己想要它,而你不会给我。3岁时,当我在洗澡时我想要妈妈过来给我放入一个栓剂。我没有告诉你,星期六我手淫的时候把手指插到肛门里去了。我并不想跟你说这个。我猜想我非常愤怒。我在折磨你时会有种兴奋的感觉,就像以前爸爸用他的皮带抽我屁股时我也会感到兴奋一样。将你阉割,拥有你的阴茎,就像我得到妈妈的栓剂一样,跟你争吵就像那时候爸爸打我一样——然后,我就不用去想你了。"

我心里的一块石头终于落下。她的领悟让我放松下来,我感觉自己逐渐恢复,我的职业生活以及我与作为患者的她之间的联系也再次找回,桑德拉通过她这种深度探索的能力教给了我很多东西,我们彼此都从这些探索中学会恢复。我已尽我所能地去回答我那狭隘地逃离某种职业死亡的幻想。

第十五章 客体重寻及自体重建

我说:"你想要杀死我,然后跟我那被砍下的阴茎做爱。当你感到绝望时,你觉得拥有我的阴茎是唯一能够补偿你再也无法来这里时将会感受到的那种可怕孤独的方式,以及补偿你担心将会极度想念的一部分你的方式。当你觉得我不会赞同你、不会理解你的孤独和丧失时,你更加绝望了。"

这本书开头的案例截取自我的一个男患者,给他做分析治疗时我才刚刚成为一位分析师。这次与桑德拉的会谈是在她的分析治疗快结束时,也是我自己的分析训练快结束时。这次的会谈与这些结束、与桑德拉自己和她的客体的恢复、与我自己和我的客体的恢复均产生了共鸣。

在桑德拉开始分析治疗时,由于缺乏控制自己的能力,她依靠激怒我的方式来控制我。难怪,我的许多早期反应与跟她保持距离有关,这样可以保护自己以免她微妙地侵入我的精神世界,这种可能性远比她所公开威胁的性侵犯可怕得多。我所保持的距离是一种通常的治疗距离。我采取的是思考的方式而非对其行动化。当感觉到混乱时,我需要时间去理解,同时防御性地与她保持一定的距离。这是我所能做的。

尽管在我与桑德拉的距离中存在防御性的成分,然而这却能为治疗的发展留下足够的空间直到新的理解和领悟慢慢地浮现。从桑德拉的角度来说,我既将她吸收进来,同时也将她推开。我同意提供一种能够包容她及其关注的关系,但这种关系的建立相当程度上又是按照我的方式来的,这样,我才能在我的专业标准和个人需要的界限范围内去忍受它。

这让我们走入了正轨。一旦我能够以这种方式去保护自己,我也就可以逐渐地让桑德拉进来。当她告诉我有关她的情况时,包括她的经历、她的日常生活、她的优势和困难,一种新的关系便逐渐地孕育在我们彼此的内心。正如这种关系是母亲或父亲养育孩子的基础,我们的治疗关系亦成了桑德拉成长的基础。

桑德拉是在任由其自我破坏力量、孤独和缺乏成就感摆布的情况下开始分析治疗的。当分析治疗结束时,她觉得大体上已能掌控自己的生活了,虽然她并不总是开心,但她再也不会采取那些自我破坏的行为,并且能够维持长久的关系了。她依然会感到失望,在那些时候,正如在这次会谈中一样,她会被拉回到过去的场景和过去的模式中去,但她却变得不一样了。她现在能够将那些失望的时刻转变成新的机会,能够抵抗其痛苦和失望的原始破坏性,并且能够以一种新的方式去利用客体,使得那些具有威胁性的破坏关系的时刻转变成亲近、理解以及成长的机会。

这次会谈是体现桑德拉崭新能力的生动例子。她的梦、幻想还有渴望,勾起了她对过去困难和成长的回忆。在治疗关系的背景下,她和我能够理解、忍受并将原始的冲动转变成悲痛和哀伤。这次会谈,需要我们两个共同推进。到此时为止,桑德拉已能在治疗外独立地处理类似的情境,一次又一次地表明她已将这种过程吸收进去并把它变成自己的。

在这次会谈中,我自身也经历了同样的过程,并不是说桑德拉没有我就不能处理她的丧失感。现在,我有信心她能做到。这次治疗的过程实际上就是桑德拉将其所遭受的痛苦直接放到我身上来,她无法用简单、描述性的言语来告诉我这种痛苦的经历。会谈的过程是我们一起去感受这种痛苦的过程,因为丧失同时属于我们两个人。通过允许桑德拉的经历进入我的内心,我能够去体验她的遭遇,理解她的感受,从而体验我自身的丧失感。

这次会谈有我们彼此互动的强烈体验,充满着我们全部治疗关系的过去经历,弥漫着我们5年关系的气息,充斥在我们彼此预料中的丧失的时刻。

在通过应用治疗情境而与桑德拉保持一定距离之后,最终我也能够让她进来——甚至是将她带进来——正如她最终也能够让我以一种深度的治疗般的方式进入一样,而不是竭尽所能地来激怒我、欺骗般地将我带入。这次会谈代表着那来之不易的彼此互动能力的最终实现。我们在会谈中再现了这些问题,而且比她当时受困于多年来的成长焦虑以及我们第一年的分析工作所带来的焦虑更具深度和共鸣性。我们运用着彼此深度接触和深受感动的能力,而不必再次上演那些恐惧和丧失。她将渴望和绝望充分地传递给我，而她将这些传递给我的能力正是对桑德拉改变和成长的生动见证，正如我忍受痛苦和威胁性内在体验的能力也是对我与桑德拉在一起所体验到的成长以及作为她的分析师所带来的我自身转变的见证，这些与她个人的成长是相对应的。

在分析治疗刚开始时，桑德拉无法告诉我她那些原始幻想，我也无法将这些妄想吸收进来。即便我能看到这些原始性材料，但我还是无法允许它们与我自身的幻想世界进行接触。对桑德拉的分析治疗是我早年职业生涯的经历，我的工作能力在我跟她一起工作的这些年里与日俱增。我真得好好感谢她。这次的会谈见证了她的离去对我所意味着的丧失，毫无疑问也见证了她在离开我时所感受到的丧失。

桑德拉所感受到的威胁并不是她一个人的。我自己也即将开始我个人真正的职业生涯——没有督导师和老师的指导。她的恐惧在我这里引发了共鸣。尽管我渴望自己能够独立开业，但我也害怕危险。正如本书开篇里我第一个分析治疗患者亚当的梦也代表着我作为一个新手分析师的恐惧一样，桑德拉那孤独、害怕以及渴望的梦诉说着我的另一种恐惧。我们一起去承担丧失，这种体验又恰与我们两个相互间的丧失和收获产生了共鸣。

治疗目标

心理治疗和精神分析的目标可归结为重新找回那些经由分裂、压抑和投射性认同而失去的自体部分（Steiner, 1989），对受损的自体部分进行修补，培育那些已萎缩或因忽视及自我限制而未能得到发展的自体部分。但这些目标与重寻并修补内在客体、与内在客体关系的成熟以及个体随后处理外在关系的能力的成长都是紧密相连的。

治疗过程所涉及的不仅仅是患者及其客体的关系，同时还有患者和治疗师之间的关系，某种程度上，治疗关系中的每一方都应能在彼此身上重新找到自己，且从彼此处重建自己。那些出于安全和类似的防御目的而被寄放在彼此身上的自体部分，最终还是需要被还原成其本来的真实面目。

然而，这种重建的过程同时还应将对方视为一种独立的客体，这种独立性是与它作为合法自体的客体功能并存的，这种合法自体并不会侵犯到客体同时作为一个客体和自体的需要。

对那些必须放弃治疗师并将治疗功能吸收为己所用的患者而言，这不算是什么过激表述，正如离家的孩子们也须尽其所能地将父母的功能放入内心作为其关爱性内在客体。

但是，对我们而言，较难的是认识到治疗师也必须能够完成这样一种类似的过程。这并不是说治疗师的生活会因任一个特定患者的离去而产生剧烈改变，如同患者的生活会在治疗结束时发生巨大改变时一样。在大多数情况下，治疗师将继续是治疗师，但与那患者一起共度的生活却即将结束，而患者身上所承载的治疗师的东西——对治疗师具有意义的部分——则需要进行处理、哀悼并内化。丧失将会在反移情中被感受到，而对丧失的防御也会得到体现（Searles，1959）。这并不是说丧失对治疗师而言一定同等重要，或者说改变也会跟患者的改变一样那么大，而是说所有这些丧失、改变和重建都应被认识、研究并理解为关系中成长和改变过程的一部分。

夏娃面临治疗结束

这最后一个案例来自于我后来的治疗工作。这个患者关系和工作方面的能力也是在分析结束时发生了重大变化。我从她身上也学到了很多东西，但由于分析开始时我的经验已较丰富，因而在治疗工作中我自身的改变反而没那么多了。然而，在这一点上，我却不是那么完全肯定。

星期五。夏娃——一名 24 岁的法律系学生——这个月就要嫁给一个她爱的男人了，她觉得这个男人跟她很般配，但她却感到焦虑。

"今天一切都很糟糕。昨天我在珠宝店买了戒指，但我却不喜欢它。那时我原以为自己会喜欢的，但当我拿起它时，却发现它也没什么，很普通。而且，他们店里有个规定就是不能退货或更换，但规定原本就是为例外而设的啊。在挑戒指时，我感觉到了唐纳德的不耐烦，所以，在某种程度上我就觉得挺有压力的，要赶紧挑一个。这个戒指上的线条就像裂缝一样。我真的想要一个跟我的订婚戒指相配的戒指，两个戒指放在一起时会很配对，但他们店里却没有这样的戒指。然后，昨天我找到了一个的确很相配的，但却是在另一家店里。如果他们不肯让我退货，我只得自己承担损失，但我却想跟他们理论。"

我对于这句"规定原本就是为例外而设的"感到有些吃惊，但我想这也许是我个人的感觉而已。我感觉自己注意到了这一点，但却不敢说。

夏娃继续说道。"之后，我在干洗店的消防通道上停车——只停了3分钟，保安就出来开了张25美元的罚单。那个男的说，'抱歉，女士！你已经没别的办法了！'我快疯了。只不过才3分钟！钱倒不多，但我不想就这样让他们得逞。所以，我去找他老板，同大楼经理理论。他说，'我们必须这样做。如果消防队长过来，他会给你一张250美元的罚单。'然后我就说，'那停在那边的车是怎么回事？你怎么不给那个车主开罚单？'经理说，'他在这里工作，所以我们让他停在那里。'我就抓住这点去反驳他。最终他不得不同意这跟他刚才给出的理由自相矛盾，然后就拿回罚单让我走了。"

330

我有点走神了，对她的那种自以为是感到厌烦。她已经做了两件较小的挫败她自己的事情了，并且坚称是由于对方遵守规定的错。昨天她对于我刚好在她婚前去度假感到不开心，生气地说我经常在她需要我的时候离开她。今天，我在治疗中通过走神而离开她起初是我自己也没有意识到的。我逐渐地认识到我的这个走神就等同于已经离开她了。

"接着，我去了妈妈订制伴娘礼服的地方，结果衣服的颜色搞错了。我对店里的小姐说，'这不是你给我们看的那种颜色，而且我们都已经定了配套的帽子了。'她说,'这不是我的错。我们得原封不动地退回去。'我说,'但是那时你广告上不应该说可以任意挑选颜色。我付钱给你是想让你帮我搞定的。'我对现在的一点也不满意。"

我说:"你对那些没解决好的事情感到很烦。有些你已经处理好了,其他的你则没有直接参与。但是,不管哪种情况,结果就是你感觉这所有一切恰好都发生在你身上。"

"不过,我指的不是你。"她说。

"哦,我在纳闷。"我说。"我觉得或许你提到的'规定原本就是为例外而设的'指的就是我。"

"我不这样认为。"她说。"关于你们对缺席的治疗进行收费的规定,我已经放弃跟你争辩了。以前,当爸爸付钱给我做分析治疗时,我常常会发火,现在我自己付钱了,我想,'有什么稀奇的,这不过是来这里的一部分而已。'我真的不觉得今天是在生你的气,也许那是你的问题,你自己带进来的。"

我认为她是对的。我并不觉得她是在挑战我或者要求我收回什么。事情并不是这样,但她在提及规定时是在以一种沉默的方式告诉我一些重要的东西。

"可是,在你不经意地提及规定原本就是为例外而设的时,你似乎企图告诉我一些什么东西。我在想你跟我说过很多次你非常欣赏我表现得很坚定。这是我们之间关系的一个缩写,但我不确定它代表什么。"

"也许。"她并不十分信服,继续说道,"哦,然后一个朋友打电话过来——一个已经很久没有联系的女孩——她想联络联络感情。这让我想起了我们一个共同的朋友,她在和我闹翻之后努力想跟我和好。我们在一次婚礼上碰到了,她走的时候说,'给我打电话。让我们保持联系,忘掉以前那些不愉快的事情吧。'我也想,但我说的却是,'好啊,但是我不想忘掉。'这就把她赶走了。从那以后，我再也没有她的消息了。"

"你为对别人所做的事感到难过，对你自己也是。如果可以让另一个人来承担责任，这可以让你自己脱身，就像伴娘的礼服这件事一样。"

"是的，或者就像之前的罚单。当我想到你不会被开罚单时，我感觉不舒服。我似乎看见你停在非法的地方，并且没有被开罚单。"

"你这想法从哪里来的？"我问道。

"哦，有次我看见你在环城快道上超速行驶，把我远远地甩在后面。当时我想，'你在生活的快车道上快速行驶，而我即使在年轻的时候也只是缓慢地向前移动，我本应该也在快车道上的。'"

我想起上一个星期我在一处明令禁止停车的地方停车——后来车被拖走了，还有另一次在环城快道上被开了超速罚单。我觉得她对我侥幸逃脱惩罚的印象确实符合她和我自己对我所具有的幻想——这种幻想让我陷入了自己的麻烦之中。这当然跟现实不相符合。

"什么让你觉得我逃脱惩罚了呢？"我问道。

"我想我真的不知道。"她说。"只是你给我的印象如此而已。"

"我逃脱了惩罚而你却没有。然后你就会因这种想法而嫉妒我。"我说。

"是的，我想就是这样的。"她说。"但是，我想从你这里得到了什么呢？你觉得我担心结婚吗？"

"是的。"我说，我意识到那正是我的想法。"我觉得你担心自己做了个错误的选择，就像那枚戒指一样。你想要一个跟你的订婚戒指那样般配的婚姻，没有更多复杂的东西，也没有裂痕。"

"你似乎无所不知，不是吗？你怎么做到的，解释得这么完美？棒极了，就是这样的！"

我喜欢这个赞美，甚至嫉妒。我感觉飘飘然了，头脑有点膨胀起来。我觉得自己不该对此感觉这么好，但这的确是那一阵子当我感觉我什么也搞不明白或当她说我帮不到什么忙时非常良好的解毒剂。我在想，她为什么要说这些？

"是的。"她继续说。"我想我是担心的。结婚远比唐纳德和我只是住在一起要复杂得多。很长一段时间以来，我并没有发现这部分自己会闯进来，我也不必担心他第一次婚姻带来的那些小孩或者我妈妈。现在变得这么复杂！我妈常不大高兴地让我多关心关心她，因为尽管她也喜欢唐纳德，但是她说没有我她会不知道该怎么办。他4岁的女儿也在捣鼓一些可怕的事情，也许也是出于同样的原因。"

"所以就有了那些强加在你身上的事，比如那些搞错颜色的伴娘礼服。你希望婚姻一切都进展顺利，就像跟你订制帽子相匹配的礼服那样，没有任何问题。"

"我希望你能妥当处理！"她一下跳到这个想法上来。"你的一切都那么顺利。我希望你也能帮我解决这些问题。"

此刻，我感觉到这就是她在提及那需要例外的规定时一直想要的东西。我应该能够帮她搞定。我放松下来，意识到刚才她大肆夸我是想给我打气，这样我就可以为她工作，卖力地帮她解决问题。在某种程度上，她的方法奏效了。她的赞美让我感觉精力充沛，努力地做更多联系，帮她摆平一切。

"所以，你抬高你对我的看法，让你感觉好一些。你甚至夸我说我做分析治疗是多么棒，你吹捧我，但接着却发现你嫉妒我了。"我说。

"我想你必须得相当不错才能帮我，所以觉得你很棒时我感到放心。然后，我发现自己被贬下去了。在你旁边，我感觉自己如此渺小。"她承认道。

"让你感觉最糟糕的并不是那些发生在你身上的事，而是当你觉得是自己让那些坏事发生的时候。"我说。

"比如，选错了结婚戒指或者把车停在消防通道上。"她同意

第十五章　客体重寻及自体重建

"或者甚至更糟，扇别人一巴掌。你担心你会伤害别人，把她们赶走。"我说。

她吃了一惊，从沙发上跳了起来，就好像是我打了她一下。"听到你说我扇别人一巴掌时，我感觉受伤了。"

"这正是你最害怕的。"

她说："我是这样对待你的，但我却很难去想象。我猜想其他人不会这么做，你也不会。我把你想成是那种从来不会惹上这种麻烦的人。我知道你肯定也碰到过，但是，我想你能处理得更好。为什么？我在害怕什么？"

此刻，我能够意识到，有时我也做了跟她"扇了别人一巴掌"类似的事情。就像刚才一样，当她被我的评论击中时，她感觉就好像我扇了她一巴掌。我想起有一次我很刻薄地评论我妻子，此刻想起来都让我觉得羞愧。这让我想到是我自身的焦虑导致了这种情况的发生。

"你来时感觉焦虑，部分是担心会出问题——此刻大多数是有关你的婚姻的。你希望我能解决它，就像对那礼服店里的小姐说：'我付钱给你是想让你帮我搞定的！'所以，我应该能做到！你想解决的部分则是那种担心事情出问题的感觉，但你要解决的最重要事情是你对你自己还有那些你关心和需要的人——你的朋友、你的未婚夫还有我——所做的事情。"

"我比来的时候感觉更糟了。我并不想做那些事，我为什么会做呢？"

"当你感觉心烦意乱及内心破碎时就开始了，你拼命地想把事情都做好，就像戒指和礼服一样——但是在内心里。然后，你觉得你必须得到一些特别的东西才能把事情做好，而你得从其他人身上得到这些东西——比如礼服店、唐纳德还有我，因为你害怕你会一直把事情搞砸。"

"我确实觉得我必须从你身上去得到这些东西，而当我需要你的时候你却不在这里。我知道你必须得去度假，但是，我担心没有你的话我无法照常过我的生活。我该怎么办呢?"

"你感觉自己没办法顺利地把事情给组合起来,就像没有裂痕的戒指或者礼服和帽子一样。但是,在内心里,你害怕你没办法把碎片粘在一起。所以你需要我,这样那些碎片就不会飞出去伤害到你需要的人了。这样他们就能安顿下来,结合在一起,而不会从里面去戳你一把了。"

"我不知道自己是否能做到。我真的不知道。"此刻,她流着泪说道。"不仅仅是我结婚的时候你不会在这里。总之,我来这里的时间不会太长了。我会在婚礼上想念你的。我好希望你能在那里,但也无妨,因为我知道是你让它成为可能的,你也会感到高兴,这就够了。我不知道,以后当我不再来这里找你的时候,我是不是能够坚持下去。当你不在那里帮我把碎片给控制住时,这些碎片会飞出去吗?我原以为自己是可以做到的,但有时,像现在一样,我就害怕自己做不到。"

她也说到了我的恐惧,在每次治疗结束时的恐惧。我们的工作够了吗?我给得够了吗?她吸收得够了吗?但是,我感觉她已经能够关注她自己还有那些她关心的人了,不再为会谈开始时的那种愤怒而感到迷惑了。我觉得我们已经超越了指责和内疚,开始共同承担我们一起工作的丧失。在这之中,我感觉安心了许多。

"我们还有一些时间可以对此进行工作。"我说。

当夏娃面临她的婚姻时,我们也面临着彼此的丧失。面对丧失,我们不可避免地会受伤,尽管这是对我们工作的奖赏——既是她的,也是我的。在这次会谈中,我感觉到她也想安慰我说我还是被需要的,同时表达了对我的满意性嫉妒,这样我就不会嫉妒她跑去和她的新婚丈夫在一起,而把我抛诸脑后让我独自去承担丧失。她的那种我不想让她走的感觉来自于她母亲传递给她的被抛弃的恐惧。她的这种感觉也与目前的丧失环境相关,当患者准备好要独自过活时,我总会感觉到这种丧失,会有一种不再被需要的刺痛感。

我们的工作是在丧失中结束的。我们的患者，在丧失了他们的部分自己和部分客体后，来我们这里再次找回它们。与他们一起工作，我们也必须反过来在我们的每一个患者中失去我们自己。如果治疗进展顺利——在患者的帮助之下——他们和我们最终会再次找回我们自己。这是一个相互重寻的过程。

第十六章 结语：通过我们的患者重寻我们的自体

客体关系治疗方法的核心在于两个人之间互动的工作方式，这种互动既发生在他们彼此之间，同时也发生在各自的内部。如果这种方法奏效，那是因为患者和治疗师彼此都作为完整的人相互卷入，每个人都带着他自身的意识和潜意识进行交流，通过这种交流，他们能够分享彼此间互补的、共鸣的客体关系系统。

所以，在分析自体和客体纠缠的关系中，我们也必须要考虑到治疗师——也就是我们自己的客体关系。患者是我们的客体，他们是我们自己那些被分裂出去部分的容器。与此同时，他们也将他们自己的部分放到我们身上来，有些我们吸收并认同了，从而改变了我们自己的客体关系——不论好还是坏。有时，在患者的成长或与他们良好品质认同中的快乐也会促进治疗师自身的成长。在其他时候，我们的客体关系则会受到负性影响，让我们的配偶和家庭感到惊慌失措。

我能清楚地记得，有一次——因为就在不久之前，我不同寻常般地带着怒气回家，尽管这并没有超出我自身的底线，却显得毫无征兆，不管是在家庭或是我个人方面都找不到相应的诱因。直到我12岁的女儿问："你到底怎么了，爸爸"，我才顿然省悟，原来这股怒气是我的最后一个患者带给我的。我已经以一种高兴的姿态将他前天晚上的大发脾气吸收了进来，因为我部分地欣赏他在面对家庭束缚时的那种气魄和攻击性。

但是，更经常的是治疗师那成熟、富有弹性的客体关系系统处于治疗工作的前沿，能够被患者所吸收、修正，并让它变成患者自己的。当然，我们也投射性地认同我们的患者，将我们自己的、不属于他们的部分放到他们身上。但是，我们必须能够帮助患者去包容和修正这些部分，再以一种属于我们自己的形式把这些部分接收回来，同时让患者自由地去接受有用的部分，而丢弃其他无用的部分。

这种治疗斗争过程——属于我们的日常工作内容——之所以出现，是因为我们的自体是我们的治疗工具，患者成为我们的客体，不管反对或赞同他们，作为治疗师，我们都在评估着的我们的自体。我们从他们那里吸收的、我们提供给他们的、我们供给他们作为其自身使用的，全都是我们自体的功能。我们通过跟这些患者在一起的经历是如何反映我们的来判断并理解我们的自体。我们的职业自尊与我们的患者—客体交错在一起，正如同我们的个人自尊与我们的家庭和朋友缠绕在一起一样。

这并不是说治疗师不应与患者保持职业距离。治疗师需要保持距离来处理心理治疗中固有的自体和客体变迁。没有其他一个行业像心理治疗这样如此有意地教导它的执业者每天都以这种方式将自己置于此种境况之中，而同时还要求对这种经历进行反省性分析。

最后，决定我们对专业疗效的判断以及促进我们的自尊的，并不是病人对我们自己的简单反射，而是我们的自体评估和我们在患者身上的客体反射连同内部和外部客体（由我们的同事、老师和督导师、父母还有其他原始客体构成，他们共同构成了我们的客体关系群，而我们的自身就居于其中）所提供的我们的自体的反射性映像之间的一种复杂的相互

第十六章 结语:通过我们的患者重寻我们的自体

作用。在这个过程中,我们必须找到新的内在客体,必须培育新的、变化了的自体部分以便和这些部分进行联系。我们必须——正如我们的患者也必须——重建我们自体中那些丧失和被埋葬的部分。在与患者的治疗熔炉中,我们体验到与这些自体部分的一种重聚,部分是我们已经遗忘的,部分则是我们从未直接了解过的,还有一部分是随着经历和年龄而日益增长的新能力。

这是一种带来了个人更新的经历。只要我们的工作继续着,这种发展的过程就会一直继续下去。威胁和挑战对我们的工作很重要。最终,我们自身的自体和我们自身的客体——患者和家庭——之间的关系会要求去更新,这种关系也给我们一生的工作过程带来了更新。

译后感言

刚接到翻译任务时，犯怵，毕竟没有把握能否顺利完成：一是精神分析的很多东西，尤其理论方面不好懂，担心自己有限的水平能否将其用中文准确地翻译给读者；二是不知这本书的内容是否能引起我的兴致，没有兴趣的翻译将索然无味。然而，随着翻译的进行，我喜欢上了这本书，里面的案例，尤其是关于梦的一部分，深深地触动了我，患者的感觉、治疗师的反应以及他们的互动，引发了我的强烈共鸣，从书本上，我清晰地感受到彼时彼刻患者和治疗师之间情感的流动，能沉浸于这种流动里是一件幸福的事情，或许这是很多人喜欢上精神分析的原因。

复旦大学附属中山医院医学心理科 上海精神卫生中心 张荣华

值此译稿付梓之际，心中有无限感慨。阅读和翻译此书好像一次心灵之约，作者引领我经历了自体与客体的相互关系和作用的奇妙之旅。行走于此间，我体味到失去与发现，重获了那些人和那些事的意义。感谢患者。愿把此书翻译稿献给我的家人。

上海精神卫生中心 武春艳

参考文献

Abelin, E. (1971). The role of the father in the separation-individualization process. In *Separation-Individuation*, ed. J. B. McDevitt and C. F. Settlage, pp. 229–252. New York: International Universities Press.
―――― (1975). Some further observation and comments on the earliest role of the father. *International Journal of Psycho-Analysis* 56:293–302.
Ainsworth, M., and Wittig, B. (1969). Attachment and exploratory behavior in one-year-olds in a stranger situation.

In *Determinants of Infant Behavior*, ed. B. M. Foss. 4:111–136. New York: Wiley.

Ainsworth, M., Blehar, M., Waters, E., and Wall, S. (1978). *Patterns of Attachment*. Hillsdale, NJ: Lawrence Erlbaum Associates.

Aponte, H. J., and VanDeusen, J. M. (1981). Structural Family Therapy. In *Handbook of Family Therapy*, ed. A. Gurman and D. Kniskern, pp. 310–360. New York: Brunner/Mazel.

Atwood, G., and Stolorow, R. (1984). *Structures of Subjectivity: Explorations in Psychoanalytic Phenomenology*. Hillsdale, NJ: Analytic Press.

Auden, W. H. (1945). In memory of Sigmund Freud. In *The Collected Poetry of W. H. Auden*, pp. 163–167. New York: Random House.

Balint, M. (1952). *Primary Love and Psycho-analytic Technique*. London: Tavistock, 1965.

—— (1957). *Problems of Human Pleasure and Behaviour*. London: Hogarth Press.

—— (1968). *The Basic Fault: Therapeutic Aspects of Regression*. London: Tavistock.

Bank, S. P., and Kahn, M. D. (1982). *The Sibling Bond*. New York: Basic Books.

Beebe, B., and Lachmann, F. M. (1988). The contribution of mother–infant mutual influence to the origins of self- and object representations. *Psychoanalytic Psychology* 5:305–337.

Bion, W. R. (1961). *Experiences in Groups and Other Papers*. London: Tavistock.

—— (1967). *Second Thoughts*. London: Heinemann.

—— (1970). *Attention and Interpretation: A Scientific Approach to Insight in Psycho-Analysis and Groups*. London: Tavistock.

Blos, P. (1967). The second individuation process of adolescence. *Psychoanalytic Study of the Child* 22:162–186. New York: International Universities Press.

Bollas, C. (1987). *The Shadow of the Object*. New York: Columbia University Press.

—— (1989). *Forces of Destiny: Psychoanalysis and Human Idiom*. London: Free Association.

Bowlby, J. (1969). *Attachment and Loss, Vol. 1: Attachment*. London: Hogarth Press.

—— (1973). *Attachment and Loss, Vol. 2: Separation: Anxiety and Anger*. London: Hogarth Press.

—— (1980). *Attachment and Loss, Vol. 3: Loss: Sadness and Depression*. London: Hogarth Press.

—— (1988). *A Secure Base: Parent–Child Attachment and Healthy Human Development*. New York: Basic Books.

Box, S. (1981). Introduction: space for thinking in families. In *Psychotherapy with Families: An Analytic Approach*, ed. S. Box, B. Copley, J. Magagna, and E. Moustaki, pp. 1-8. London: Routledge & Kegan Paul.

——— (1984). Containment and countertransference. Paper presented at the Washington School of Psychiatry, Fifth Annual Symposium on Psychoanalytic Family Therapy, Bethesda, MD, April.

Box, S., Copley, B., Magagna, J., and Moustaki, E. (1981). *Psychotherapy with Families: An Analytic Approach*. London: Routledge & Kegan Paul.

Brazelton, T. B. (1982). Joint regulation of neonate-parent behavior. In *Social Interchange in Infancy*, ed. E. Tronick, pp. 7-22. Baltimore: University Park Press.

Brazelton, T. B., Koslowski, B., and Main, M. (1974). The origins of reciprocity: the early mother-infant interaction. In *The Effect of the Infant on Its Caregiver*, ed. M. Lewis and L. A. Rosenblum. I:49-76. New York: Wiley.

Brazelton, T. B., Yogman, M., Als, H., and Tronick, E. (1979). The infant as a focus for family reciprocity. In *The Child and Its Family*, ed. M. Lewis and L. A. Rosenblum, pp. 29-43. New York: Plenum Press.

Breuer, J., and Freud, S. (1895). Studies on hysteria. *Standard Edition* 2.

Buber, M. (1978). *I and Thou*. Trans. W. Kaufman and S. G. Smith. New York: Scribner.

Campos, J., and Stenberg, C. (1980). Perception of appraisal and emotion: the onset of social referencing. In *Infant Social Cognition*, eds. M. E. Lamb and L. Sherrod. Hillsdale, NJ: Lawrence Erlbaum Associates.

Casement, P. J. (1991). *Learning from the Patient*. New York: Guilford.

Davies, R. (1985). *What's Bred in the Bone*. Toronto: MacMillan.

Dicks, H. V. (1967). *Marital Tensions: Clinical Studies Towards a Psychoanalytic Theory of Interaction*. London: Routledge & Kegan Paul.

Donne, J. (1952). "The Canonization." In *The Complete Poetry and Selected Prose of John Donne*, ed. C. M. Coffin, pp. 13-14. New York: Modern Library.

Duncan, D. (1981). A thought on the nature of psychoanalytic theory. *International Journal of Psycho-Analysis* 62:339-349.

——— (1989). The flow of interpretation. *International Journal of Psycho-Analysis* 70:693-700.

——— (1990). The feel of the session. *Psychoanalysis and Contemporary Thought* 13:3-22.

―――― (1991). *What analytic therapy does*. Paper presented at the Washington School of Psychiatry Object Relations Theory Conference, Washington DC, May 5, 1991.

Edgcumbe, R., and Burgner, M. (1975). The phallic-narcissistic phase: a differentiation between pre-oedipal and oedipal aspects of phallic development. *Psychoanalytic Study of the Child* 30:160–180. New Haven: Yale University Press.

Emde, R. N. (1988a). Development terminable and interminable: I. Innate and motivational factors from infancy. *International Journal of Psycho-Analysis* 69:23–42.

―――― (1988b). Development terminable and interminable: II. Recent psychoanalytic theory and therapeutic considerations. *International Journal of Psycho-Analysis* 69:283–296.

Emde, R. N., Klingman, D. H., Reich, J. H., and Wade, J. D. (1978). Emotional expression in infancy: I. Initial studies of social signaling and an emergent model. In *The Development of Affect*, ed. M. Lewis and L. Rosenblum, pp. 125–148. New York: Plenum Press.

Emde, R. N., and Sorce, J. F. (1983). The rewards of infancy: emotional availability and maternal referencing. In *Frontiers of Infant Psychiatry, vol. 1*, ed. J. D. Call, E. Galenson, and R. Tyson, pp. 17–30. New York: Basic Books.

Erikson, E. H. (1950). *Childhood and Society*. Rev. ed. New York: Norton, 1963.

―――― (1959). *Identity and the Life Cycle. Psychological Issues*, Monograph 1. New York: International Universities Press.

Ezriel, H. (1950). A psychoanalytic approach to group treatment. *British Journal of Medical Psychology* 23:59–74.

―――― (1952). Notes on psychoanalytic group therapy II: interpretation and research. *Psychiatry* 15:119–126.

Fairbairn, W. R. D. (1940). Schizoid factors in the personality. In *Psychoanalytic Studies of the Personality*, pp. 3–27. London: Routledge & Kegan Paul, 1952.

―――― (1941). A revised psychopathology of the psychoses and psychoneuroses. In *Psychoanalytic Studies of the Personality*, pp. 28–58. London: Routledge & Kegan Paul, 1952.

―――― (1943). The repression and the return of bad objects (with special reference to the war neuroses). In *Psychoanalytic Studies of the Personality*, pp. 59–81. London: Routledge & Kegan Paul, 1952.

―――― (1944). Endopsychic structure considered in terms of object relationships. In *Psychoanalytic Studies of the Personality*, pp. 82–136. London: Routledge & Kegan Paul, 1952.

―――― (1951). A synopsis of the development of the author's views regarding the structure of the personality. In *Psychoanalytic Studies of the Personality*, pp. 162-179. London: Routledge & Kegan Paul, 1952.

―――― (1952). *Psychoanalytic Studies of the Personality*. London: Routledge & Kegan Paul.

―――― (1954). Observations on the nature of hysterical states. *British Journal of Medical Psychology* 27:105-125.

―――― (1958). The nature and aims of psycho-analytical treatment. *International Journal of Psycho-Analysis* 39:374-385.

―――― (1963). Synopsis of an object-relations theory of the personality. *International Journal of Psycho-Analysis* 44:224-225.

Freud, S. (1895). The psychotherapy of hysteria. *Standard Edition* 2:255-305.

―――― (1900). The interpretation of dreams. *Standard Edition* 4/5.

―――― (1905a). Fragment of an analysis of a case of hysteria. *Standard Edition* 7:7-122.

―――― (1905b). Three essays on the theory of sexuality. *Standard Edition* 7:135-243.

―――― (1909). Notes upon a case of obsessional neurosis. *Standard Edition* 10:153-318.

―――― (1910). Future prospects of psycho-analytic therapy. *Standard Edition* 11:141-151.

―――― (1912a). The dynamics of transference. *Standard Edition* 12:97-108.

―――― (1912b). Recommendations to physicians practicing psychoanalysis. *Standard Edition* 12:111-120.

―――― (1914). Remembering, repeating, and working through. *Standard Edition* 12:147-156.

―――― (1915). Observations on transference love. *Standard Edition* 12:159-171.

―――― (1917). Mourning and melancholia. *Standard Edition* 14:243-258.

―――― (1918). From the history of an infantile neurosis. *Standard Edition* 17:7-122.

―――― (1923). The ego and the id. *Standard Edition* 19:3-63.

―――― (1926). Inhibitions, symptoms, and anxiety. *Standard Edition* 20:87-174.

―――― (1937). Analysis terminable and interminable. *Standard Edition* 23:216-253.

Gill, M. (1984). Psychoanalysis and psychotherapy: a revision. *International Review of Psycho-Analysis* 11:161-169.

Gill, M., and Muslin, H. (1976). Early interpretation of transference. *Journal of the American Psychoanalytic Association* 24:779-794.

Greenberg, J. R., and Mitchell, S. A. (1983). *Object Relations in*

Psychoanalytic Theory. Cambridge, MA: Harvard University Press.

Greenson, R. (1967). *The Technique and Practice of Psychoanalysis*, Vol. I. New York: International Universities Press.

Guntrip, H. (1961). *Personality Structure and Human Interaction: The Developing Synthesis of Psychodynamic Theory.* London: Hogarth Press.

———— (1969). *Schizoid Phenomena, Object Relations and the Self.* New York: International Universities Press.

Hamilton, N. G. (1988). *Self and Others: Object Relations Theory in Practice.* Northvale, NJ: Jason Aronson.

Heimann, P. (1950). On counter-transference. *International Journal of Psycho-Analysis* 31:81–84.

Hughes, J. M. (1989). *Reshaping the Psychoanalytic Domain: The Work of Melanie Klein, W. R. D. Fairbairn, & D. W. Winnicott.* Berkeley, CA: University of California Press.

Jacobs, T. J. (1991). *The Use of the Self.* Madison, CT: International Universities Press.

Jacques, E. (1965). Death and the mid-life crisis. *International Journal of Psycho-Analysis* 46:502–514.

Jones, E. (1952). Foreword to W. R. D. Fairbairn's *Psychoanalytic Studies of the Personality.* London: Routledge & Kegan Paul.

Joseph, B. (1989). *Psychic Equilibrium and Psychic Change: The Selected Papers of Betty Joseph*, ed. E. B. Spillius and M. Feldman. London: Routledge, Chapman Hall.

Kernberg, O. (1975). *Borderline Conditions and Pathological Narcissism.* New York: Jason Aronson.

———— (1976). *Object Relations Theory and Clinical Psychoanalysis.* New York: Jason Aronson.

———— (1980). *Internal World and External Reality: Object Relations Theory Applied.* New York: Jason Aronson.

———— (1984). *Severe Personality Disorders: Psychotherapeutic Strategies.* New Haven: Yale University Press.

Khan, M. M. R. (1963). The concept of cumulative trauma. *The Psychoanalytic Study of the Child* 18:286–306. New York: International Universities Press.

———— (1974). *The Privacy of the Self.* London: Hogarth Press.

———— (1979). *Alienation in Perversions.* New York: International Universities Press.

Klein, M. (1928). Early stages of the Oedipus conflict. In *Love, Guilt and Reparation and Other Works, 1921–45*, pp. 186–198. London: Hogarth Press.

———— (1932). *The Psycho-Analysis of Children.* Trans. A. Strachey, Rev. A. Strachey and H. A. Thorner. London: Hogarth Press.

———— (1935). A contribution to the psychogenesis of manic-depressive states. *International Journal of Psycho-Analysis* 16, pp. 145–174.

———— (1940). Mourning and its relation to manic-depressive states. *International Journal of Psycho-Analysis* 21:125–153.

———— (1945). The Oedipus complex in the light of early anxieties. *International Journal of Psycho-Analysis* 26:11–33.

———— (1946). Notes on some schizoid mechanisms. *International Journal of Psycho-Analysis* 27:99–110.

———— (1948). *Contributions to Psychoanalysis, 1921–45.* London: Hogarth Press.

———— (1957). *Envy and Gratitude.* London: Tavistock.

———— (1961). *Narrative of a Child Analysis.* London: Hogarth Press.

———— (1975a). *Love, Guilt and Reparation, 1921–45.* New York: Delacorte Press.

———— (1975b). *Envy and Gratitude and Other Works, 1946–1963.* London: Hogarth Press.

Klinnert, M. D., Campos, J. J., Sorce, J. F., et al. (1983). Emotions as behavior regulators: social referencing in infancy. In *Emotion: Theory, Research and Experience*, vol. 2, ed. R. Plutchik and H. Kellerman, pp. 57–86. New York: Academic Press.

Kohut, H. (1977). *The Restoration of the Self.* New York: International Universities Press.

———— (1984). *How Does Analysis Cure?* Ed. A. Goldberg. Chicago: University of Chicago Press.

Levenson, E. (1983). *The Ambiguity of Change: An Inquiry into the Nature of Psychoanalytic Reality.* New York: Basic Books.

Levinson, D. J., Darrow, C. N., Klein, E. B., et al. (1978). *The Seasons of a Man's Life.* New York: Knopf.

Lichtenberg, J. (1983). *Psychoanalysis and Infant Research.* Hillsdale, NJ: Analytic Press.

———— (1989). *Psychoanalysis and Human Motivation.* Hillsdale, NJ: Analytic Press.

Lichtenstein, H. (1961). Identity and sexuality: a study of their inter-relationship in man. *Journal of the American Psychoanalytic Association* 9:179–260.

Loewald, H. W. (1960). On the therapeutic action of psychoanalysis. *International Journal of Psycho-Analysis* 41:16–33.

———— (1980). *Papers on Psychoanalysis.* New Haven: Yale University Press.

McDougall, J. (1970). Homosexuality in women. In *Female Sexuality: New Psychoanalytic Views*, ed. J. Chasseguet-Smirgel, pp. 94–134. Ann Arbor, MI: University of Michigan Press.

———— (1985). *Theaters of the Mind: Illusion and Truth on the Psychoan-*

alytic Stage. New York: Basic Books.

_____ (1986). Identification, neoneeds, and neosexualities. *International Journal of Psycho-Analysis* 67:19-33.

_____ (1989). *Theaters of the Body.* New York: Norton.

Meltzer, D. (1975). Adhesive identification. *Contemporary Psychoanalysis* 11:289-310.

Mitchell, S. A. (1988). *Relational Concepts in Psychoanalysis: An Integration.* Cambridge, MA: Harvard University Press.

Modell, A. (1984). *Psychoanalysis in a New Context.* Madison, CT: International Universities Press.

Money-Kyrle, R. (1956). Normal countertransference and some of its deviations. *International Journal of Psycho-Analysis* 37:360-366.

_____ (1971). The aim of psychoanalysis. *International Journal of Psycho-Analysis* 52:103-106.

_____ (1978). *The Collected Papers of Roger Money-Kyrle.* Ed. D. Meltzer and E. O'Shaughnessy. Strath Tay, Scotland: Clunie Press.

Muir, R. (1989). Fatherhood from the perspective of object relations theory and relational systems theory. Paper presented at Washington School of Psychiatry's Annual Symposium on Psychoanalytic Object Relations Family Therapy, Bethesda, MD, March 18, 1989.

Ogden, T. H. (1982). *Projective Identification and Psychotherapeutic Technique.* New York: Jason Aronson.

_____ (1986). *The Matrix of the Mind.* Northvale, NJ: Jason Aronson.

_____ (1989). *The Primitive Edge of Experience.* Northvale, NJ: Jason Aronson.

Palombo, S. R. (1978). *Dreaming and Memory: A New Information-Processing Model.* New York: Basic Books.

Racker, H. (1968). *Transference and Countertransference.* New York: International Universities Press.

Reiss, D. (1981). *The Family's Construction of Reality.* Cambridge, MA: Harvard University Press.

Sameroff, A. J., and Emde, R. N., eds. (1989). *Relationship Disturbances in Early Childhood: A Developmental Approach.* New York: Basic Books.

Sandler, J. (1976). Actualization and object relationships. *The Journal of the Philadelphia Association for Psychoanalysis* 3:59-70.

Scharff, D. E. (1982). *The Sexual Relationship: An Object Relations View of Sex and the Family.* Boston: Routledge & Kegan Paul.

_____ (1987). The infant's reinvention of the family. In *Object Relations Family Therapy,* by D. E. Scharff and J. S. Scharff, pp. 101-126. Northvale, NJ: Jason Aronson.

Scharff, D. E., and Hill, J. M. M. (1976). *Between Two Worlds: Aspects of the Transition from School to Work.* London: Careers Consultants.

Scharff, D. E., and Scharff, J. S. (1987). *Object Relations Family Therapy*. Northvale, NJ: Jason Aronson.

_____ (1991). *Object Relations Couple Therapy*. Northvale, NJ: Jason Aronson.

Scharff, J. S. (1989). Play: an aspect of the therapist's holding capacity. In *Foundations of Object Relations Therapy*, ed. J. S. Scharff, pp. 447–461. Northvale, NJ: Jason Aronson.

_____ (1992). *Projective and Introjective Identification and the Use of the Therapist's Self*. Northvale, NJ: Jason Aronson.

Searles, H. F. (1959). Oedipal love in the countertransference. *International Journal of Psycho-Analysis* 40:180–90.

_____ (1963). The place of neutral therapist-responses in psychotherapy with the schizophrenic patient. In *Collected Papers on Schizophrenia and Related Subjects*, pp. 626–653. New York: International Universities Press, 1965.

_____ (1965). *Collected Papers on Schizophrenia and Related Subjects*. New York: International Universities Press.

_____ (1979). *Countertransference and Related Subjects: Selected Papers*. New York: International Universities Press.

_____ (1986). *My Work with Borderline Patients*. Northvale, NJ: Jason Aronson.

Segal, H. (1973). *Introduction to the Work of Melanie Klein*. London: Hogarth Press.

_____ (1981). *The Work of Hanna Segal*. New York: Jason Aronson.

_____ (1991). *Dream, Phantasy and Art*. London: Routledge, Chapman Hall.

Shakespeare, W. H. (1954). *The Tragedy of Romeo and Juliet*. Ed. R. Hosley. Yale Shakespeare ed. New Haven: Yale University Press.

Shapiro, R. L. (1979). Family dynamics and object-relations theory: an analytic, group-interpretive approach to family therapy. In *Adolescent Psychiatry: Developmental and Clinical Studies*, ed. S. C. Feinstein and P. L. Giovacchini, 7:118–135. Chicago: University of Chicago Press.

Slipp, S. (1984). *Object Relations: A Dynamic Bridge between Individual and Family Therapy*. New York: Jason Aronson.

Socarides, C. W. (1978). *Homosexuality*. New York: Jason Aronson.

Sophocles. (1956). *Oedipus Rex*. In *The Oedipus Cycle of Sophocles, An English Version*, English version by Dudley Fitts and Robert Fitzgerald. New York: Harvest Books.

_____ (1956). *Oedipus at Colonus*. In *The Oedipus Cycle of Sophocles, An English Version*, English version by Dudley Fitts and Robert Fitzgerald. New York: Harvest Books.

Steiner, J. (1987). The interplay between pathological organizations and the paranoid-schizoid and depressive positions. *International Journal of Psycho-Analysis* 68:69-80.

―――― (1989). *Projective identification and the aims of psychoanalytic psychotherapy*. Paper presented at the Washington School of Psychiatry Object Relations Theory Conference, Washington, DC, November 12, 1989.

Stern, D. (1977). *The First Relationship: Infant and Mother*. Cambridge, MA: Harvard University Press.

―――― (1985). *The Interpersonal World of the Infant: A View from Psychoanalysis and Developmental Psychology*. New York: Basic Books.

Stolorow, R. D. (1991). The intersubjective context of intrapsychic experience: a decade of psychoanalytic inquiry. *Psychoanalytic Inquiry* 11:171-184.

Stolorow, R. D., Brandchaft, B., and Atwood, G. E. (1987). *Psychoanalytic Treatment: An Intersubjective Approach*. Hillsdale, NJ: Analytic Press.

Sullivan, H. S. (1953a). *Conceptions of Modern Psychiatry: The First William Alanson White Memorial Lectures*. New York: Norton.

―――― (1953b). *The Interpersonal Theory of Psychiatry*. New York: Norton.

―――― (1962). *Schizophrenia as a Human Process*. New York: Norton.

Sutherland, J. D. (1963). Object relations theory and the conceptual model of psychoanalysis. *British Journal of Medical Psychology* 36:109-124.

―――― (1980). The British object relations theorists: Balint, Winnicott, Fairbairn, Guntrip. *Journal of the American Psychoanalytic Association* 28:829-860.

―――― (1985). *The object relations approach*. Paper presented at the Washington School of Psychiatry, Sixth Annual Symposium on Psychoanalytic Family Therapy, Bethesda, MD, April 1985.

―――― (1989). *Fairbairn's Journey to the Interior*. London: Free Association.

Terr, L. C. (1991). Childhood trauma: an Outline and Overview. *American Journal of Psychiatry* 148:10-20.

Tower, L. (1956). Countertransference. *Journal of the American Psychoanalytic Association* 4:224-255.

Tronick, E., Als, H., Adamson, L., et al. (1978). The infant's response to entrapment between contradictory messages in face-to-face interaction. *Journal of the American Academy of Child Psychiatry* 17:1-13.

Tustin, F. (1986). *Autistic Barriers in Neurotic Patients*. London: Karnac.

—— (1990). *The Protective Shell in Children and Adults*. London: Karnac.
Virag, R., Frydman, D. I., Legman, M., and Virag, H. (1984). Intracavernous injection of papaverine as a diagnostic and therapeutic method in erectile failure. *Angiology* 35:79-83.
Volkan, V. D. (1976). *Primitive Internalized Object Relations*. New York: International Universities Press.
—— (1987). *Six Steps in the Treatment of Borderline Personality Organization*. Northvale, NJ: Jason Aronson.
Whitaker, C. A., and Keith, D. V. (1981). Symbolic-experiential family therapy. In *Handbook of Family Therapy*, ed. A. S. Gurman & D. P. Kniskern, pp. 187-225. New York: Brunner/Mazel.
Williams, A. H. (1981). The micro environment. In *Psychotherapy with Families: An Analytic Approach*, ed. S. Box, B. Copley, J. Magagna, and E. Moustaki, pp. 105-119. London: Routledge & Kegan Paul.
Winnicott, D. W. (1947). Hate in the countertransference. In *Collected Papers: Through Paediatrics to Psycho-Analysis*, pp. 194-203. London: Tavistock, 1958.
—— (1951). Transitional objects and transitional phenomena. In *Collected Papers: Through Paediatrics to Psycho-Analysis*, pp. 229-242. London: Tavistock, 1958.
—— (1956). Primary maternal preoccupation. In *Maturational Processes and the Facilitating Environment: Studies on the Theory of Emotional Development*, pp. 300-305. London: Hogarth Press, 1965.
—— (1958). *Collected Papers: Through Paediatrics to Psycho-Analysis*. London: Tavistock.
—— (1960a). The theory of the parent–infant relationship. *International Journal of Psycho-Analysis* 41:585-595.
—— (1960b). Ego distortion in terms of true and false self. In *The Maturational Processes and the Facilitating Environment: Studies on the Theory of Emotional Development*, pp. 140-152. London: Hogarth Press, 1965.
—— (1963a). Communicating and not communicating leading to a study of certain opposites. In *The Maturational Processes and the Facilitating Environment: Studies on the Theory of Emotional Development*, pp. 179-192. London: Hogarth Press, 1965.
—— (1963b). The development of the capacity for concern. In *The Maturational Processes and the Facilitating Environment: Studies in the Theory of Emotional Development*, pp. 73-82. London: Hogarth Press, 1965.
—— (1965). *The Maturational Processes and the Facilitating Environment: Studies on the Theory of Emotional Development*. London:

Hogarth Press.

———— (1968). The use of an object and relating through cross-identification. In *Playing and Reality*, pp. 86-94. New York: Basic Books, 1971.

———— (1971a). *Playing and Reality*. London: Tavistock.

———— (1971b). The location of cultural experience. *Playing and Reality*, pp. 95-103. London: Tavistock.

Wright, K. (1991). *Vision and Separation between Mother and Baby*. Northvale, NJ: Jason Aronson.

Yogman, M. (1982). Observations on the father-infant relationship. In *Father and Child: Developmental and Clinical Perspectives*, ed. S. H. Cath, A. R. Gurwitt, and J. M. Ross, pp. 101-122. Boston: Little, Brown.

Zetzel, E. (1958). Therapeutic alliance in the analysis of hysteria. In *The Capacity for Emotional Growth*, pp. 182-196. New York: International Universities Press.

Zinner, J., and Shapiro, R. L. (1972). Projective identification as a mode of perception and behavior in families of adolescents. *International Journal of Psycho-Analysis* 53:523-530.

索 引

A

Abelin, E. ／阿布兰, 237*, 274

Abuse ／虐待

    memory and ／记忆和虐待, 123-124

    Oedipus and ／俄狄浦斯和虐待, 242

Adolescence ／青春期

    changing internal object relations in ／在青春期改变内部客体关系, 95-119, 也见内部客体关系

    dream analysis ／梦的分析, 207-229, 也见（与青少年进行的家庭治疗中的）梦的分析

    life development perspective ／生命发展观念

    case example of family ／家庭案例, 299-305

    parental blocked development ／父母发展受阻, 305-306

    memory and ／记忆和青春期, 129-130

Adulthood, memory and ／成人期, 记忆和成人期 130-133

Age level, family role relationships and ／年龄层, 家庭角色关系和年龄层, 273-274

---

* 索引中的页码为原版书页码（见于本书书页外侧），用以检索重要概念与人名。

Ainsworth, M. ／安斯沃斯, 269

Anouilh, J. ／阿努伊, 248

Antilibido system, object relations theory ／反力比多系统, 客体关系理论, 32-34

Aponte, H. J. ／阿本德, 53

Arms-around mother context ／臂膀环绕母亲的环境

    maternal-infant relationship ／母婴关系, 44-45

    self recovery (in therapy) ／（在治疗中）自体恢复, 136

Atwood, G. ／阿特伍德, 13

Auden, W. H. ／奥登, 181

Autistic contiguous position ／自闭—连续态, 26, 35, 9

B

Balint, M. ／巴林特, 12

Bank, S. P. ／班克, 297

Beebe, B. ／毕比, 12

Bion, W. R. ／比昂, 12, 15, 20, 29, 30, 41, 42, 43, 47-49, 52, 275

Birth order, life development perspective and ／出生顺序, 生命发展观点和出生顺序, 296-297

Blos, P. ／布洛思, 207

Bollas, C. ／博拉斯, 12, 43, 52, 147

Bowlby, J. ／鲍尔比, 12, 31, 270, 272, 273

Box, S. ／博克思, 12

Brazelton, T. B. ／布雷泽尔顿, 265

Breuer, J. ／布鲁尔, 10, 50, 175

Buber, M. ／布伯, 45

Burgner, M. ／布格纳, 237

C

Campos, J. ／坎普斯, 270

Casement, P. J. ／凯斯蒙德, 53

Childhood, memory and ／儿童期, 记忆和儿童期, 127-129

Communication, dream as communication ／交流, 梦的交流, 157-182, 也见梦的交流

Conjoint therapy, transference and countertransference and ／联合治疗, 移情与反移情和联合治疗, 58-59

Container ／ contained phenomena ／抱持者与抱持现象

    family role relationships ／家庭角色关系, 274-276

self recovery (in therapy) /（在治疗中）自体恢复, 136-137

　　transitional space reconciled with /过渡空间的调和, 47-49

Contextual transference described /描述的背景移情, 54-57

Countertransference /反移情，也见移情与反移情；移情与反移情的使用

　　dream as communication and /梦的交流和反移情, 167-168

　　therapist's object relations and /治疗师的客体关系和反移情, 317-318，也见治疗师的客体关系

Couple assessment, dream as communication /夫妻评估, 梦的交流, 172-176

Culture, sociocultural communicaion, dream as /文化, 社会文化的交流, 梦, 180-182

D

Davies, R. /戴维斯,, 240

Depressive positions, transference and countertransference /抑郁态, 移情与反移情, 37-39

Developmental factors 发展因子

　　drive theory and /驱力理论和发展因子, 14

　　infant's invention of family /婴儿在家庭中的发现, 234-238

　　interpersonal relationships and /人际间的客体关系和发展因子, 14

　　inventiveness concept and /发现的概念和发展因子, 234

　　life development perspective and /生命发展观点和发展因子, 296

　　object relations theory and /客体关系理论和发展因子, 36

　　paranoid / schizoid and depressive positions (Klein) /偏执/分裂和抑郁态（克莱因）, 37-39

　　schizophrenia and /精神分裂和发展因子, 24

Dicks /迪克斯, 43, 165

Dream analysis 梦的分析

　　analyst and /精神分析师和梦的分析, 6-8

　　psychoanalysis and /精神分析

和梦的分析，181-182

transference and／移情和梦的分析，4-5, 60-61

Dream analysis (in family therapy with adolescents)／（在青少年的家庭治疗中）梦的分析，207-229

   case example of reluctant drag-in／不情愿带入的案例，209-217

   case example of sexual activity／性行为案例举例

   described／描述，217-223

   dream analysis／梦的分析，223-229

   overriew of／概述，207-208

Dream analysis (in marital therapy)／（婚姻治疗中的）梦的分析，183-206

   distance reduction／距离的减少，184-196

   interlocking dream analysis／分析关连的梦，196-206

   interlocking dream analysis in continuing therapy／在治疗继续时关连的梦的分析，196-203

   interlocking dream analysis in terminating therapy／在治疗结束时关连的梦的分析，203-206

   overview of／概述，183-184

Dream as communication／梦的交流，157-182

   couple assessment／夫妻评估，172-176

   family object relations／家庭客体关系，164-165

   group and institutional settings／团体和机构的设置，176-180

   individual therapy and interpersonal communications／个体治疗和人际间的交流，166-172

   interpersonal communications／人际间的交流，163-164

   overview of／对梦的交流的概述，157-161

   projective identification and unconscious communication／投射性认同与无意识的交流，165

   sociocultural communication／社会文化的交流，180-182

   structure of self and object depiction (Fairbairn) ／对自体和客体的结构的描述（费尔贝恩），161-162

transference meanings ／移情的意义，166

Drive theory, development and ／驱力理论，发展和驱力理论，14,15

Duncan, D. ／邓肯，53

E

Edgcumbe, R. ／埃奇库姆，237

Ego ／自我

introjective identification and ／投射性认同和自我，41

object relations theory and ／客体关系理论和自我，32-33

self-contrasted ／自体对比，35

Emde, R. N. ／埃姆德，12, 265, 270

Envy, transference and countertransference use ／嫉妒，移情与反移情的运用，84-93

Erikson, E. H. ／埃里克森，207, 297

Experiential factors, object relations theory ／经验因素，客体关系理论，36-37

Eye-to-eye relationship ／眼对眼关系

maternal-infant relationship ／母婴关系，45

self within object ／客体内的自体，17

Ezriel, H. ／厄资瑞，59

F

Fairbairn, W. R. ／费尔贝恩，12, 14, 15, 23, 24, 29, 30-37, 137, 161-162, 175, 234, 237, 240, 267

False self ／假自体，也见真自体与假自体

Family ／家庭，也见父亲；母亲；父母

object relations, dream as communication ／客体关系，梦的交流，164-165

Oedipus situation and ／俄狄浦斯情境和家庭，235，也见俄狄浦斯情形

Family role relationships ／家庭角色关系，263-293

child and adult differences ／儿童与成人的差异，272-274

child and adult differences in

internal family ／内在家庭中儿童与成人的差异, 290-291

child and adult similarities ／儿童与成人的相似性, 271-272

child as container instead of contained ／儿童作为容器而不是被包容, 274-276

child as incomplete entity ／儿童作为不完整的实体, 269-270

family case example described ／家庭案例, 277-286

differentiating elements ／分化因素, 288-290

repararion leading to growth and differentiation ／修复引导成长和分化, 286-288

overview of ／家庭角色关系的概述, 263-267

parent as leader ／父母作为领导者, 270-271

partners-of-the-moment dynamics ／此时此刻的同伴动力, 267-269

therapist's role and emotional position ／治疗师的角色与情感状态, 291-293

Family therapy, dream analysis ／家庭治疗, 梦的分析, 207-209, 也见（青少年的家庭治疗中的）梦的分析；婚姻治疗

Fathering ／父亲, 也见母亲, 双亲
family role relationships ／家庭角色关系, 266, 也见家庭角色关系

homosexual etiology and ／同性恋病因学和父亲, 139-140

internal object relations and ／内部客体关系和父亲, 109-112

Focused transference, descibed ／焦点移情, 描述, 54-57

Freud, S. ／弗洛伊德, 10, 11, 12, 14, 17, 30, 35, 41, 50-51, 56, 123, 132, 161, 175, 176, 181-182, 233, 234

G

Gaze interactions, self within object and ／凝视互动, 客体内的自体和凝视互动, 17

Gill, M. ／吉尔, 12, 56

Greenberg, J. R. ／格林伯格, 34

Group therapy, dream as communication / 团体治疗，梦的交流，176-180

Guntrip, H. / 冈特里普，12, 15, 35, 37, 162, 175, 216

H

Hamilton, N. G. / 汉密尔顿，12, 34

Heimann, P. / 海曼，51

Hill, J. M. M. / 希尔，296, 299

Homosexuality / 同性恋
case example, self recovery (in therapy) / 案例,（在治疗中）自我发现, 138-152
family role relationships and / 家庭角色关系和同性恋，276-277
object relations theory and / 客体关系理论和同性恋，34
Oedipus situation and / 俄底浦斯情境和同性恋，238
therapeutic relationship and / 治疗关系和同性恋，4, 5, 7
transference and / 移情和同性恋，62-64

Hughes, J. M. / 休斯，162

Hysteria / 癔症
object relations theory and / 客体关系理论和癔症，35
transference and / 移情和癔症，50

I

Infancy / 婴儿期
family role relationships and / 家庭角色关系和婴儿期，265-266，也见家庭角色关系
focused transferences and / 焦点移情和婴儿期，56
object relations theory and / 客体关系理论和婴儿期，9-10, 15, 36
Oedipus situation and / 俄底浦斯情境和婴儿期，234-238
paranoid / schizoid and depressive positions (Klein) / 偏执／分裂与抑郁态（克莱茵），38-39
self within object and / 客体内的自体和婴儿期，16-17

Institutional settings, dream as communication / 机构的设置，梦的交流，176-180

Internal object relations ／内部客体关系，95-119
    course of adolescent treatment ／青少年治疗过程，102-109
    dream as communication ／梦的交流，164-165
    mother's relationship ／母亲的关系，112-116
    prior childhood treatment ／前儿童期治疗，96-102
    refinding father ／重新找到父亲，109-112
    termination ／结束，116-119

Interpersonal relationships 人际关系，14
    development and ／发展和人际关系，14
    dream as communication ／梦的交流，163-164
    object relations theory and ／客体关系理论和人际关系，10, 13

Intimacy ／亲密
    adolescent echoes of parental blocked development ／父母发展阻碍在青少年身上的重复，305-306
    life development perspective and ／生命发展观和亲密，297-298
    sexuality and ／性欲和亲密，139

Introjective identification ／内射性认同
    family role relationships ／家庭角色关系，295-296
    self recovery (in therapy) ／（在治疗中）自我发现，136
    transference and countertransference ／移情与反移情，39-44, 53-54

Inventiveness concept, developmental factors and ／发现的概念，发展因子和发现，234

I-to-I relationship ／我对我关系，也见眼对眼关系

J

Jacobs, T. J. ／雅克布，52
Jacques, E. ／雅克，299
Jessner, L. ／杰西娜，6, 7
Jones, E. ／琼斯，14
Joseph, B. ／约瑟夫，52, 53

K

Keith, D. V. /基思,275

Kernberg, O. /肯伯格,12,34,56

Khan, M. D. /可汗,297

Khan, M. M. R. /可汗,12

Klein, M. /克莱茵,12,15,26,29,37-44,56,165,237,267

Klinnert, M. D. /克伦纳特,270

Kohut, H. /科胡特,12,13,15,24,35,53

L

Lachmann, F. M. /拉赫曼,12

Levenson, E. /利文森,52

Levinson, D. J. /莱文森,299

Libido, object relations theory and /力比多,客体关系理论和力比多,32-34

Lichtenberg, J. /利希滕贝格,12,265

Lichtenstein, H. /利希滕斯坦,43,58

Life development perspective /生命发展观点,295-306

adolescent echoes of parental blocked development /父母发展阻碍在青少年身上的重复,305-306

case example of family /家庭治疗案例,299-305

case example of individual /个体治疗案例,298-299

overview of /概述生命发展观点,295-298

Loewald, H. W. /洛伊瓦德,12,42

M

Mann, Thomas /曼,4,7

Marital therapy, dream analysis in /婚姻治疗,梦的分析,183-206,也见(婚姻治疗中)梦的分析;家庭治疗

Maternal-infant relationship /母婴关系

focused transference and /焦点移情和母婴关系,56

transference and countertransference /移情与反移情,44-45

McDougall, J. /麦克杜格尔,52,138

Meltzer, D. / 梅尔泽, 39
Memory / 记忆, 121-133
    adolescent memory / 青少年的记忆, 129-130
    adult memory / 成年人的记忆, 130-133
    childhood memory / 儿童的记忆, 127-129
    earliest memory / 早年的记忆, 123-127
    overview of / 记忆的概述, 121-122
Mitchell, S. A. / 米切尔, 12, 13, 15, 34, 49
Modell, A. / 莫德尔, 12
Money-Kyrle, R. / 马尼-基尔德, 12, 51
Mothering / 母亲的, 也见父亲的, 父母的
    family role relationships / 家庭角色关系, 264-265, 也见家庭角色关系
    internal object relations / 内在客体关系, 112-116
    Oedipus situation and / 俄狄浦斯情境和母亲, 234-238,
Muir, R. / 缪尔, 275
Muslin, H. / 穆斯林, 56

N

Narcissism, Oedipus and / 自恋, 俄狄浦斯和自恋, 246, 247

O

Object and self / 客体和自体, 也见自体和客体的纠结
Object relations 客体关系
    adolescence and / 青少年和客体关系, 207-208
    within family, dream as communication / 在家庭内, 交流的梦, 164-165
    infancy and / 婴儿期和客体关系, 9-10
    self recovery (in therapy) / （在心理治疗中）自我恢复, 136
    of therapist / 治疗师的, 309-318, 也见治疗师的客体关系
Object relations theory / 客体关系理论
    dream as communication and / 梦的交流和客体关系理论, 161-162
    interpersonal relationships / 人际关系, 10

psychoanalysis contrasted / 精神分析的对比, 11

therapist's growth in therapeutic relationship and / 治疗师在治疗关系中的成长和客体关系理论, 337-339

transference and countertransference / 移情与反移情, 30-37

Oedipus situation / 俄狄浦斯情境, 233-262

    dramatic description / 对戏剧的描述, 239-248

    family case example / 家庭治疗案例, 249-262

    infant's invention of family / 婴儿在家庭中的发现, 234-238

        discovery / 发现, 234-235

        growth / 成长, 235

        new ways of seeing / 看问题的新方式 236-238

        regressive invention / 退化的创造, 235-236

    internal couple / 内在夫妻, 238-239

    overview of / 对俄狄浦斯情境的概述, 233-234

Ogden, T. H. / 奥格登, 12, 24, 34, 35, 39, 41, 43, 52, 137, 162, 164, 267, 269

P

Palombo, S. R. / 帕隆博, 161

Paranoid / schizoid positions, transference and countertransference / 偏执/分裂态, 移情和反移情, 37-39

Parenting / 父母的, 也见父亲的; 母亲的

    family role relationships and / 家庭角色关系和父母, 265-266, 也见家庭角色关系

    focused transference and / 焦点移情和父母, 56

    homosexual etiology and / 同性恋的病因学和父母, 138, 139

    maternal-infant relationship, transference and countertransference / 母婴关系, 移情和反移情, 44-45

    object relations theory and / 客体关系理论和父母, 36-37

    paranoid / schizoid and depressive positions (Klein) / 偏

执／分裂和抑郁态（克莱因），38-39

self within object and ／客体里面的自体和父母，16-17

therapeutic relationship compared ／治疗性关系比较，18

Patient-therapist relationship ／病人—治疗师的关系，也见治疗性关系

Perversions, object relations theory and ／性变态，客体关系理论和性变态，34

Projective identification ／投射性认同

    dream as communication ／交流的梦，165

    self recovery (in therapy) ／（在治疗中）自体恢复，136

    transference and countertransference ／移情与反移情 39-44，53-54

Psychoanalysis 精神分析

    development of ／精神分析的发展，12-13

    dream analysis and ／梦的分析和精神分析，181-182

    life development perspective and ／生命发展观念和精神分析，296

    memory and ／记忆和精神分析，12

    origins of ／精神分析的起源，10-11

Psychosomatic partnership maternal-infant relationship and ／心身相伴的母婴关系，44

R

Racker, H. ／拉克尔，51，52，58

Regressive invention, Oedipus situation, infant's invention of family ／退行的虚构故事，俄狄浦斯情境，家庭里婴儿虚构的故事，235-236

Reiss, D. ／赖斯，132

Repression, memory and ／压抑，记忆，123-124

Reverie, projective identification and ／幻想，投射性认同和，41

Role relationships ／角色关系，也见家庭角色关系

S

Sameroff, A. J. ／萨米诺夫，265

Sandler, J. ／桑德勒，52

Scharff, D. E. ／大卫·沙夫，17，31，34，53，54，56，58，184，234，249，277，295，296，299

Scharff, J. S. ／吉尔·沙夫，17，30，31，34，43，48，53，54，56，58，69，70，71，184，234，239，249，277，295

Schizophrenia, developmental factors and ／精神分裂症，发展的因子和，24

Screen memory ／屏蔽记忆，也见记忆

Searles, H. F. ／瑟勒斯，12，24，52，168，239

Segal, H. F. ／西格尔，39，41，53，165

Self ／自体

    adolescence, changing internal object relations in ／青少年，在自体中改变内部客体关系，95

    ego contrasted ／自我对比，35

Self and object intertwined ／自体和客体的纠缠，9-27

    case example from couple therapy ／夫妻治疗中的案例，19-23

    inextricability of relationship ／无法解决的关系，14-16

    life development perspective ／生命发展的看法，295-306，也见生命发展观点

    object within self ／自体内的客体，25-26

    Oedipus situation and ／俄狄浦斯情境和自体与客体的纠缠，233-234

    psychoanalytic framework ／精神分析的框架，9-14

    self and object ／自体和客体，23-25

    self and object mutually ／自体和客体互相支持，26-27

    self within object ／客体内的自体，16-18

    therapeutic implications ／治疗意义

    case example ／案例，319-328

    termination of therapy and ／治疗结束和案例，329-336

    therapeutic goals and ／治疗目标和案例，328-329

Self psychology, term usage ／自体

心理学，使用，26

Self recovery (in therapy) ／（治疗中的）自体恢复，135-153

 case example ／案例，137-150

 overview of ／自体恢复的概述，135-137

 resilient self construction ／有弹性的自体结构，149-152

 therapist's self and ／治疗师的自体和自体恢复，152-153

Separation-individuation, adolescence and ／分离—个体，青少年，207-208

Sexual abuse ／性虐待

 memory and ／记忆和性虐待，123-124

 Oedipus and、俄狄浦斯和性虐待，242

Sexuality ／性欲

 adolescent echoes of parental blocked development ／父母发展阻碍在青少年身上的重复，305-306

 intimacy and ／亲密性和性欲，139

 Oedipus situation and ／俄狄浦斯情境与性欲，237-238

 transference and countertransference use ／移情与反移情的应用，84-93

Shapiro, R. L. ／夏皮罗，12，165

Siblings, life development perspective and ／兄弟姐妹，生命发展观和……，297

Slipp, S. ／斯利皮，34

Socarides, C. W. ／索卡里兹，34

Sociocultural communication, dream as communication ／社会文化的交流，梦的交流，180-182

Sorce, J. F. ／索斯，270

Steiner, J. ／斯泰纳，39，328

Stenberg, C. ／斯坦伯格，270

Stenber, D. ／斯特恩，12，15，265，266

Stolorow, R. D. ／史托楼罗，12，13，53

Sullivan, H. S. ／沙利文，12

Supervision, therapist's object relationas and ／督导，治疗师的客体关系和……，309-310 也见治疗师的客体关系

Sutherland, J. D. ／萨瑟兰，12，15，24，25，27，31，32，35，37

T

Terr, L. C. ／特尔, 124

Therapeutic alliance, contextual and focused transference ／治疗联盟, 情境和焦点移情, 55

Therapeutic relationship ／治疗关系

 contextual and focused transference ／情境和焦点移情, 54-57

 dream as communication ／梦的交流, 166-172

 family role relationships ／家庭角色关系, 291-293

 parenting compared ／父母的对比, 18

 self recovery (in therapy) ／（治疗中）自体恢复, 152-153

 self within object and ／客体内的自体和治疗关系, 18

 therapist's growth and ／治疗师的成长和治疗关系, 337-339

 transference and countertransference in ／治疗关系中的移情与反移情, 30, 49-50, 57-58

Therapist's object relations ／治疗师的客体关系, 309-318

 family case histories illustrating ／家庭案例历史, 310-314

 overview of ／治疗师的客体关系的概述, 309-310

 personal life history of therapist ／治疗师的个人家庭史, 314-317

 vulnerability and learning ／脆弱与学习, 317-318

Tower, L. ／塔尔, 51

Transference ／移情, 也见反移情；移情与反移情,

 dream analysis and ／梦的分析和移情, 4-5

 dream as communication ／梦的交流, 166

Transference and countertransference ／移情与反移情, 29-65

 case example ／案例, 59-65

 conjoint therapy and ／1 联合治疗和移情与反移情, 58-59

 contextual and focused transference ／情境移情与焦点移情, 54-57

 current view of ／关于移情和反移情的目前的观点, 53-54

maternal-infant relationship (Winnicott) ／母婴关系（温尼科特），44，45

object relations theory (Fairbairn) ／客体关系理论（费尔贝恩），30-37

paranoid ／ schizoin and depressive positions (Klein) ／偏执／分裂和抑郁位置（克莱因），39-44

projective and introjective identification (Klein) ／投射性认同与内射性认同（克莱因），39-44

therapeutic process and ／治疗进程和移情与反移情，49-50

therapeutic relationship and ／治疗关系和移情与反移情，57-58

true and false self (Winnicott) ／真自体与假自体（温尼科特），45-47

Transference and countertransference use ／移情与反移情的使用，69-94

  case example, self recovery (in therapy) ／案例，(治疗中) 自体恢复，140

  clarifications of envy and sexuality ／嫉妒和性的澄清，84-93

  co-therapy and countertransference ／合作治疗和反移情，93-94

  enacting co-therapy countertransference ／共同治疗反移情的行动化，75-78

  initial stages in ／初始阶段，71-75

  self recovery (in therapy) 自体恢复（在治疗中），136

  working through ／修通，78-84

Transitional space ／过渡空间

  container ／ contained phenomena reconciled with ／包容者／被包容的调和现象，47-49

  maternal-infant relationship and ／母婴关系和过度空间，45

Tronick, E. ／托尼克，267

True and false self, transference and countertransference ／真自体与假自体，移情与反移情，45-47

Tustin, F. ／塔斯廷，35，39

U

Unconscious ／潜意识

  dream as communication ／梦的交流，165

  projective and introjective identification and ／投射与内射性认同，42，53-54

V

VanDeusen, J. M. ／范德尔杜森，53

Virag, R. ／维拉格，141

Volkan, V. D. ／沃尔坎，34

W

Whitaker, C. A. ／惠特克, 275

Williams, A. H. ／威廉斯, 53

Winnicott, D. W. ／温尼科特, 12, 15, 17, 24, 25, 29, 30, 36, 44-49, 51, 54, 56, 136, 147, 234, 267

Wittig, B. ／维蒂希, 269

Working alliance, contextual and focused transference ／工作联盟, 背景与焦点移情, 55

Wright, K. ／赖特, 15, 24

Z

Zetzel, E. ／泽策尔 47, 55

Zinner, J. ／津纳, 12, 165

心理咨询与治疗书目

书号	书名	著、译者	定价(元)
心理咨询与治疗导论			
X1419	自体心理学导论	P. A. Lessem著　王静华译	48.00
X1404	倾听·感觉·说话的更新换代	池见 阳编著　李明译	58.00
X1160	101个心理治疗难题	J. S. Blackman著 赵丞智 曹晓鸥译	88.00
X1158	聚焦：在心理治疗中的运用	A. W. Cornell著　吉莉译	48.00
X1157	沙盘游戏疗法手册	B. A. Turner著　陈莹 姚晓东译	88.00
X1140	沙游在心理治疗中的作用	Dora M. Kalff著　高璇译	38.00
X1092	心理治疗中的改变	波士顿变化过程研究小组编著 邢晓春等译 李孟潮审校	42.00
X1206	母婴互动及成人心理治疗中的主体间形式	Beatrice Beebe等著 庞美云 宓肖燕译	36.00
X1137	心理治疗中的首次访谈	S. Lukas著　邵啸译	30.00
X1126	心理咨询面谈技术（第四版）	Rita Sommers F.等著　陈祉妍等译	80.00
X999	主体间性心理治疗	P. Buirski等著　尹肖霞译	35.00
X1121	心理治疗实战录	M. F. Basch著　寿彤军 薛畅译	45.00

X1027	心理治疗师该说和不该说的话	L.N.Edelstein等著　聂晶等译	50.00
X1011	自体心理学的理论与实践	M. T. White等著　吉莉译	32.00
X930	沙游治疗	B. L. Boik等著　田宝伟等译	38.00
X720	心理咨询师的问诊策略（第六版）	S. Cormier等著　张建新等译	78.00
X808	心理咨询与治疗经典案例（第七版）	Corey, G.著　谭晨译	36.00
X830	心理咨询与治疗的理论及实践（第八版）	Corey, G.著　谭晨译	45.00
X705	精神科临床诊断	Morrison J.著　李欢欢　石川译	32.00
心理咨询与治疗导论合计			841.00
心理治疗精选读物			
X1130	罗杰斯心理治疗（软精装）	B.A. Farber等著　郑刚等译	78.00
X1131	日益亲近（精装）	Irvin D. Yalom著　童慧琦译	58.00
X1132	直视骄阳（精装）	Irvin D. Yalom著　张亚译	48.00
X1133	给心理治疗师的礼物（精装）	Irvin D. Yalom著　张怡玲译	58.00
X1129	寻求安全——创伤后应激障碍和物质滥用治疗手册	L. M.Najavits著　童慧琦等译	66.00
X1123	爱·恨与修复	M. Klein等著　吴艳茹译	18.00
X1182	嫉羡与感恩	M. Klein著　姚峰等译	60.00

……

欲了解更多图书信息，请登录：www.wqedu.com
联系地址：北京市西城区三里河路6号院2号楼213室　万千心理
咨询电话：010-65181109，65262933

*本目录定价如有错误或变动，以实际出书为准。